21 世纪全国应用型本科计算机案例型规划教材

ASP.NET 程序设计实用教程（C#版）

张荣梅　赵宝琴　赵彦霞　编　著

北京大学出版社

PEKING UNIVERSITY PRESS

内 容 简 介

本书根据教学规律和学生的认知特点编写各个知识点，选择与知识点紧密结合的案例贯穿整个教学过程。注重对学生动手能力和实际操作能力的培养，使学生通过学习案例掌握软件的开发方法和技巧。

本书主要内容包括 ASP.NET 概述、C#语法基础、C#面向对象程序设计基础、Web 编程基础、ASP.NET 内置对象及状态管理、ASP.NET 中的服务器端控件、ASP.NET 母版页和主题、数据库基础、ADO.NET 数据库开发技术、基于 Web 的学生成绩管理系统等。通过各章案例的分析讲解，并利用习题的练习与巩固，由浅至深，层层引导，有助于学生知识点的掌握，并提高编程能力。

本书内容丰富、结构清晰、图文并茂，可作为本科、专科教材，也可作为自学和培训教材，同时也适用于初学者和具有一定经验的 ASP.NET 程序设计用户使用和参考。

图书在版编目(CIP)数据

ASP.NET 程序设计实用教程：C#版/张荣梅，赵宝琴，赵彦霞编著. —北京：北京大学出版社，2014.1
(21 世纪全国应用型本科计算机案例型规划教材)

ISBN 978-7-301-23566-9

Ⅰ. ①A… Ⅱ. ①张…②赵…③赵… Ⅲ. ①网页制作工具—程序设计—高等学校—教材②C语言—程序设计—高等学校—教材 Ⅳ. ①TP393.092②TP312

中国版本图书馆 CIP 数据核字(2013)第 296428 号

书　　　　名：	ASP.NET 程序设计实用教程(C#版)
著作责任者：	张荣梅　赵宝琴　赵彦霞　编著
策 划 编 辑：	郑　双
责 任 编 辑：	郑　双
标 准 书 号：	ISBN 978-7-301-23566-9/TP · 1316
出 版 发 行：	北京大学出版社
地　　　　址：	北京市海淀区成府路 205 号　100871
网　　　　址：	http://www.pup.cn　新浪官方微博：@北京大学出版社
电 子 信 箱：	pup_6@163.com
电　　　话：	邮购部 62752015　发行部 62750672　编辑部 62750667　出版部 62754962
印 刷　者：	北京富生印刷厂
经 销　者：	新华书店

787 毫米×1092 毫米　16 开本　21.75 印张　495 千字
2014 年 1 月第 1 版　2014 年 1 月第 1 次印刷

定　　　价：44.00 元

21世纪全国应用型本科计算机案例型规划教材

专家编审委员会

(按姓名拼音顺序)

信息技术的案例型教材建设

(代丛书序)

刘瑞挺

北京大学出版社第六事业部在 2005 年组织编写了《21 世纪全国应用型本科计算机系列实用规划教材》，至今已出版了 50 多种。这些教材出版后，在全国高校引起热烈反响，可谓初战告捷。这使北京大学出版社的计算机教材市场规模迅速扩大，编辑队伍茁壮成长，经济效益明显增强，与各类高校师生的关系更加密切。

2008 年 1 月北京大学出版社第六事业部在北京召开了"21 世纪全国应用型本科计算机案例型教材建设和教学研讨会"。这次会议为编写案例型教材做了深入的探讨和具体的部署，制定了详细的编写目的、丛书特色、内容要求和风格规范。在内容上强调面向应用、能力驱动、精选案例、严把质量；在风格上力求文字精练、脉络清晰、图表明快、版式新颖。这次会议吹响了提高教材质量第二战役的进军号。

案例型教材真能提高教学的质量吗？

是的。著名法国哲学家、数学家勒内·笛卡儿(Rene Descartes，1596—1650)说得好："由一个例子的考察，我们可以抽出一条规律。(From the consideration of an example we can form a rule.)"事实上，他发明的直角坐标系，正是通过生活实例而得到的灵感。据说是在 1619 年夏天，笛卡儿因病住进医院。中午他躺在病床上，苦苦思索一个数学问题时，忽然看到天花板上有一只苍蝇飞来飞去。当时天花板是用木条做成正方形的格子。笛卡儿发现，要说出这只苍蝇在天花板上的位置，只需说出苍蝇在天花板上的第几行和第几列。当苍蝇落在第四行、第五列的那个正方形时，可以用(4，5)来表示这个位置……由此他联想到可用类似的办法来描述一个点在平面上的位置。他高兴地跳下床，喊着"我找到了，找到了"，然而不小心把国际象棋撒了一地。当他的目光落到棋盘上时，又兴奋地一拍大腿："对，对，就是这个图"。笛卡儿锲而不舍的毅力，苦思冥想的钻研，使他开创了解析几何的新纪元。千百年来，代数与几何，井水不犯河水。17 世纪后，数学突飞猛进的发展，在很大程度上归功于笛卡儿坐标系和解析几何学的创立。

这个故事，听起来与阿基米德在浴缸洗澡而发现浮力原理，牛顿在苹果树下遇到苹果落到头上而发现万有引力定律，确有异曲同工之妙。这就证明，一个好的例子往往能激发灵感，由特殊到一般，联想出普遍的规律，即所谓的"一叶知秋"、"见微知著"的意思。

回顾计算机发明的历史，每一台机器、每一颗芯片、每一种操作系统、每一类编程语言、每一个算法、每一套软件、每一款外部设备，无不像闪光的珍珠串在一起。每个案例都闪烁着智慧的火花，是创新思想不竭的源泉。在计算机科学技术领域，这样的案例就像大海岸边的贝壳，俯拾皆是。

事实上，案例研究(Case Study)是现代科学广泛使用的一种方法。Case 包含的意义很广：包括 Example 例子，Instance 事例、示例，Actual State 实际状况，Circumstance 情况、事件、境遇，甚至 Project 项目、工程等。

我们知道在计算机的科学术语中，很多是直接来自日常生活的。例如 Computer 一词早在 1646 年就出现于古代英文字典中，但当时它的意义不是"计算机"而是"计算工人"，即专门从事简单计算的工人。同理，Printer 当时也是"印刷工人"而不是"打印机"。正是

由于这些"计算工人"和"印刷工人"常出现计算错误和印刷错误，才激发查尔斯·巴贝奇(Charles Babbage，1791—1871)设计了差分机和分析机，这是最早的专用计算机和通用计算机。这位英国剑桥大学数学教授、机械设计专家、经济学家和哲学家是国际公认的"计算机之父"。

20 世纪 40 年代，人们还用 Calculator 表示计算机器。到电子计算机出现后，才用 Computer 表示计算机。此外，硬件(Hardware)和软件(Software)来自销售人员。总线(Bus)就是公共汽车或大巴，故障和排除故障源自格瑞斯·霍普(Grace Hopper，1906—1992)发现的"飞蛾子"(Bug)和"抓蛾子"或"抓虫子"(Debug)。其他如鼠标、菜单……不胜枚举。至于哲学家进餐问题，理发师睡觉问题更是操作系统文化中脍炙人口的经典。

以计算机为核心的信息技术，从一开始就与应用紧密结合。例如，ENIAC 用于弹道曲线的计算，ARPANET 用于资源共享以及核战争时的可靠通信。即使是非常抽象的图灵机模型，也受益于二战时图灵博士破译纳粹密码工作的关系。

在信息技术中，既有许多成功的案例，也有不少失败的案例；既有先成功而后失败的案例，也有先失败而后成功的案例。好好研究它们的成功经验和失败教训，对于编写案例型教材有重要的意义。

我国正在实现中华民族的伟大复兴，教育是民族振兴的基石。改革开放 30 年来，我国高等教育在数量上、规模上已有相当的发展。当前的重要任务是提高培养人才的质量，必须从学科知识的灌输转变为素质与能力的培养。应当指出，大学课堂在高新技术的武装下，利用 PPT 进行的"高速灌输"、"翻页宣科"有愈演愈烈的趋势，我们不能容忍用"技术"绑架教学，而是让教学工作乘信息技术的东风自由地飞翔。

本系列教材的编写，以学生就业所需的专业知识和操作技能为着眼点，在适度的基础知识与理论体系覆盖下，突出应用型、技能型教学的实用性和可操作性，强化案例教学。本套教材将会有机融入大量最新的示例、实例以及操作性较强的案例，力求提高教材的趣味性和实用性，打破传统教材自身知识框架的封闭性，强化实际操作的训练，使本系列教材做到"教师易教，学生乐学，技能实用"。有了广阔的应用背景，再造计算机案例型教材就有了基础。

我相信北京大学出版社在全国各地高校教师的积极支持下，精心设计，严格把关，一定能够建设出一批符合计算机应用型人才培养模式的、以案例型为创新点和兴奋点的精品教材，并且通过一体化设计、实现多种媒体有机结合的立体化教材，为各门计算机课程配齐电子教案、学习指导、习题解答、课程设计等辅导资料。让我们用锲而不舍的毅力，勤奋好学的钻研，向着共同的目标努力吧！

刘瑞挺教授　本系列教材编写指导委员会主任、全国高等院校计算机基础教育研究会副会长、中国计算机学会普及工作委员会顾问、教育部考试中心全国计算机应用技术证书考试委员会副主任、全国计算机等级考试顾问。曾任教育部理科计算机科学教学指导委员会委员、中国计算机学会教育培训委员会副主任。PC Magazine《个人电脑》总编辑、CHIP《新电脑》总顾问、清华大学《计算机教育》总策划。

前　言

　　ASP.NET 是进行 Web 开发的强有力的工具之一，被业者广为推崇，优势在于其基于模块与组件的开发。ASP.NET 程序把一个网页分成两部分：前台和后台。前台用 HTML 语言来制定页面，后台用 C#或 Visual Basic 语言实现服务器的数据对话或交互功能，而 ASP.NET 开发的首选语言是 C#。它实现了真正的前台用户界面和后台逻辑处理代码的分离。本书主要介绍使用 ASP.NET 开发 Web 应用程序的方法与技巧。

　　本书使用案例贯穿整个教学过程，能够提高学生的学习兴趣和学习主动性；同时，按教学规律和学生的认知特点编写各个知识点，选择与知识点紧密结合的案例，注重对学生动手能力和实际操作能力的培养，使学生通过学习案例掌握软件开发方法和技巧，特别适合应用型人才的培养，从而将来更好地适应各自的工作岗位。

　　本书具有较大的知识信息量，通过各章案例的分析讲解，并利用习题的练习与巩固，由浅至深，层层引导，有利于学生掌握知识点，提高编程能力。

　　全书分为 10 章。第 1 章着重介绍 Visual Studio 2010 的开发环境,通过案例介绍 ASP.NET 应用程序的开发步骤以及网页文件的结构；第 2 章重点介绍 C#语言的语法；第 3 章主要讲述 C#面向对象的基本概念、类和对象的定义及其使用；第 4 章主要介绍 Web 工作原理、HTML 常用标记、CSS+DIV 网页布局方法以及脚本语言 JavaScript；第 5 章重点介绍 Page 对象、Request 对象、Response 对象、Server 对象等的常用方法, 以及页面之间传递信息的技术方法；第 6 章重点介绍常用服务器端控件的使用，用户自定义控件的创建与使用；第 7 章主要介绍母版页和主题的设计与应用方法；第 8 章重点介绍创建数据库、表的方法，常用的 SQL 查询语句，视图和存储过程的创建方法；第 9 章重点介绍基于 ADO.NET 的数据库应用程序的开发方法与编程技巧；第 10 章重点介绍运用软件工程的设计思想，设计实现一个网站，让读者掌握一个软件开发的整个过程——需求分析、系统设计、数据库设计、系统实现等的技术与技巧。

　　本书由张荣梅、赵宝琴、赵彦霞编写，其中第 1、4、5、7、8、9、10 章由张荣梅编写，第 2、3 章由赵宝琴编写，第 6 章由赵彦霞编写。

　　在编写本书的过程中，编者努力跟踪本学科的新发展、新技术，并把这些新发展、新技术归入到教材中来，以保持本书的先进性和实用性。在本书写作时，还参考了大量的文献资料，在此向这些文献资料的作者深表感谢！由于编者水平有限，书中难免有不足之处，希望学界同仁及广大读者不吝赐教。

编　者

2013 年 9 月

目　　录

第 1 章

ASP.NET 概述

教学目标

- 了解 Microsoft Visual Studio.NET 平台
- 了解.NET Framework 作用
- 掌握 ASP.NET 应用程序的开发步骤
- 了解 ASP.NET 网页文件的结构
- 了解 ASP.NET 应用程序的文件类型

案例介绍

随着 Internet 技术的应用和普及，人类社会已经进入了信息化的网络时代，开发 Web 应用程序已成为程序员的基本技能。使用 ASP.NET 可以建立功能强大的 Web 应用程序。本章将通过一个简单的用户登录实例来说明 ASP.NET 技术平台的基本使用方法。案例运行效果如图 1.1 所示。

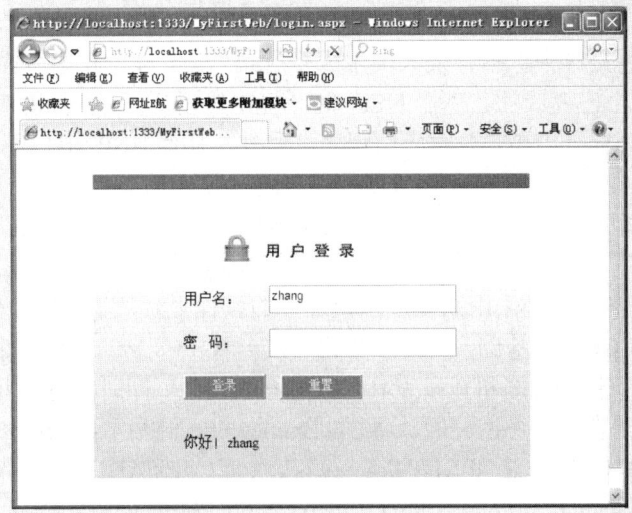

图 1.1　案例运行结果

1.1 ASP.NET 与 .NET Framework 概述

Microsoft Visual Studio.NET(VS.NET)是 Microsoft 公司为适应 Internet 高速发展的需要，而隆重推出的开发平台，是 Windows 平台应用程序开发环境。Visual Studio 是一套完整的开发工具，提供了大量的实用工具以提高工作效率，用于生成 ASP.NET Web 应用程序、Windows 应用程序、控制台应用程序、XML Web Services 和移动应用程序。而 VB、C#、VC++、J#都使用这一相同的集成开发环境(IDE)，实现工具共享，并能够轻松地创建混合语言应用程序。VS.NET 最常用的功能是开发 ASP.NET Web 应用程序，VS.NET 的核心是.NET Framework。

2001 年，Microsoft 公司推出了 Visual Studio.NET 的第一个版本 VS.NET 2002 开发平台，基于.NET Framework 1.0。

2003 年，Microsoft 公司发布了基于.NET Framework 1.1 的 VS.NET 2003 开发平台，增强了功能性和安全性。

2005 年，Microsoft 公司又发布了基于.NET Framework 2.0 的 Visual Studio 2005 开发平台，加入了大量的类库 API 和控件，植入了适用于大型团队开发的各种优秀的复杂功能，是一种全面的、先进的、成熟的高级软件开发平台。

2008 年，Microsoft 公司又发布了基于.NET Framework 3.5 的 Visual Studio 2008 开发平台，在.NET Framework 2.0 的基础上强化了对网页应用开发的支持，以及多重版本.NET 的自订功能。

2010 年 4 月，Microsoft 公司发布了基于.NET Framework 4 的 Visual Studio 2010 开发平台，主要特征包括支持云计算架构，搭配 Windows 7，发挥多核并行运算威力，更好地支持 C++。

ASP.NET 是 Microsoft.NET 的一部分，作为战略产品，并不是 ASP 的简单升级，而是基于.NET Framework 技术的新一代 Web 应用程序开发系统。ASP.NET 是一种建立在公共语言运行库上的程序架构，通过该架构可以建立功能强大的 Web 应用程序。它还提供了统一的 Web 开发模型，其中包括开发人员生成企业级 Web 应用程序所需的各种服务。

ASP.NET 是一个已编译的、基于.NET 的环境，可以用任何与.NET 兼容的语言(包括VB.NET、C#和 JavaScript.NET)开发应用程序。另外，任何 ASP.NET 应用程序都可以使用整个.NET Framework。开发人员可以方便地获得这些技术的优点，其中包括托管的公共语言运行库环境、类型安全、继承等。同时，ASP.NET 实现了真正的前台用户界面和后台逻辑处理代码的分离。

.NET Framework 是一种采用系统虚拟机运行的编程平台，以公共语言运行时(Common Language Runtime，CLR)为基础，支持多种语言(C#、C++、VB、J#等)的开发。.NET 也为应用程序接口提供了新的功能和开发工具，使得程序员可以同时进行 Windows 应用软件和网络应用软件以及组件和服务的开发。.NET Framework 的基本结构如图 1.2 所示。.NET Framework 的关键组件为 CLR 和.NET Framework 类库(包括 ADO.NET、ASP.NET、Windows 窗体和 Windows Presentation Foundation (WPF))。.NET Framework 提供了托管执行环境、简化的开发和部署以及与各种编程语言的集成。

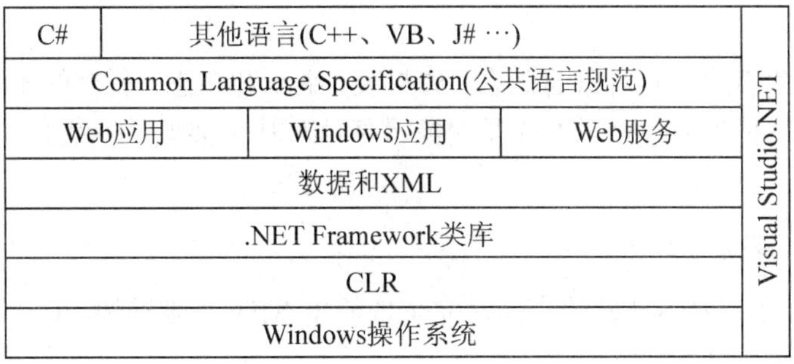

C#	其他语言(C++、VB、J# …)		
Common Language Specification(公共语言规范)			
Web应用	Windows应用		Web服务
数据和XML			
.NET Framework类库			
CLR			
Windows操作系统			

图 1.2　.NET Framework 体系架构

CLR 提供.NET 程序的运行支持,与 Java 虚拟机 JVM 相似,CLR 也是一个操作系统之上的运行环境。CLR 是.NET 框架的基础,可以被看作是一个执行时管理代码的代理,提供诸如内存管理、线程管理和远程处理等核心服务,保证实施代码的安全性、可靠性和准确性。CLR 保证了应用和底层系统的分离,负责所有托管.NET 应用程序的执行。

.NET Framework 类库提供了编写.NET 应用程序所需要的所有类、接口和类型,如数据库访问、网络通信、图形处理等。CLR 提供的系统功能均封装在.NET Framework 类库中,开发人员只要通过调用.NET Framework 类库即可访问系统功能。.NET 框架类库提供了 Internet 和企业级开发所需要的各种功能,完全支持 Web 标准及其应用,而且使用简单、扩充方便,是建立.NET 应用程序以及组件和构件的基础。.NET Framework 类库是一个由 Microsoft .NET Framework 中包含的类、接口和值类型组成的库,是按照命名空间组织命名的,.NET Framework 类库有 80 多个命名空间,每个命名空间有上千个类。

公共语言规范(CLS)是 CLR 定义的语言特性集合。.NET 平台是基于多种语言的开发平台,公共语言规范通过定义一组开发人员可以确信在多种语言中都可用的功能,来增强和确保语言互用性。

1.2　ASP.NET 的开发语言 C#

ASP.NET 程序把一个网页分成两部分:前台和后台。前台用 Hypertext Markup Language (HTML)来制定页面,后台用 C#或 Visual Basic 语言实现服务器的数据对话或交互功能。而 ASP.NET 开发的首选语言是 C#。C#是从 C 和 C++派生来的一种简单、现代、面向对象和类型安全的编程语言。C#是 Microsoft 专门为.NET Framework 量身定做的,C#吸取了 C++ 和 Java 语言 20 多年的使用经验。C#的主要优点如下:

1. 简单易学

作为专门为.NET 设计的语言,C#不但结合了 C++强大灵活和 Java 语言简捷的特征,还吸取了 VB 所具有的易用性。

2. 现代

在类、命名空间、方法重载和异常处理等方面简化了 C++,凝聚了各种成功语言的优势。

3. 面向对象

C#支持所有关键的面向对象的概念，如封装、继承和多态。所有的东西都封装在类中，C#类型系统中的每种类型都可以看作是对象，甚至对基本类型，C#提供了装箱机制，使其成为对象。

4. 与.NET 框架紧密结合

C#是为.NET 技术专门开发的，同时完全依赖于.NET 基础框架。C#的所有能力都借助于.NET 基础框架。

5. 灵活

C#提高了开发者的效率，同时也保持了开发者所需要的强大性和灵活性，致力于消除编程中可能导致严重结果的错误。

1.3 第一个 ASP.NET 程序

ASP.NET 是一种建立在公共语言运行库上的程序架构，通过该架构可以建立强大的 Web 应用程序。ASP.NET 是一种首次运行时进行编译执行的服务器端程序。它实现了真正的前台用户界面和后台逻辑处理代码的分离。

本节将通过建立一个简单的用户登录页面，熟悉 ASP.NET 网页的组成，体会用户界面与逻辑处理代码分离的优点，从而对 ASP.NET 网页程序有一个直观的了解。

1.3.1 创建 ASP.NET 项目

【例 1.1】本程序用于用户登录，要求用户输入用户名和密码，单击登录按钮，系统进行相关的操作。步骤如下：

(1) 打开 Visual Studio 2010，执行【文件】→【新建网站】命令，弹出【新建网站】对话框。选择模板中的【Visual C#】→【ASP.NET 空网站】，输入网站路径 D:\MyFirstWeb，单击【确定】按钮。进入 ASP.NET 网站开发界面。

(2) 执行【视图】→【解决方案资源管理器】命令，右击网站名，在弹出的快捷菜单中选择【添加新项】，弹出【添加新项】对话框，选择【Web 窗体】模板，并勾选【将代码放在单独的文件中】复选框，输入网页名为 login.aspx。单击【添加】按钮，进入网页设计界面。

(3) 首先添加一幅背景图片，右击网站名，在弹出的快捷菜单中选择【新建文件夹】选项，添加 images 文件夹，右击 images 文件夹，选择【添加现有项】选项，选择图像文件，找到图片 background01.jpg，单击【添加】按钮。然后设计网页，将视图切换到"设计"，按照图 1.3 设计界面。为了布局页面中的控件，插入了一个 5 行 4 列的表格，表格高度为 480px，宽度为 320px，对齐方式：居中，使用背景图片：images/background01.jpg。各控件的属性见表 1-1。

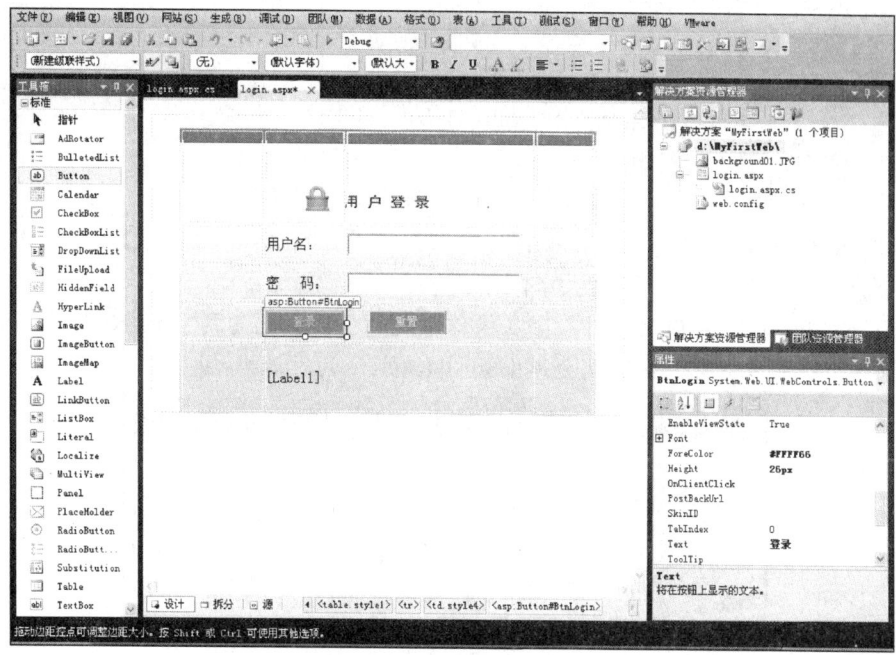

图 1.3　用户登录界面

表 1-1　设置控件属性

控件 ID	控件类型	说　明
Username	TextBox	用户名文本框，属性：maxlength="14"
Userpaswd	TextBox	密码文本框，属性：maxlength="14"，TextMode="Password"
BtnLogin	Button	登录按钮，属性：Text="登录"
BtnReset	Button	重置按钮，属性：Text="重置"
Label1	Label	提示信息标签，属性：Text=" "　Visible="False"

(4) 分别双击窗体上的【确定】按钮和【重置】按钮，为它们添加单击事件的处理函数代码。程序代码被放在了文件 default.aspx.cs 中，代码如下：

```
protected void BtnLogin_Click(object sender, EventArgs e)
{
    string strHello = "你好!";
    if (Username.Text.Trim()=="zhang" && Userpaswd.Text == "654321")
        strHello += Username.Text;

    else
    {
        strHello = "对不起! 你的密码有误";
    }
    Label1.Visible = true;
    Label1.Text = strHello;
}
protected void BtnReset_Click(object sender, EventArgs e)
```

```
    {
        Label1.Visible = false;
        Label1.Text = "";
        Username.Text = "";
        Userpaswd.Text = "";
    }
```

(5) 将 login.aspx 设为起始页，执行【调试】→【开始执行(不调试)】命令，编译通过后，系统会打开浏览器。运行效果如图 1.1 所示。

说明： 启动 Web 应用程序时，会在操作系统的任务栏中看到 ASP.NET Development Server 图标。双击该图标，系统就会弹出如图 1.4 所示的对话框。

图 1.4 ASP.NET 开发服务器配置对话框

该对话框显示了网站的实际物理路径、虚拟路径、Web 服务器监听的端口，以及访问网站的 URL，并且可以通过【停止】按钮，停止 Web 服务器。

1.3.2 ASP .NET 网页文件构成

一个 ASP.NET 网页可以由 HTML 标签和 C#程序代码组成，HTML 标签主要负责页面内容的显示控制；C#程序代码主要负责产生动态的网页内容。根据具体的应用需要和不同等级的程序代码安全要求，ASP.NET 网页程序中 HTML 标签和 C#程序代码的配合方式可以分为两种：混合编码和独立编码。

混合编码方式是指 HTML 标签和 C#程序代码都放置于.aspx 网页文件中，网页主体是 extensible Hypertext Markup Language (XHTML)标签，当需要动态产生内容时，只需在适当的位置加入所需的 C#代码即可。这种编码方式简单直观，适合于一些简单的网页，但是在.aspx 文件中直接嵌入的 C#程序代码缺乏保护，极易造成源代码的外泄而导致软件著作权损失，因此，在一般的项目中都不采用此方式。如果需要使用混合编码模式，则在新建 Web 窗体时不要勾选【将代码放在单独的文件中】复选框。

独立编码方式是指一个 ASP.NET 网页所包含的 HTML 标签和 C#程序代码分别在不同的文件中编制，其中.aspx 文件内是扩展的 HTML 标签，主要用于声明页面控件，并完成控件的布局与现实控制；.aspx.cs 文件内是网页对应的 C#类定义代码，主要用于管理页面控件的内容。这种方式实现了内容管理与显示输出的分离，非常适合团队开发，同时也容易保护源代码。一般的 ASP.NET 项目都采用该方式进行开发。在新建 Web 窗体时勾选【将代码放在单独的文件中】复选框即可。

【例 1.2】采用独立编码方式，设计好的页面代码放在 login.aspx 中。

一个完整的.aspx 页面文档是由页面指令、文档类型声明、文本和 XHTML 标签等部分组成。

(1) 页面指令<%@Page...%>。

.aspx 页面文档的第一行是一条指令@Page，指定页面的属性和配置信息。该指令不会出现在浏览器端。

```
<%@ Page Language="C#" AutoEventWireup="true"  CodeFile="login.aspx.cs"
Inherits="login" %>
```

在该指令中，Language="C#"指示该网页的内联编程语言为 C#；AutoEventWireup="true"指示该网页的事件自动连接到事件处理函数；CodeFile="login.aspx.cs"指示该网页的程序代码文件为 login.aspx.cs；Inherits="login"指示该网页继承的类。

(2) 文档类型声明<!DOCTYPE...>。

.aspx 页面文档的第二部分为文档类型声明，指定文档遵从 Document Type Definition (DTD) 标准，同时指定了文档中的 XHTML 版本，可以和哪些验证工具一起使用等信息，以保证该文档与 Web 标准的一致。文档类型声明是每个网页文档必需的，如果网页文档中没有文档类型声明，浏览器就会采用默认的方式，即 W3C 推荐的 HTML4.0 来处理此 HTML 文档。

本例的文档类型声明部分为：

```
<!DOCTYPE html PUBLIC "-//W3C//DTD XHTML 1.0 Transitional//EN" "http://www.w3.
org/TR/xhtml1/DTD/xhtml1-transitional.dtd">
```

(3) 文本和 XHTML 标签。

页面的文本部分用 XHTML 标签来实现，这一部分结构完全符合 HTML 的文件结构。一个最基本的 HTML 网页结构由 3 部分组成：

```
<html xmlns="http://www.w3.org/1999/xhtml">
<head runat="server">
    <title>用户登录</title>
    <style type="text/css">
    </style>
</head>
<body >
    <form id="form1" runat="server">
    …//主要内容
    </form>
</body>
</html>
```

① <html >…</html>：整个 HTML 文件的起止标签。其他 HTML 标签都要被放在这对标签之间。在 XHTML 代码中使用了<html xmlns="http://www.w3.org/1999/xhtml" >…</html>。其中的 xmlns 是 XHTML namespace 的缩写，即 XHTML 命名空间，用来声明网页内所用

到的标签是属于哪个命名空间的。说明整个网页标签应符合 XHTML 规范。

② <head >…</head>：HTML 文件头标签。文件头包含页面传递给浏览器的信息，这些信息作为一个单独的部分，不是网页的主体内容，但有时对于浏览器而言是很有用的。在文件头中可以设置页面的标题、关键字、外部链接和脚本语言等内容。如用<title>…</title>标签来设置网页的标题，用<style>…</style>标签来设置网页主题部分的样式，用<script>…</script>标签来插入脚本等。

③ <body>…</body>：文档主体标签。<body>…</body>标签之间为页面文档的主体，用来放置页面的内容，是在浏览器中需要显示的内容。

1.3.3　ASP.NET 应用程序的文件类型

对于其他类型的应用程序，如 Windows 应用程序或单独运行的组件，Visual Studio 通常采用项目文件的方式进行管理，使用项目文件来保存创建的应用程序的相关信息。但是 Web 应用程序则有所不同，因为 Visual Studio 并不需要为 Web 应用程序创建项目文件。我们通常采用的是无项目开发方式，这样可以保持网站目录及文件的清晰和整洁，从而有助于简化 Web 应用程序的开发。

在 Visual Studio 中可以创建无项目的 ASP.NET 应用程序。但是 Visual Studio 仍然会为无项目的 ASP.NET 应用程序创建某种类型的资源文件，即"解决方案"文件。解决方案的概念类似于项目。当在 Visual Studio 中进行开发时，就是通过解决方案进行管理的。通常情况下，一个解决方案中仅包含一个无项目的 Web 网站。对于典型的无项目 Web 应用程序，Visual Studio 2010 会将解决方案文件(.sln)保存在指定用户的"我的文档"的 Projects 目录中，而网站的其余的各种文件是存放在一个完全不同的网站目录中。例如，创建的 MyFirstWeb 网站的解决方案文件为：

D:\My Documents\Visual Studio 2010\Projects\MyFirstWeb\MyFirstWeb.sln；

MyFirstWeb 网站的其他文件均保存在 D:\MyFirstWeb 下。当打开前面的网站时，Visual Studio 将自动定位网站所对应的解决方案文件，并使用解决方案文件中的配置。

在 ASP.NET 应用程序中可以包含很多种类型的文件，表 1-2 列出了一些 ASP.NET 应用程序中必不可少的文件类型。

表 1-2　ASP.NET 文件类型

文件类型	描　　述
.aspx	Web 页面文件由两部分组成，即视觉元素(HTML、服务器控件和静态文本等)和该页的程序代码。Visual Studio 将两个组成部分分别存储在单独的文件中。.aspx 文件保存 Web 窗体中页面的视觉元素信息
.aspx.cs	Web 窗体中保存源代码的文件，又称代码隐藏类文件
.cs	C#类模块的代码文件
Global.asax	Global.asax 是一个全局应用程序文件，它是一个可选文件，其中包含响应 ASP.NET 或 HTTP 模块引发的应用程序级别事件的代码
Web.config	一个基于 XML 的 ASP.NET 应用程序配置文件
.aspx.resx	资源文件，通过在资源文件中存储数据，无须重新编译整个应用程序即可更改数据

续表

文件类型	描　述
.css	样式文件，为 Web 窗体页的视觉元素设定显示样式
.ascx	ASP.NET 的用户控件
.asmx	ASP.NET 的 Web Services 文件

另外，Web 应用程序还可以包含一些其他的资源文件，这些资源文件并不是专门用于 ASP.NET 的，如图片文件、HTML 文件等。

习　题　1

一、填空题

1．ASP.NET 的首选开发语言是＿＿＿＿。
2．公共语言运行时的英文全称是＿＿＿＿。

二、判断题

1．ASP.NET 是一种开发语言。　　　　　　　　　　（　　）
2．ASP.NET 的后台开发语言只有 C#。　　　　　　　（　　）
3．利用 Visual Studio 只能开发 Web 应用程序。　　（　　）

三、简答题

1．简述.NET Framework 的作用。
2．CLR 在.NET Framework 中起什么作用？
3．ASP.NET 网页结构由哪几部分组成？

第 2 章

C#语法基础

- 了解 C#的基本数据类型
- 掌握运算符的使用特点
- 熟练掌握流程控制语句的语法结构和执行过程
- 掌握数组的定义和访问方法

案例介绍

扑克牌游戏有很多种不同的玩法，但是每种玩法都要先进行洗牌和发牌，本章案例将模拟实现计算机的洗牌和发牌过程。案例首先要求用户输入洗牌次数，然后模拟洗牌，接着把牌分发给 4 个玩家，最后将 4 个玩家的牌显示出来。本案例用到的知识点为：变量、运算符、表达式、循环语句(for 语句)、分支语句(switch 语句)、随机数、字符和字符串。案例运行结果如图 2.1 所示。

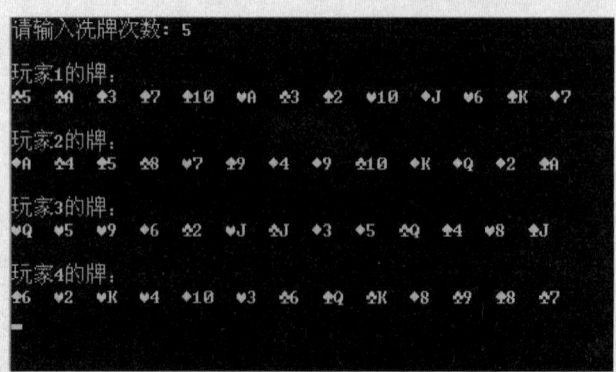

图 2.1　案例运行结果

2.1　基本数据类型

与所有的程序设计语言一样，在 C#中使用变量来保存数据，即保存数值、文本、日期和时间等数据。尽管计算机中的所有数据事实上都是相同的代码(一组 0 和 1)，但是变量有不同的内涵，称为类型。建立类型系统的原因是，不同类型的数据需要用不同的方法来处理。例如，组成数字图片的 0 和 1 序列与组成声音文件的 0 和 1 序列，其处理方式是不同的。

要使用变量，首先需要对其声明，即给变量指定名称和类型。如果使用未声明的变量，编译器会报告错误。

在 C#语言中，可以使用的变量类型是无限多的，因为用户可以自己定义类型，存储各种复杂数据。尽管如此，总有一些数据类型是通用的，因此，我们应了解一些简单的预定义类型。

基本数据类型是组成应用程序中基本构件的类型。例如，数值和布尔值(true 或 false)。大多数基本类型都是存储数值的。不同的数据类型占用不同的内存空间(至多 64 位)，所以可以用于存储不同范围的数值。C#中常用的基本类型见表 2-1。

表 2-1　基本数据类型

类型	别名	范围(允许的值)	说明
sbyte	System.SByte	$-128\sim127$ 之间的整数	8 位有符号整数
byte	System.Byte	$0\sim255$ 之间的整数	8 位无符号整数
short	System.Int16	$-32768\sim32767$ 之间的整数	16 位有符号整数
ushort	System.UInt16	$0\sim65535$ 之间的整数	16 位无符号整数
int	System.Int32	$-2147483648\sim2147483647$ 之间的整数	32 位有符号整数
uint	System.UInt32	$0\sim4294967295$ 之间的整数	32 位无符号整数
long	System.Int64	$-9223372036854775808\sim9223372036854775807$ 之间的整数	64 位有符号整数
ulong	System.UInt64	$0\sim18446744073709551615$ 之间的整数	64 位无符号整数
float	System.Single	约从$\pm1.5*10^{-45}\sim\pm3.4*10^{38}$(大约 7 个有效十进制数)	32 位单精度浮点类型
double	System.Double	约从$\pm5.0*10^{-324}\sim\pm1.7*10^{308}$(大约 15～16 个有效十进制数)	64 位双精度浮点类型
decimal	System.Decimal	约从$\pm1.0*10^{-28}\sim\pm7.9*10^{28}$(可以支持最大28位有效数字)	128 位高精度十进制数类型
char	System.Char	一个 Unicode 字符，存储 $0\sim65535$ 之间的整数	16 位字符类型
bool	System.Boolean	布尔值：true 或 false	
string	System.String	一组字符(一个可变长的 Unicode 编码的字符序列)	

提示：

(1) 一些类型名称前的“u”是 unsigned 的缩写，表示不能在这些类型的变量中存储负数。

(2) 组成 string 的字符数没有上限，因为它可以使用可变大小的内存。

下面的代码演示了基本类型的使用。

```
int myInteger;
string myString;
myInteger = 15;
myString = "\"myInteger\" is";
Console.WriteLine("{0} {1}.", myString, myInteger);
```

2.2　常量与变量

无论使用哪种程序设计语言，常量和变量都是构成程序的基本元素。

2.2.1　常量

在程序运行期间其值不会改变的量称为**常量**，它通常可以分为**字面常量**和**符号常量**。常量的使用非常直观，以固定格式表示固定的数值。每一种基本类型都有自己的常量表示形式。

1. 整型常量

对于一个整数数值，默认的类型是 int 类型。如果默认的类型不是想要的类型，可以在常量后面加后缀(U 或 L)来明确指定其类型。例如：

```
36                        // int 类型
36L  或  36l              // long 类型
36U  或  36u              // uint 类型
36UL 或 36LU  36ul  36lu 等   // ulong 类型
```

整型常量在不加特别说明时默认采用十进制，也可以在数值前面加 0x(或 0X)表示十六进制。例如：

```
20                        // 十进制整数
0x20  0xBF(或 0xbf)        // 十六进制整数
```

2. 浮点常量

一般带小数点的数或用科学计数法表示的数都被认为是浮点数。浮点数的数据类型默认为 double 类型，也可以通过加后缀改变其默认类型。

```
3.14    3.14e5  5.26e-2    // double 类型
3.14f   5.264F             // float 类型
3.14d   5.264D             // double 类型
3.14m   5.264M             // decimal 类型
```

3. 字符常量

字符常量是用单引号括起来的单个字符，如 'A'。字符存储时占 16 位，用无符号整数的形式存储该字符对应的 Unicode 代码。这对于大多数图形字符是可行的，但对一些非

图形的控制字符(如回车符)则行不通，所以字符常量的表达形式还可以采用以下方式。

(1) 十六进制转义系列，以"\x"或"\X"开始，后跟 4 位十六进制编码，如'\x0041'。

(2) Unicode 码转义序列，以"\u"或"\U"开始，后跟 4 位十六进制编码，如'\u0041'。

(3) 显示转换整数字符代码，如(char)65。

(4) 转义字符序列，如表 2-2 所示。

表 2-2　转义字符

转义序列	表示的字符	转义序列	表示的字符
\'	单引号	\f	换页
\"	双引号	\n	换行
\\	反斜杠	\r	回车
\0	空	\t	水平制表符
\a	警告(产生蜂鸣)	\v	垂直制表符
\b	退格		

4. 字符串常量

字符串常量是用双引号括起来的零个或多个字符。C#支持两种形式的字符串常量，一种是常规字符串，另一种是逐字指定的字符串。

(1) 常规字符串：用双引号括起来的一串字符，可以含有转义字符。例如下面两个字符串是等价的。

```
"It\'s my string."
"It\u0027s my string."
```

(2) 逐字字符串：在常规的字符串前面加一个@，就形成了逐字字符串，不使用转义字符，字符串中的每个字符均表示本意。如果在字符串中需要使用双引号，则可连写两个双引号来表示一个双引号。

```
@ "I say ""Good Morning"" to he"    与"I say \"Good Morning\" to he"相同;
@ "C:\Temp\MyDir\MyFile.doc"        与"C:\\Temp\\MyDir\\MyFile.doc"相同.
```

逐字指定的字符串在文件名中非常有用，因为文件名中大量使用了反斜杠字符。如果使用一般的字符串，就必须在字符串中使用两个反斜杠，而有了逐字指定的字符串字面值，代码就更便于阅读。

5. 布尔常量

布尔常量只有两个值：true 和 false，通常用来表示条件的计算结果。

6. 符号常量

为了便于程序的阅读、修改和维护，也可以给字面常量起一个名字，用一个标识符来命名常量，这就是符号常量。符号常量的定义格式如下：

```
const 类型名　标识符 = 值;
```

例如：

```
const double PI = 3,14159;
```

2.2.2　变量

在程序运行期间其值可以改变的量称为**变量**。变量是一个已命名的存储单元，通常用来记录运算的中间结果或保存数据。在 C#中，每个变量都具有一个类型，由该类型确定哪些值可以存储在该变量中，变量的特性由类型来决定。

C#中的变量必须先声明后使用，声明变量就是给变量指定数据类型和名字，下面是声明变量的例子。

```
int age;              // 声明一个整型变量 age
string myName;        // 声明一个字符串变量 myName
```

1. 变量的命名

在 C#中变量的命名规则如下：
(1) 变量名的第一个字符必须是字母、下划线或@。
(2) 其后的字符可以是字母、下划线或数字。
注意：
(1) 关键字不能作为变量名使用，否则会产生编译错误；
(2) C#区分大小写，即使变量中只有一个字母的大小写形式出错，都会产生编译错误。
下面的变量名是正确的。

```
myBigVar  VAR1  _test  @Max
```

下面的变量名是错误的。

```
8bottle  namespace  it's  max-value
```

提示：在编写程序时，应该遵循一致的变量命名规范，通常是公司内部的规范。最好根据变量的作用来命名它们。目前，在.NET Framework 名称空间中有两种命名约定，称为 PascalCase 和 camelCase。它们都应用在由多个单词组成的变量名中，并指定变量名中的每个单词除了第一个字母大写外，其余字母都是小写。在 camelCase 中，还有一个规则，即第一个单词以小写字母开头。

2. 变量的赋值和初始化

一旦声明了变量，就可以自由地对变量赋值，只要所赋值的类型与变量的类型兼容即可，也可以在声明变量的同时为变量赋值。例如：

```
int errorCode;
errorCode = 10;
string name = "张三";
```

变量在使用前必须初始化，C#中如果使用了未初始化的变量，将会产生一个编译错误。

2.3 表 达 式

变量声明和初始化后，就可以对其进行处理了。C#中包含许多进行这类处理的运算符。把变量和字面值(被称为操作数)与运算符组合起来，就可以创建表达式，它是计算的基本构件。C#中的运算符大致分为 3 类。

(1) 一元运算符，处理一个操作数。

(2) 二元运算符，处理两个操作数。

(3) 三元运算符，处理三个操作数。

大多数运算符都是二元运算符，只有几个一元运算符和一个三元运算符(即条件运算符)。

2.3.1 算术运算符

算术运算符一般应用于数值类型(整数和浮点数)，如表 2-3 所示。

表 2-3　算术运算符

运算符	类别	含义	示例
+	二元	加	x + y　2 + 3
−	二元	减	x − y　x − 3
*	二元	乘	x * y　2 * 3
/	二元	除	x/y　3/2　　3.0/2
%	二元	取余	x%y　3%2　3.0%2
++	一元	自增	x ++　++ x
−−	一元	自减	x −−　−− x

说明：

(1) "+、−、*、/"运算与一般数学意义和其他语言相同，但是需要注意的是，当"/"运算符的两个操作数都是整型数据时，C#将执行整数除法，即 C#将自动丢弃商的小数部分，只返回商的整数部分。"%"运算也可以作用于浮点数。例如：

```
6/3       // 结果是 2
5/2       // 结果是 2,而不是 2.5
5.0/2     // 结果是 2.5
11.0%3    // 结果是 2
```

(2) "++"和"--"运算符只能作用于变量，不能应用于常量和表达式。"++"和"--"运算符的位置不同将对表达式的值产生不同的影响。

(3) "+"也可以用于 string 类型的数据，它将实现两个字符串的连接。

2.3.2 赋值运算符

前面我们已经使用过简单的赋值运算符"="，除了"="运算符，还有其他的复合赋值运算符，它们的运算规则如表 2-4 所示。

表 2-4　赋值运算符

运算符	类别	含义	示例	结果
=	二元	基本赋值	x = y	
+=	二元	加赋值	x += y	结果与 x = x + y 相同
-=	二元	减赋值	x -= y	结果与 x = x - y 相同
*=	二元	乘赋值	x * = y	结果与 x = x * y 相同
/=	二元	除赋值	x /= y	结果与 x = x / y 相同
%=	二元	取余赋值	x %= y	结果与 x = x % y 相同

使用这些赋值运算符，特别是在使用长变量名时，可以使代码便于阅读。

2.3.3　关系运算符

在程序逻辑中经常需要对数据进行比较运算，然后根据比较结果执行不同的代码，此时需要使用关系运算符，如表 2-5 所示。关系表达式的运算结果为 bool 类型。

表 2-5　关系运算符

运算符	类别	含义	示例	结果
==	二元	相等	x == y	如果 x 等于 y，结果为 true，否则为 false
!=	二元	不相等	x != y	如果 x 不等于 y，结果为 true，否则为 false
<	二元	小于	x < y	如果 x 小于 y，结果为 true，否则为 false
>	二元	大于	x > y	如果 x 大于 y，结果为 true，否则为 false
<=	二元	小于等于	x <= y	如果 x 小于等于 y，结果为 true，否则为 false
>=	二元	大于等于	x >= y	如果 x 大于等于 y，结果为 true，否则为 false

对于任何一种数值类型，可以使用所有的关系运算符。对于 string 类型和 bool 类型，只能使用==和!=运算符。

例如：

```
bool flag = value > 10;
// 如果 value 的值大于 10,flag 被赋予 true,否则被赋予 false
```

2.3.4　逻辑运算符

在很多种情况下，条件逻辑是程序设计的核心要素。它可以根据用户的输入、外部的条件或其他信息，来决定程序的执行逻辑。而所有条件逻辑的基础是条件判断，即一个求值结果为 true 或 false 的简单表达式。要创建一个条件判断，可以使用字面值或变量与逻辑运算符一起，组成一个条件表达式，表 2-6 列出了基本的逻辑运算符。

表 2-6　逻辑运算符

运算符	类别	含义	示例	结果
!	一元	逻辑非	x = ! y	如果 y 是 false，x 的值就为 true，否则为 false
&	二元	逻辑与	x = y & z	如果 y 和 z 都是 true，x 的值就为 true，否则为 false

运算符	类别	含义	示例	结果
|	二元	逻辑或	x = y | z	如果 y 或 z 是 true(或两者都是)，x 的值就为 true，否则为 false
^	二元	逻辑异或	x = y ^ z	如果 y 或 z 中有且仅有一个是 true，x 的值就为 true，否则为 false
&&	二元	逻辑与	x = y && z	如果 y 和 z 都是 true，x 的值就为 true，否则为 false
||	二元	逻辑或	x = y || z	如果 y 或 z 是 true(或两者都是)，x 的值就为 true，否则为 false
&=	二元		x &= y	结果与 x = x & y 相同
|=	二元		x |= y	结果与 x = x | y 相同
^=	二元		x ^= y	结果与 x = x ^ y 相同

说明：

"&&"和"||"运算符的结果与"&"和"|"完全相同，但是得到结果的方式不同。"&&"和"||"运算符先检查第一个操作数，再根据该操作数的值进行运算，可能无需处理第二个操作数。即如果"&&"运算符的第一个操作数是 false，就不需要考虑第二个操作数的值了，因为无论第二个操作数的值是什么，其结果都是 false。同样，如果第一个操作数是 true，"||"运算符就返回 true，无须考虑第二个操作数的值。但是"&"和"|"运算符总要计算两个操作数。

因为操作数的计算是有条件的，如果使用"&&"和"||"运算符来代替"&"和"|"，性能会有一定的提高。作为一个规则，尽可能使用"&&"和"||"运算符。

2.3.5　条件运算符

条件运算符是唯一的一个三元运算符，它有 3 个操作数，其语法如下：

```
<测试条件> ？ <结果值 1> ：<结果值 2>
```

例如：

```
string result = ( value > 0 ) ? "大于 0" : "小于等于 0";
```

条件运算符适合于简单的赋值语句，如果根据比较结果要执行大量的代码，应使用 if 语句。

2.3.6　按位运算符

前面介绍的"&"和"|"运算符还有一个作用就是对数值执行操作。以这种方式使用时，它们处理的是变量中存储的一系列位，而不是变量值，因此它们称为按位运算符。表 2-7 给出了 C#中的按位运算符。

表 2-7　按位运算符

运算符	类别	含义	示例	结果
&	二元	按位与	x = y & z	如果 y 和 z 中相同位置上的位都是 1，x 的对应位就为 1，否则为 0

续表

运算符	类别	含义	示例	结果
|	二元	按位或	x = y | z	如果 y 和 z 中相同位置上的位有一个是 1，x 的对应位就为 1，否则为 0
^	二元	按位异或	x = y ^ z	如果 y 和 z 中相同位置上的位有且仅有一个是 1，x 的对应位就为 1，否则为 0
~	一元	按位取反	x = ~y	如果 y 中的位为 1，x 的对应位就为 0，如果 y 中的位为 0，x 的对应位就为 1
>>	二元	右移位	x = y >> z	把 y 的二进制值向右移动 z 位，就得到 x 的值
<<	二元	左移位	x = y << z	把 y 的二进制值向左移动 z 位，就得到 x 的值
>>=	一元		x >>= y	把 x 的二进制值向右移动 y 位，就得到 x 的值
<<=	一元		x <<= y	把 x 的二进制值向左移动 y 位，就得到 x 的值

在大多数情况下都不使用这些运算符，它们主要用于高度优化的代码，在这些代码中，不能使用其他数学操作。它们通常用于设备驱动程序或系统代码。

2.3.7 运算符的优先级

当一个表达式中包含多种运算符时，表达式的计算顺序取决于运算符的优先级。优先级高的运算符先计算。这和数学运算中的先乘除后加减是一致的。而当运算符的优先级相同时，计算顺序取决于运算符的结合性。一般情况下，运算符是左结合性，即按照由左至右顺序计算，如 x+y−z。也有一些运算符是右结合性，如赋值运算符按照从右向左顺序计算。C#中运算符的优先级和结合性见表 2-8。

表 2-8 运算符的优先级和结合性

优先级	运算符	结合性
优先级由高到低	( ), +, [ ], new, typeof, sizeof, checked, unchecked	从左到右
	+(取正), −(取负), !, ~	从右向左
	+, −, !, ~	从右向左
	*, /, %	从左到右
	+(加), −(减)	从左到右
	<<, >>	从左到右
	<, >, <=, >=, is, as	从左到右
	==, !=	从左到右
	&	从左到右
	^	从左到右
	|	从左到右
	&&	从左到右
	||	从左到右
	?:	从右向左
	=, *=, /=, %=, +=, −=, <<=, >>=, &=, ^=, |=	从右向左

提示：在写表达式时，如果无法确定运算符的优先级和结合性，最好添加括号来保证运算的正确顺序，这样可以使程序看起来更清晰。

2.4　流　程　控　制

程序流程就是 C#代码的执行顺序。总的来看，程序的执行都是自上而下的顺序进行。但是如果所有程序都这样执行，我们能做的工作就很有限了。本节将介绍控制程序流程的两种方法，即分支和循环。分支是有条件地执行代码，条件取决于计算的结果。而循环则是重复执行相同的语句(重复执行一定的次数，或者在满足条件后停止执行)。

2.4.1　分支

分支是控制下一步要执行哪一行代码的过程。要跳转到的代码行由某个条件语句来控制，这个条件语句使用布尔逻辑运算，对测试值和一个或多个可能的值进行比较。在 C#中实现分支的技术有 3 种，分别是**条件运算符**、**if 语句**和 switch 语句。其中条件运算符是最简单的比较方式，但只适用于简单的赋值语句，如果根据比较结果要执行大量代码，必须使用 if 语句和 switch 语句。

1. if 语句

if 语句最简单的语法如下：

```
if ( <测试条件> )
    <代码>
```

先执行<测试条件>(其计算结果必须是一个布尔值，这样代码才能编译)，如果<测试条件>的计算结果是 true，则执行<代码>；如果<测试条件>的计算结果是 false，则不执行。

也可以将 else 语句与 if 语句合并使用，并指定其他代码。语法格式如下：

```
if ( <测试条件> )
    <代码 1>
else
    <代码 2>
```

其执行过程为：先执行<测试条件>(其计算结果也必须是一个布尔值)，如果<测试条件>的计算结果是 true，则执行<代码 1>；如果<测试条件>的计算结果是 false，则执行<代码 2>。

例如，对于前面使用条件运算符的代码：

```
string result = ( value > 0 ) ? "大于 0" : "小于等于 0";
```

可以使用 if 语句重新编写，得到同样的功能：

```
string result;
if ( value > 0 )
    result = "大于 0" ;
else
    result = "小于等于 0";
```

可以使用 if 语句判断多个条件，例如：

```
if ( var == 1 )
{
    …// 要执行的代码
}
else if ( var == 2 )
{
    …// 要执行的代码
}
else if ( var == 3 || var == 4 )
{
    …// 要执行的代码
}
else
{
    …// 要执行的代码
}
```

对于这样进行多个比较的操作，通常应考虑使用另一种分支结构：switch 语句。

2. switch 语句

switch 语句类似于 if 语句，也是根据测试的值来有条件地执行代码。但是 switch 语句可以一次将测试变量与多个值进行比较，而不是仅测试一个条件。另外这种测试仅限于**离散的值**，而不能测试像"大于 x"这样的子句。

switch 语句的基本语法格式如下：

```
switch( <测试变量> )
{
    case <常量1>:
        <代码 1>
        break;
    case <常量2>:
        <代码 2>
        break;
    …
    case <常量N>:
        <代码 N>
        break;
    default:
        <代码 N+1>
        break;
}
```

switch 语句的执行过程为：首先计算<测试变量>，然后用<测试变量>的值与每个<常量 x>值(case 语句中指定)进行比较，如果有一个匹配，则执行为其提供的<代码 x>；如果没有匹配，则执行 default 后的<代码 N+1>。

执行完每个<代码 x>后，还必须有另一个语句 break，break 语句将中断 switch 语句的执行。

注意：C#与 C++是有区别的，在 C++中，可以在执行完一个 case 块后，再执行另一个 case 块。但在 C#中，执行完一个 case 块后，再执行第二个 case 块是非法的。

虽然一个 case 块处理完后，不能自由进入下一个 case 块，但是如果把多个 case 块放在一起，其后添加一个代码块(实际上是一次检查多个条件)，如果满足这些条件中的任何一个，就会执行代码。例如：

```
switch( <测试变量> )
{
    case  <常量 1>:
    case  <常量 2>:
            <代码>
            break;
    …
}
```

另外，default 语句不一定要放在比较列表的最后，还可以将其与 case 块放在一起。每个<常量 x>都必须是一个常数值，可以是字面值，也可以是符号常量。此外 switch 语句中对 case 块的数量没有限制。

2.4.2 循环

循环就是重复执行语句，可以对操作重复任意多次(上千次，甚至百万次)，而无需每次都编写相同的代码。在 C#中，实现循环可以用 do 语句、while 语句、for 语句。

1. do 语句

do 语句(do 循环)的格式如下：

```
do
{
    <代码>
} while ( <测试条件> );
```

其中，<测试条件>的计算结果是一个布尔值。

注意：while 语句之后必须使用分号。

do 语句的执行过程为：首先执行标记为循环的<代码>，然后计算<测试条件>，计算结果为 true，则再次执行这段代码。当<测试条件>计算结果为 false 时，退出循环。

例如，下面的代码将 1～10 输出到一列上。

```
int i = 1;
do
{
    Console.WriteLine( "{0}", i++ );
} while ( i <= 10 );
```

do 语句的循环至少要执行一次，有时循环可能一次也不执行，在这种情况下，更好的

解决方案是使用 while 语句。

2. while 语句

while 语句(while 循环)非常类似于 do 语句,二者的明显区别是,while 语句中的测试条件是在循环开始时进行,而不是最后。如果一开始测试条件的结果是 false,则循环不执行。

while 语句的格式如下:

```
while ( <测试条件> )
{
    <代码>
}
```

它使用的方式与 do 语句几乎完全相同。例如,下面代码的执行结果与前面的 do 语句相同。

```
int i = 1;
while ( i <= 10 )
{
    Console.WriteLine( "{0}", i++ );
}
```

3. for 语句

for 语句(for 循环)适合于执行指定次数的循环,定义 for 语句,需要下列信息。

(1) 初始化计数器变量的一个起始值。

(2) 继续循环的条件,它应涉及计数器变量。

(3) 在每次循环后,对计数器变量执行一个操作。

这些信息必须放在 for 语句的结构中,如下所示:

```
for ( <初始化>; <循环条件>; <操作> )
{
    <代码>
}
```

下面使用 for 语句实现输出 1~10 的数字。

```
int i;
for ( i = 1; i <= 10; i++ )
{
    Console.WriteLine( "{0}", i );
}
```

与 while 循环一样,在第一次执行前,只有条件测试为 true 时才执行 for 循环,所以循环代码有可能一次也不执行。

4. 循环的中断

有时需要更精细地控制循环代码的处理,为此 C#提供了 4 个语句:

(1) break——立即终止整个循环。

(2) continue——立即终止本次循环(继续执行下一次循环)。

(3) goto——可以跳出循环,到已标记好的位置上(如果希望代码易于阅读和理解,最好不要使用该语句)。

(4) return——跳出循环及其所在的函数。return 语句出现在一个方法内,在方法中执行到 return 语句时,程序流程回转到调用这个方法之处。如果方法没有返回值(返回类型为 void),则使用 return 返回;如果方法有返回值,那么使用 return 表达式格式,其后的表达式就是方法的返回值。

下面详细介绍 break 语句和 continue 语句。

break 语句可以退出循环,继续执行循环后面的代码,例如:

```
int i = 1;
while ( i <= 10 )
{
    if ( i == 6 )
        break;
    Console.WriteLine( "{0}", i++ );
}
```

这段代码输出 1~5 的数字,因为 break 语句在 i 的值为 6 时退出循环。

break 语句只能用于循环语句或 switch 语句中,如果在 switch 语句中执行到 break 语句,则立刻从 switch 语句中跳出,转到 switch 语句的下一条语句;如果在循环语句中执行到 break 语句,则会导致循环立刻结束,跳转到循环语句的下一条语句。不管循环有多少层,break 语句只能从包含它的那层循环跳出一层。

continue 语句仅终止当前的循环,而不是整个循环语句,例如:

```
int i = 1;
for ( i = 1; i <= 10; i ++ )
{
    if ( ( i % 2 ) == 0 )
        continue;
    Console.WriteLine(i );
}
```

这段代码只输出数字 1、3、5、7、9。

continue 语句只能用于循环语句中,它的作用是结束本次循环,不再执行其余的循环体语句,对 while 和 do…while 结构的循环,在 continue 执行之后就立刻测试循环条件,以决定循环是否继续下去;对 for 结构循环,在 continue 执行之后,先求表达式 3(即循环增量部分),然后再测试循环条件。通常它会和一个条件语句结合起来用,不会是独立的一条语句,也不会是循环体的最后一条语句,否则没有任何意义。

如果 continue 语句陷于多重循环结构中,只对包含它的那层循环有效。

2.5　string 类型

在程序中经常会使用和操作字符串，如输入一个人的姓名。在 C#中使用 string 类型来处理字符串，所有的字符串操作都使用 string 类型的成员方法。string 类型变量可以看作是 char 变量的只读数组。C#允许使用 "+" 运算符连接字符串，还允许使用类似于索引器的语法来提取指定的字符。string 类型常用的成员方法见表 2-9。

表 2-9　string 类型的常用成员方法

方　法	作　用
Compare( )	比较字符串
Concat ( )	把多个字符串实例合并为一个实例
CopyTo ( )	把特定数量的字符从选定的下标复制到数组的一个全新实例中
Format ( )	格式化包含各种值的字符串和如何格式化每个值的说明符
IndexOf ( )	定位字符串中第一次出现某个给定子字符串或字符的位置
IndexOfAny ( )	定位字符串中第一次出现某个字符或一组字符的位置
Insert ( )	把一个字符串实例插入到另一个字符串实例的指定索引处
Join ( )	合并字符串数组，建立一个新字符串
LastIndexOf ( )	与 IndexOf 一样，但定位最后一次出现的位置
LastIndexOfAny ( )	与 IndexOfAny 一样，但定位最后一次出现的位置
PadLeft ( )	在字符串的开头，通过添加指定的重复字符填充字符串
PadRight ( )	在字符串的结尾，通过添加指定的重复字符填充字符串
Replace ( )	用另一个字符或子字符串替换字符串中给定的字符或子字符串
Split ( )	在出现给定字符的地方，把字符串拆分为一个子字符串数组
Substring ( )	在字符串中获取给定位置的子字符串
ToLower ( )	把字符串转换为小写形式
ToUpper ( )	把字符串转换为大写形式
Trim ( )	删除首尾的空白

2.6　数　　组

使用变量可以存储一个值，如果需要同时存储多个类型相同的值，可以使用数组。数组是一个变量的索引列表，存储在数组类型的变量中。通过在方括号中指定索引，就可以访问数组中的每个数据。数组中的数据通常称为元素。

2.6.1　声明数组

在 C#中数组可以是一维的也可以是多维的，同样也支持数组的数组，即数组的元素还是数组。一维数组应用最为普遍。

以下述方式声明一维数组：

```
<元素类型>[ ] <数组名>;
```

其中，<元素类型>可以是任何数据类型，数组中的所有元素都是这种类型。<数组名>可以是任何合法的变量名。例如：

```
int [] intArray;              // 可以存储多个整数
string [] friendNames;        // 可以存储多个字符串
```

提示：

(1) 在 C#中数组是一个引用类型，声明数组时，只是预留一个存储位置以引用将来的数组实例，实际的数组对象是通过 new 运算符在运行时动态产生的。因此在数组声明时，不需要给出数组的元素个数。

(2) 在 C#中，所有数组都是 System.Array 类的派生类，所以任何数组都可以使用 System.Array 类的属性及方法。例如，使用 System.Array 的 Length 属性，可以获取数组的长度；使用 GetLength(n)方法，可以得到第 n 维的数组长度(n 从 0 开始)。程序中利用这些属性和方法，可以有效地防止数组下标的越界。

2.6.2　数组初始化

数组声明以后，必须初始化(创建数组对象)才能访问。数组的初始化有两种方式：一是以字面形式指定数组的完整内容；二是指定数组的大小，再使用关键字 new 初始化所有数组元素。

使用字面值指定数组，需要提供一个用逗号分隔的元素值列表，该列表放在花括号中，如下所示：

```
int [] intArray = { 1, 3, 5, 7, 9 };  // 有 5 个元素，每个元素被赋予了一个整数值
```

使用关键字 new 初始化数组，可以用常量值指定数组的大小，也可以用变量指定数组的大小。这种方法会给所有的数组元素赋予同一个默认值，对于数值类型来说，其默认值是 0。语法如下：

```
int [] intArray = new int [5];        // 用常量值 5 指定数组的大小
int arraySize = 5;
int [] intArray;
intArray = new int [arraySize];       // 用变量 arraySize 指定数组的大小
```

也可以将上面两种初始化方式组合使用，但是数组大小必须与元素个数相匹配。

```
int [] intArray = new int [5] { 1, 3, 5, 7, 9 };
const int arraySize = 5;
int[] intArray = new int[arraySize]{1, 3, 5, 7, 9};   // 此时 arraySize 必须
为符号常量
```

2.6.3 数组的访问

数组初始化以后，就可以像其他变量一样被访问，既可以取数组元素的值，也可以修改数组元素的值。在 C#中是通过数组名和数组元素的下标来引用数组元素。

一维数组元素的引用语法：

数组名[下标]

其中下标是数组元素的索引值，实际上就是要访问的数组元素在内存中的相对位移。注意下标的值从 0 开始，最大下标是数组元素的个数-1，可以使用数组的 Length 成员来确定元素的个数。例如：

```
int [] intArray = new int[5]{1,2,3,4,5};
for (int i = 0; i < intArray.Length; i++)
{
    Console.WriteLine( intArray[i] );
}
```

为了防止数组下标超出范围，还可以使用 foreach 循环来访问数组的所有成员。

2.6.4 foreach 语句

foreach 语句是 C#中新引入的语句，这个语句专门用于遍历数据集合中的所有数据项。foreach 语句会迭代每个元素，并针对每个元素执行一次循环体语句，且不存在元素下标越界的危险。foreach 语句的格式如下：

```
foreach ( <类型名> <迭代变量> in <数组名> )
     语句；
```

使用 foreach 语句修改 2.6.3 节中的例子。

```
int [] intArray = new int[5]{1,2,3,4,5};
foreach ( int x in intArray )
{
    Console.WriteLine( x );
}
```

提示：

(1) 迭代变量 x 的类型必须与数组元素类型相一致，并且 x 是一个只读型局部变量。如果试图改变它的值将产生一个编译错误。

(2) foreach 语句只能应用于集合类型，而且只能读取元素的值，不能修改元素的值。

2.6.5 多维数组

多维数组就是使用多个下标访问其元素的数组。使用下面的语句声明多维数组。

<元素类型> [, , ,] <数组名>；

例如：

```
    int [ , ] score;                    // score 是一个 int 类型的二维数组
    float [ , , ] table;                // table 是一个 float 类型的三维数组
```

使用以下语句创建多维数组对象。

```
    score = new int [3, 4] ;            // score 是一个 3 行 4 列的二维数组
    table = new float [2, 3, 4]         // table 是一三维数组，每维分别是 2、3、4
```

要访问多维数组中的每个元素，只需指定多个下标，并用逗号分隔开，然后就可以像其他变量一样处理了。例如，score[1,2]将访问 score 数组的第 2 行的第 3 个元素。

也可以使用 foreach 语句访问多维数组的所有元素，方式与访问一维数组相同。

```
score = new int[3, 4] { { 1, 2, 3, 4 }, { 5, 6, 7, 8 }, { 9, 10, 11, 12 } };
foreach (int x in score)
{
    Console.WriteLine( x );
}
```

2.6.6 数组的数组

一维数组和多维数组都属于矩形数组，因为每一行的元素个数都相同。也可以使用锯齿数组，其中每行的元素个数可以不同，即锯齿数组是数组的数组，它的每个元素都是一个数组，而每个数组的长度可以不同。锯齿数组的声明如下：

```
    <元素类型> [ ] [ ] [ ] <数组名>;
```

方括号[ ]的个数与数组的维数相关。例如，int [ ][ ] jaggedArray;。

锯齿数组的创建，初始化和访问语法比多维数组要复杂得多，下面的代码演示了这些过程。

```
jaggedArray = new int[2][ ];
jaggedArray[0] = new int[4]{1,2,3,4};
jaggedArray[1] = new int[2]{5,6};
foreach (int[] arrayx in jaggedArray)
{
    foreach (int x in arrayx)
        Console.WriteLine( x );
}
```

2.7 综合应用实例

【例 2.1】扑克牌洗牌和发牌。

扑克牌游戏有很多种不同的玩法，但是每种玩法都要进行洗牌和发牌，本实例将模拟计算机洗牌和发牌的过程。程序首先要求用户输入洗牌次数，然后用计算机模拟洗牌过程，接着把牌分发给 4 个玩家，最后将 4 个玩家的牌显示出来。

本实例用到的知识点：变量、运算符和表达式、循环语句(for 语句)、分支语句(switch 语句)、随机数等。

基本思路如下：

一维数组 Deck 存放 52 张牌(不考虑大、小王)，二维数组 Player 存放 4 个玩家的牌。

用三位整数表示一张扑克牌，最高位表示牌的花色，后两位表示牌的点数。例如：

101，102，…，113 分别表示红桃 A，红桃 2，…，红桃 K；

201，202，…，213 分别表示方块 A，方块 2，…，方块 K；

301，302，…，313 分别表示梅花 A，梅花 2，…，梅花 K；

401，402，…，413 分别表示黑桃 A，黑桃 2，…，黑桃 K。

代码如下：

```csharp
class Program
{
    static void Main(string[] args)
    {
        int i, j, k;
        int[] Deck = new int[52];                    // 存储一副扑克牌中的 52 张牌
        int[,] Player = new int[4, 13];              // 存储 4 个玩家的牌
        // 初始化 52 张牌
        for (i = 0; i < 4; i++)
            for (j = 0; j < 13; j++)
                Deck[i*13+j]=(i+1)*100+j+1;
        Console.Write("请输入洗牌次数：");
        string s = Console.ReadLine();
        int times = Convert.ToInt32(s);
        // 洗牌
        Random Rnd = new Random();
        int temp;
        for (j = 1; j <= times; j++)
            for (i = 0; i < 52; i++)
            {
                k = Rnd.Next(0,51);                  // 产生 0～51 之间的随机数
                temp = Deck[i];
                Deck[i] = Deck[k];
                Deck[k] = temp;
            }
        // 发牌,把 52 张牌分发给 4 个玩家
        k = 0;
        for (j = 0; j < 13; j++)
            for (i = 0; i < 4; i++)
                Player[i, j] = Deck[k++];
        // 显示 4 个玩家的牌
        for (i = 0; i < 4; i++)
        {
```

```csharp
            Console.WriteLine("\n 玩家{0}的牌: ", i + 1);
            for (j = 0; j < 13; j++)
            {
                k = (int)Player[i, j] / 100;        // 牌的花色
                switch (k)
                {
                    case 1:                                 // 红桃
                        s = Convert.ToString('\x0003');
                        break;
                    case 2:                                 // 方块
                        s = Convert.ToString('\x0004');
                        break;
                    case 3:                                 // 梅花
                        s = Convert.ToString('\x0005');
                        break;
                    case 4:                                 // 黑桃
                        s = Convert.ToString('\x0006');
                        break;
                }
                k = Player[i, j] % 100;             // 牌的点数
                switch (k)
                {
                    case 1:
                        s = s + "A";
                        break;
                    case 11:
                        s = s + "J";
                        break;
                    case 12:
                        s = s + "Q";
                        break;
                    case 13:
                        s = s + "K";
                        break;
                    default:
                        s = s + Convert.ToString(k);
                        break;
                }
                Console.Write("{0}  ",s);
            }
            Console.WriteLine();
        }
    Console.Read();
}
```

习 题 2

一、选择题

1. 关于 C#程序的书写，下列不正确的说法是(　　)。

    A. 区分大小写

    B. 一行可以写多条语句

    C. 一条语句可写成多行

    D. 一个类中只能有一个 Main( )方法，因此多个类中可以有多个 Main( )方法

2. 下列不属于值类型的是(　　)。

    A. class　　　　　B. enum　　　　　C. struct　　　　　D. int

3. 在 C#编制的财务程序中，需要创建一个存储流动资金金额的临时变量，则应使用的语句(　　)。

    A. decimal theMoney;　　　　　　　B. int theMoney;

    C. string theMoney;　　　　　　　　D. Dim theMoney as double

4. 在 C#语言中，下列能够作为变量名的是(　　)。

    A. if　　　　　B. 3ab　　　　　C. a_3b　　　　　D. a-bc

5. 在 C#语言中，下面的运算符中，优先级最高的是(　　)。

    A. %　　　　　B. ++　　　　　C. /=　　　　　D. >>

6. 正确表示逻辑关系 "a>=10 或 a<=0" 的 C#语言表达式是(　　)。

    A. a>=10 or a<=0　　　　　　　B. a>=10|a<=0

    C. a>=10&&a<=0　　　　　　　　D. a>=10||a<=0

7. 以下叙述正确的是(　　)。

    A. do…while 语句构成的循环不能用其他语句构成的循环来代替

    B. do…while 语句构成的循环只能用 break 语句退出

    C. 用 do…while 语句构成的循环，在 while 后的表达式为 true 时结束循环

    D. 用 do…while 语句构成的循环，while 后的表达式应为关系表达式或逻辑表达式

8. 以下关于 for 循环的说法不正确的是(　　)。

    A. for 循环只能用于循环次数已经确定的情况

    B. for 循环是先判定表达式，后执行循环体语句

    C. for 循环中，可以用 break 语句跳出循环体

    D. for 语句的循环体可以包含多条语句，但要用花括号括起来

9. 定义语句：int [,]a = new int[5,6]; 则下列正确的数组元素的引用是(　　)。

    A. a(3,4)　　　　B. a(3)(4)　　　　C. a[3][4]　　　　D. a[3,4]

10. 下列的数组定义语句，不正确的是(　　)。

    A. int a[ ] = new int[5]{1,2,3,4,5};

    B. int[,]a = new int [3][4];

    C. int[ ][ ]a = new int [3][ ];

    D. int [ ]a = {1,2,3,4};

二、填空题

1. C#的数据类型分为两大类，分别是_____和_____。

2. C#中每个 int 类型的变量占用_____个字节的内存。

3. if 语句后面的表达式应该是_____。

4. 若有定义:int [ ] x = new int[10]{0,2,4,4,5,6,7,8,9,10};则数组 x 在内存中所占字节数是_____。

5. int[ ] s = new int[6]{1,2,3,4,5,6}; s[4] = _____。

三、简答题

1. 指出语句 short s1 = 1; s1 = s1 + 1;和语句 short s1 = 1; s1 += 1;的错误之处。

2. 数组有没有 length( )这种方法？

3. 下面程序段的输出结果是什么？

```
static void Main(string[] args)
{
    int a = 5, b = 4, c = 6, d;
    Console.WriteLine("{0}",d = a>b?(a>c?a:c):b );
}
```

4. 下面程序段的输出结果是什么？

```
static void Main(string[] args)
{
    int x = 1, a = 0, b = 0;
    switch(x)
        {
            case 0: b++; break;
            case 1: a++; break;
            case 2: a++; b++; break;
        }
        Console.WriteLine("a={0},b={1}",a,b);
}
```

5. 下面程序段的输出结果是什么？

```
static void Main(string[] args)
{
    int i;
    int [ ]a=new int[10];
    for ( i=9; i>=0; i-- )
        a[i] = 10 - i;
    Console.WriteLine("{0},{1},{2}",a[2],a[5],a[8]);
}
```

四、编程题

1．编程，定义 3 个 double 类型的变量，分别从键盘上输入值，然后用 Console.WriteLine 方法把它们输出成一列，小数点对齐，保留 3 位小数。

2．输入一个字符，判定它是什么类型的字符(大写字母、小写字母、数字或者其他字符)。

3．编程，输入一个正数，对该数进行四舍五入到个位数的运算。例如，实数 12.56 经过四舍五入运算，得到结果 13；而 12.46 经过四舍五入运算，得到结果 12。

4．产生一个 int 数组，长度为 100，并向其中随机插入 1～100 中的数，并且不能重复。

5．编程，要求使用 while 语句，输入用户名和密码，实现用户登录程序的功能，至多允许输入三次，超过三次不允许登录。

6．编程，用 while 循环语句实现下列功能：有一篮鸡蛋，两个两个地数，多余一个，3 个 3 个地数，多余一个，再 4 个 4 个地数，也多余一个，请问这篮鸡蛋至少有多少个？

第 3 章

C#面向对象程序设计基础

- 了解类和对象的定义及其使用
- 掌握类的构造函数和析构函数的定义及特点
- 熟练掌握继承和多态的实现方法
- 熟悉接口的定义和特点
- 掌握委托的性质和事件的处理方法
- 了解集合和索引器的使用

案例介绍

C#是面向对象语言，在 C#中一切皆对象。本章通过 6 个案例学习 C#面向对象编程的核心内容，每个案例将介绍 C#面向对象编程的一个或多个知识点。例 3.2 演示了类的定义和对象的使用方法，重点介绍构造函数和析构函数的定义和调用。例 3.3 演示了派生类的定义和多态性的实现。例 3.4 演示接口的定义和实现。例 3.5 演示委托的定义和使用以及多播的实现。例 3.6 通过一个即时消息传送程序演示事件的处理过程。例 3.7 演示在类中定义索引器的方法。每个案例的运行结果见相应章节。

3.1 类 和 对 象

面向对象程序设计(Object Oriented Programming，OOP)技术是创建计算机应用程序的一种新方法，它解决了传统编程技术带来的许多问题。在 C#和.NET Framework 中讲述的都是对象，控制台应用程序中的 Main( )函数就是类的一个方法，每个数据类型都是一个类。

在现实世界中，对象是一个实际存在的事物(实体)，对象可以是有形的，也可以是抽象的概念或规则，复杂的对象可以由若干个简单对象构成。对象常用一组属性和一组方法来描述。一组对象之间或多或少地存在一些共同点，可以提取出共同点而忽略其不同点，这样就形成了一个类。类是对一组具有相同属性和行为的对象的抽象。从程序设计的角度看，类是对象的模板，对象是类的实例。

3.1.1 类的定义

要使用一个新的类,首先要定义它,C#使用 class 关键字来定义类。类定义的格式如下:

```
<类访问修饰符> class <类名>: <基类名>
{
    ……//定义类的成员
}
```

<类访问修饰符>指定了类的可访问性,可以使用表 3-1 中的任何一种。

表 3-1 类定义中可以使用的访问修饰符的组合

修饰符	含义
无或 internal	只能在当前项目中访问类
public	可以在任何地方访问类
Abstract 或 internal abstract	类只能在当前项目中访问,不能实例化,只能供继承使用
public abstract	类可以在任何地方访问,不能实例化,只能供继承使用
sealed 或 internal sealed	类只能在当前项目中访问,只能实例化,不能供继承使用
public sealed	类可以在任何地方访问,只能实例化,不能供继承使用

提示:

(1) 默认情况下,类声明为内部的(与使用 internal 关键字显式指定相同),即只有当前项目中的代码才能对其进行访问。公共类可以由其他项目中的代码来访问。abstract 指定类是抽象的(不能实例化对象,只能继承),使用关键字 sealed 指定类是密封的(不能继承)。

(2) 如果没有显式地指定基类,那么它的基类隐含为 object。

类的成员包括字段、方法和属性。所有成员都有访问级别,当没有指定访问修饰符时,默认为 private,可以使用的访问修饰符关键字如下:

(1) public——成员可以由任何代码访问。

(2) private——成员只能由类中的代码访问。

(3) protected——成员只能由类或派生类中的代码访问。

(4) internal——成员只能由定义它的程序集(项目)内部的代码访问。

(5) protected internal——成员只能由项目(确切地讲是程序集)中派生类的代码来访问。

也可以使用关键字 static 来声明成员,这表示它们是类的静态成员,而不是实例成员。静态成员只能通过类来访问,而不能通过类的对象来访问。

1. 定义字段

字段的定义与变量的定义相同,并且可以进行初始化。字段也可以使用关键字 readonly,表示该字段只能在执行构造函数的过程中赋值,或由初始化语句赋值。另外,可以使用关键字 const 来创建一个常量,const 成员也是静态的,但是不需要用 static 修饰符。

2. 定义方法

方法使用标准的函数格式定义,也可以在方法定义中使用下述关键字。

(1) virtual——方法可以重写。

(2) abstract——方法必须在非抽象的派生类中重写(只用于抽象类)。

(3) override——方法重写了一个基类方法(如果方法被重写, 就必须使用该关键字)。

C#中方法的参数有以下 4 种不同形式。

1) 值参数

在方法声明时不加修饰的形参就是值参数, 当方法被调用时, 编译器为值参数分配存储单元, 然后将对应的实参的值复制到形参中。值参数对应的实参可以是变量、常量和表达式, 但要求其值的类型必须与形参的类型相同或者兼容。值参数的好处是在方法中对形参的任何修改都不会影响外部的实参。

2) 引用参数

引用参数使用 ref 关键字指定。引用参数与方法调用中的实参变量共用一个存储单元。因此, 在方法内对形参的任何修改都会影响对应的实参变量。

使用引用参数时注意:

(1) ref 关键字仅对跟在它后面的参数有效, 而不能应用于整个参数表。

(2) 在调用方法时, 也需要用 ref 修饰实参, 而且实参必须是变量, 不能是常量或表达式。

(3) ref 参数对应的实参在调用之前必须已经初始化, C#不允许假定 ref 参数在使用它的函数中初始化(即把未赋值的变量用作 ref 参数是非法的)。

3) 输出参数

使用 out 关键字指定输出参数。out 参数与 ref 参数很相似, 主要区别是, out 参数只能用于从方法中传出值, 而不能接受实参数据, 所以可以把未赋值的变量用作 out 参数。在方法内 out 参数被认为是未赋过值的(即调用代码可以把已赋值的变量用作 out 参数, 存储在该变量中的值会在函数执行时丢失), 所以在方法中应该对 out 参数赋值。

4) 参数数组

一般而言, 调用方法时实参必须与该方法声明的形参在类型和数量上相匹配。但有时希望更灵活一些, 能够给方法传递任意个数的参数。C#提供了传递可变长度的参数表的机制, 即使用 params 关键字来指定一个参数可变长的参数表。

【例 3.1】使用参数数组查找若干个成绩中的最大值。

```
using System;
namespace ConsoleApplication3_1
{
    class Program
    {
        static void Main(string[] args)
        {
            int[] score = { 86, 57, 92, 100, 78, 69, 48, 84, 88 };
            int MaxScore;
            MaxValue(out MaxScore);              // 可变参数的个数可以是零个
            Console.WriteLine("MaxScore = {0} ", MaxScore);
            MaxValue(out MaxScore, 46, 67, 98, 96);   // 在 4 个数中找最大值
            Console.WriteLine("MaxScore = {0} ", MaxScore);
            MaxValue(out MaxScore, score);       // 可变参数也可接受数组对象
```

```
            Console.WriteLine("MaxScore = {0} ", MaxScore);
            Console.ReadKey();
        }
        static void MaxValue(out int max, params int[] a)
        {
            if (0 == a.Length)                    // 如果可变参数为零个，取一个约定值
            {
                max = -1;
                return;
            }
            max = a[0];
            for (int i = 1; i < a.Length; i++)
            {
                if (a[i] > max) max = a[i];
            }
        }
    }
}
```

运行结果如图 3.1 所示。

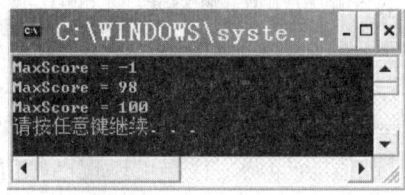

图 3.1 例 3.1 运行结果

3. 定义属性

属性是对类的字段提供特定访问的类成员。属性可以使用简单的方法访问私有字段，因为属性在类中是按一种与方法类似的方式执行的，所以它不会危害类中受保护和隐藏的私有数据。

属性的定义方式与字段类似，但属性拥有两个类似于函数的访问器，一个用于获取属性的值，称为 get 访问器，一个用于设置属性的值，称为 set 访问器。同时包含 get 和 set 访问器的属性是读写属性，只包含 get 访问器的属性是只读属性，只包含 set 访问器的属性是只写属性。

get 访问器必须有一个属性类型的返回值，简单的属性一般与私有字段相关联，以控制对这个字段的访问，此时 get 访问器可以直接返回该字段的值，set 访问器可以把一个值赋给字段(在赋值前可以对值的合法性进行检查)，可以使用关键字 value 表示用户提供的属性值。

属性可以像方法一样使用 virtual、abstract 和 override 关键字，而且访问器可以有自己的访问权限，访问器的访问权限不能高于它所属的属性。

```
private int x;          // 定义私有字段 x
public int xProp        // 定义属性 xProp 访问私有字段 x
{
    get
    {
        return x;
    }
    protected set       // 只有类或派生类中才能使用访问器
    {
        x = value > 0 ? value : 0;
    }
}
```

4. 静态成员和实例成员

类的属性、方法和字段也可以是静态的。静态成员(也称共享成员)可以在类的实例之间共享，所以可以将它们看作是类的全局对象。静态属性和静态字段可以访问独立于任何对象实例的数据，静态方法可以执行与对象类型相关，但与对象实例无关的命令。在使用静态成员时，甚至不需要实例化对象。

如果在定义成员时使用了 static 修饰符，则该成员就是静态成员，否则就是实例成员。静态方法只对类中的静态成员操作，不可以直接访问实例字段。实例方法可以直接访问静态字段和实例字段。

经常使用的 Console.WriteLine( )和 Convert.ToString( )方法是静态的，不需要实例化 Console 或 Convert 类对象。

在许多情况下，静态属性和方法有很好的效果。例如，可以使用静态属性跟踪给类创建了多少个实例。静态成员的使用见例 3.2。

3.1.2　构造函数和析构函数

当定义了一个类之后，就可以通过 new 运算符实例化对象。为了能安全地使用这个对象，C#提供了为对象进行初始化的方法，这就是构造函数。

构造函数名必须与类名相同，没有返回类型，并且没有任何返回值。构造函数可以没有参数，也可以有一个或多个参数。如果类中没有提供构造函数，编译器会自动提供一个默认构造函数。在 C#中，用 new 关键字来调用构造函数。

构造函数也分为实例构造函数和静态构造函数。静态构造函数体只能对静态数据成员进行初始化，而不能对非静态数据成员进行初始化。一个类只能有一个静态构造函数，静态构造函数不能有访问修饰符，也不能带任何参数。静态构造函数不能直接引用，只能在创建类的实例或者引用类的任何静态成员时执行。无论创建了多少个类实例，其静态构造函数都只调用一次。静态构造函数是不可继承的。如果类中包含静态成员而没有声明静态构造函数，那么编译器会自动生成一个默认的静态构造函数。

与构造函数相对应的是析构函数，.NET Framework 使用析构函数清理对象。一般情况下，不需要提供析构函数的代码，而是由默认的析构函数自动执行操作。但是当对象删除

时需要执行一些重要的操作，如释放内存，就应提供特定的析构函数。析构函数名必须与类名相同，但为了区分于构造函数，前面需加"～"表明它是析构函数。析构函数没有返回类型，也不能带参数，当然它也不能被继承，所以一个类最多只能有一个析构函数。一个类如果没有显式地声明析构函数，则编译器将自动产生一个默认的析构函数。

析构函数不能由程序显式地调用，而是由系统在释放对象时自动调用。如果这个对象是一个派生类对象，那么在调用析构函数时将首先执行派生类的析构函数，然后执行基类的析构函数，如果这个基类还有自己的基类，这个过程就会不断重复，直到调用 Object 类的析构函数为止，其执行顺序正好与构造函数相反。

3.1.3 对象的使用

定义了一个类后，就可以在项目中能访问该类的其他位置声明对象，并通过 new 运算符将其实例化。

【例 3.2】类的定义和对象的使用。通过本例演示类的定义和对象的使用方法，以及构造函数和析构函数的定义和调用，并用静态字段跟踪为类创建了多少个实例。

```
using System;
namespace ConsoleApplication3_2
{
public class Point : IDisposable
    {
        private int x, y;                    // 定义 private 字段
        private static int NumofObject;      // 定义静态字段
        public int xProp                     // 定义属性，访问私有字段 x
        {
            get
            {
                return x;
            }
            protected set                    // 只有类或派生类中才能使用 set 访问器
            {
                x = value > 0 ? value : 0;
            }
        }
        protected Point()                    // 保护的默认构造函数
        {
            x = y = 0;
            NumofObject ++;
        }
        public Point( int xx, int yy )       // 公有的非默认构造函数
        {
            x = xx > 0 ? xx : 0;
            y = yy > 0 ? yy : 0;
            NumofObject ++;
        }
```

```
    static Point()                         // 静态构造函数
    {
        NumofObject = 0;
    }
    ~Point()                               // 析构函数
    {
        NumofObject --;
        Console.WriteLine("点({0},{1})被删除", x, y);
    }
    public static int GetObjectNum()
    {
        return NumofObject;
    }
    public void Dispose()
    {
        NumofObject--;
        Console.WriteLine("点({0},{1})被删除! ", x, y);
    }
}
class Program
{
    static void Main(string[] args)
    {
        using ( Point p1 = new Point(1, 2) )
        {
            Console.WriteLine("ObjectNumber = {0}", Point.GetObjectNum());
            using (Point p2 = new Point(10, 20))
            {
                Console.WriteLine("ObjectNumber = {0}", Point.GetObjectNum());
            }
            Console.WriteLine("ObjectNumber = {0}", Point.GetObjectNum());
        }
        Console.WriteLine("ObjectNumber = {0}", Point.GetObjectNum());
        Console.ReadKey();
    }
}
}
```

执行结果如图 3.2 所示。

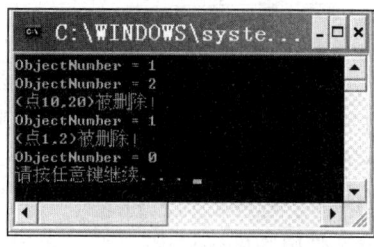

图 3.2 例 3.2 运行结果

3.1.4 类的继承与多态

继承是 OOP 最重要的特性之一。继承表达的是类与类之间的关系,任何类都可以从另一个类中继承,被继承的类称为基类(或父类),新定义的类称为派生类(或子类)。C#中仅支持单一继承,即一个类仅能直接派生于一个基类。

继承具有重要的实际意义,它简化了人们对事物的认识和描述,我们只需要发现和描述派生类所独有的那些特征。派生类对象的特征由两部分组成,一是从基类继承的特征,二是派生类所独有的特征。在软件开发过程中,不需要把它的基类已经定义过的属性和操作重复地书写一遍,这会大大降低软件开发工作的强度。除此之外,继承还表现为通过增强一致性来减少模块间的接口和界面。

1. 派生类的定义

派生类的定义格式如下,其中基类可以是任何已有的类。

```
public class DerivedClass : BaseClass
{
    ……// 派生类的新成员
}
```

通过继承,派生类能够拥有基类的所有成员,同时还可以定义自己的新成员。派生类不能访问基类的私有成员,但是可以访问其公有成员和保护成员(Protected)。例 3.3 将演示派生类的定义。

2. 派生类的构造函数

在创建派生类的对象时,不仅要初始化自己新定义的成员,还必须负责初始化从基类继承来的成员,这将通过派生类的构造函数隐式或显式调用基类的构造函数来完成。如果基类也是派生于其他类,构造函数的调用将如何执行呢?在 C#中构造函数的执行顺序是,根据类层次结构找到最顶层的基类,先调用基类的构造函数,再依次调用各级派生类的构造函数。而析构函数的执行顺序正好相反。

由于在 C#中,所有的类都是从 System.Object 类派生,所以总是最先调用 System.Object 类的构造函数。

如果在派生类的构造函数中没有明确指定,总是调用基类的默认构造函数对基类成员进行初始化。可以使用 base 关键字指定使用基类中某个非默认构造函数完成基类成员的初始化。例 3.3 将演示派生类的构造函数和析构函数的定义和调用顺序。

3. 多态性

在面向对象的程序设计中,多态性是指不同的对象收到相同的消息时产生多种不同的行为方式。换句话说,对象的多态性是指在基类中定义的属性和操作被派生类继承后可以具有不同的数据类型或表现出不同的行为。这使得同一个属性或操作在基类及其各个派生类中具有不同的意义。多态性增加了程序的灵活性。

由于在基类和派生类中会存在相同的方法和属性,可以把某个派生类的对象赋给基类的对象,然后通过基类的对象调用基类的方法,结果是执行派生类中的实现代码。

　　在派生于同一个类的不同类对象上执行任务时，多态性是一种极有效的技巧，其使用的代码最少。

　　在 C#中，通过虚方法实现多态性。在类的方法前加上关键字 virtual，则该方法就成为虚方法。通过在派生类中对虚方法进行重载，就可以实现多态性。

　　【例 3.3】 派生类的定义和使用。通过本例演示派生类的定义和对象的使用，派生类的构造函数、析构函数的定义和调用顺序，以及多态性的实现。

```csharp
using System;
namespace ConsoleApplication3_3
{
    public class Point                  // 定义基类
    {
        private int x, y;               // 定义 private 字段
        protected Point()               // 保护的默认构造函数
        {
            x = y = 0;
            Console.WriteLine("Point 类的默认构造函数被调用。");
        }
        public Point(int xx, int yy)     // 公有的非默认构造函数
        {
            x = xx > 0 ? xx : 0;
            y = yy > 0 ? yy : 0;
            Console.WriteLine("Point 类的非默认构造函数被调用。");
        }
        ~Point()                         // 析构函数
        {
            Console.WriteLine("Point 类的析构函数被调用。");
        }
        public virtual double Area()
        {
            return 0;
        }
    }
    public class Circle : Point          // 定义派生类
    {
        private int radius;
        const double PI = 3.14159;
        public int GetRadius()
        {
            return radius;
        }
        public void SetRadius(int r)
        {
            radius = r > 0 ? r : 10;
        }
        public Circle()                  // 调用基类的默认构造函数
        {
            radius = 10;
```

```
            Console.WriteLine("Circle 类的默认构造函数被调用。");
        }
        public Circle(int xx, int yy, int r)
            : base(xx, yy)              // 调用基类的非默认构造函数
        {
            SetRadius(r);
            Console.WriteLine("Circle 类的非默认构造函数被调用。");
        }
        ~Circle()
        {
            Console.WriteLine("Circle 类的析构函数被调用。");
        }
        public virtual double Area()
        {
            return PI * radius * radius;
        }
    }
    class Program
    {
        static void Main(string[] args)
        {
            Circle c1 = new Circle();
            Circle c2 = new Circle(10, 20, 100);
            Console.WriteLine("c1.radius = {0}", c1.GetRadius());
            Console.WriteLine("c2.radius = {0}", c2.GetRadius());
            Console.WriteLine("c1.Area = {0}", c1.Area());
            Console.WriteLine("c2.Area = {0}", c2.Area());
            c1.SetRadius(20);
            c2.SetRadius(200);
            Console.WriteLine("c1.radius = {0}", c1.GetRadius());
            Console.WriteLine("c2.radius = {0}", c2.GetRadius());
        }
    }
}
```

执行结果如图 3.3 所示。

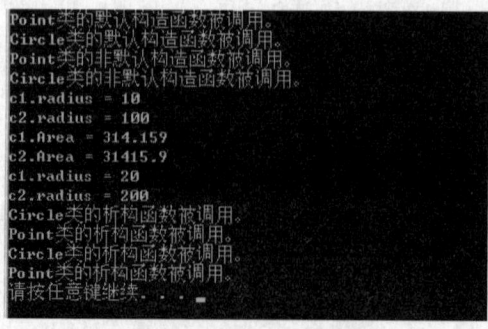

图 3.3　例 3.3 运行结果

4．抽象类与抽象方法

抽象类是一种特殊的基类，并不与具体的事物联系。例如，并没有"图形"这样的具体事物，所以可以将"图形"定义为抽象类，派生出"圆形"和"四边形"这样一些可以产生具体实例的普通类。需要注意的是，抽象类不能被实例化，它只能作为其他类的基类。抽象类的定义使用关键字 abstract。下面的代码将 Shape 类定义为抽象类。

```
public abstract class Shape
{
    ......
}
```

在抽象类中也可以使用关键字 abstract 定义抽象方法，要求所有的派生的非抽象类都要重载实现抽象方法。引入抽象方法的原因在于抽象类本身是一种抽象的概念，有的方法并没有具体的实现，而是需派生类来重载实现。Shape 类中 GetArea 方法本身没有什么具体的意义，而只有到了派生类 Circle 和 Rectangle 中才可以计算具体的面积。抽象方法的定义格式如下：

```
public abstract double GetArea();
```

派生类重载实现为：

```
public override double GetArea()
{
    ......
}
```

3.2　接　　口

接口是把公共实例(非静态)方法和属性结合起来，以封装特定功能的一个集合。一旦定义了接口，就可以在类中实现它。这样，类就可以支持接口所指定的所有属性和成员。

注意，接口不能单独存在。不能像实例化一个类那样实例化接口。另外，接口不能包含实现其成员的任何代码，而只能定义成员本身，实现过程必须在实现接口的类中完成。

3.2.1　接口的定义

接口的定义方式与类的定义方式相似，但使用的关键字是 interface。

```
interface IMyInterface
{
    ......// 接口的成员
}
```

与类一样，接口默认也是内部的，必须使用 public 关键字使其成为公共的。不能在接口中使用关键字 abstract 和 sealed，因为这两个修饰符在接口中没有意义。

接口的名称一般用大写字母 I 开头。接口的成员可以是方法、属性、索引器和事件。

接口的成员默认是公共的，因此不允许成员加上修饰符。

接口成员的定义与类成员的定义相似，但有几个重要区别。

(1) 不允许使用访问修饰符(public、private、protected 或 internal)，所有的接口成员都是公共的。

(2) 接口成员不能包含代码体。

(3) 接口不能定义字段成员。

(4) 接口成员不能用关键字 static、virtual、abstract 或 sealed 来定义。

(5) 接口可以定义为类的成员，但不能定义为其他接口的成员。

在接口中定义的属性也可以定义 get 和(或)set 访问器。例如：

```
interface IMyInterface
{
    int MyInt { get; set; }
}
```

其中 int 属性 MyInt 有 get 和 set 访问器。也可以只定义其中的一个访问器。

接口之间也有继承关系，语法与类的继承相似，主要区别是可以使用多个基接口，例如：

```
public interface ID : IA, IB
{
    ......
}
```

类可以同时有一个基类和零个以上的接口，并要将基类写在前面。

```
class ClassB : ClassA, IA, IB
{
    ......
}
```

接口不是类，所以没有继承 System.Object。但是为了方便起见，System.Object 的成员可以通过接口类型的变量来访问。

3.2.2 接口的实现

实现接口的类必须包含该接口所有成员的实现代码，且必须匹配指定的签名(包括匹配指定的 get 和 set 块)，并且必须是公共的。可以使用关键字 virtual 或 abstract 来实现接口成员，但不能使用 static 或 const。还可以在基类上实现接口成员。继承一个实现给定接口的基类，就意味着派生类隐式地支持这个接口。

尽管不能像实例化对象那样实例化接口，但是可以建立接口类型的变量，然后就可以在支持该接口的对象上，使用这个变量访问该接口提供的方法和属性。

【例 3.4】接口的定义和实现。本例定义两个接口和一个类。接口 IA 定义方法 SetValueA，接口 IB 定义方法 SetValueB。接口 IB 继承接口 IA。Test 类实现接口 IB，因此既要实现 IB 的 SetValueB 方法，也要实现 IA 的 SetValueA 方法。

```
using System;
namespace ConsoleApplication3_4
{
    public interface IA                    // 定义接口 IA
    {
        void SetValueA( int x );
    }
    public interface IB : IA               // 定义接口 IB 继承 IA
    {
        void SetValueB( int x );
    }
    public class Test : IB                 // 定义类 Test，实现接口 IB
    {
        private int a;
        private int b;
        public void SetValueA( int x )     // 实现接口 IA 的方法 SetValueA
        {
            a = x;
            Console.WriteLine("SetValueA: a = {0}", a);
        }
        public void SetValueB( int x )     // 实现接口 IB 的方法 SetValueB
        {
            b = x;
            Console.WriteLine("SetValueB: b = {0}", b);
        }
    }
    class Program
    {
        static void Main(string[] args)
        {
            Test t = new Test();
            t.SetValueA(10);               // 通过对象访问接口成员
            IB ib = t;
            ib.SetValueB(200);             // 通过接口变量访问接口成员
        }
    }
}
```

执行结果如图 3.4 所示。

```
SetValueA: a = 10
SetValueB: b = 200
请按任意键继续. . .
```

图 3.4　例 3.4 运行结果

3.3 委托与事件

3.3.1 委托

当需要把方法作为参数传递给其他方法时，就要使用委托(Delegate)。委托可以创建"指向"某个方法的变量，只需要通过该变量，就可以在需要时调用委托所指向的方法。使用委托，可以编写出适用于多种场合的高度灵活的代码。委托最重要的用途是处理事件，它是事件的基础。

C#中的委托类似于 C/C++中的函数指针。但是函数指针通过指针获取一个函数的入口地址，实现对函数的操作，而委托是面向对象的，在进行面向对象编程时，方法很少是孤立存在的，在调用前，通常需要与类实例相关联。所以在.NET Framework 中如果要传递方法，就必须把方法的细节封装在一种新类型的对象中，即委托。委托只是一种特殊的对象类型，其特殊之处在于对象都包含数据，而委托包含的只是方法的地址。

1. 定义委托

对委托的使用要先定义后实例化，最后才调用。委托的定义非常类似于 C++中的函数原型，只指定一个返回类型和一个参数列表，不带函数体，委托使用关键字 delegate 定义，例如：

```
delegate int MyDelegate(int nID, string sName);
```

2. 使用委托

在定义了委托后，就可以声明该委托类型的变量，然后用与委托有相同返回类型和参数列表的方法名初始化该委托变量，之后就可以使用委托变量调用此方法，就像该变量是一个函数一样。或者把委托变量作为参数传递给一个函数。这样，该函数就可以使用委托调用它引用的任何方法，而且在运行之前无需知道调用的是哪个方法。

实例化委托：

```
MyDelegate d1 = new MyDelegate (wr.InstanceMethod);
```

其中方法 InstanceMethod 定义如下：

```
public int InstanceMethod(int nID, string sName)
```

委托的调用：

```
d1(5, "aaa");
```

通过委托 MyDelegate 实现对方法 InstanceMethod 的调用,调用还必须有一个前提条件，即方法 InstanceMethod 的参数和委托 MyDelegate 的参数一致，并且返回值为 int。

实例化委托的方法既可以是静态方法，也可以是非静态方法。使用委托一次可以调用一个方法，也可以调用多个方法(称为多播)。通过"+"和"-"运算符实现多播的增加或减少。

【**例 3.5**】委托的定义和使用。本案例将演示通过委托调用实例方法和静态方法，以及多播的实现。

```
using System;
namespace ConsoleApplication3_5
{
    public class Test
    {
        public void MethodA(int x)              // 委托引用的非静态方法
        {
            Console.WriteLine("调用 MethodA 方法,返回值={0}", x + x);
        }
        static public void MethodB(int x)       // 委托引用的静态方法
        {
            Console.WriteLine("调用 MethodB 方法,返回值={0}", x * x);
        }
    }
    public delegate void MyDelegate(int n); // 定义委托
    class Program
    {
        static void Main(string[] args)
        {
            Test t = new Test();
            MyDelegate d1 = new MyDelegate(t.MethodA);    // 调用实例方法
            d1(10);
            MyDelegate d2 = Test.MethodB;       // 调用静态方法
            d2(20);
            Console.WriteLine("多播……");
            MyDelegate d3 = d1 + d2;
            d3(5);
            int MethodNum = d3.GetInvocationList().Length; //委托中的方法个数
            Console.WriteLine("委托 d3 中的方法数：{0}", MethodNum);
            d3 = d3 - d2;
            d3(5);
        }
    }
}
```

运行结果如图 3.5 所示。

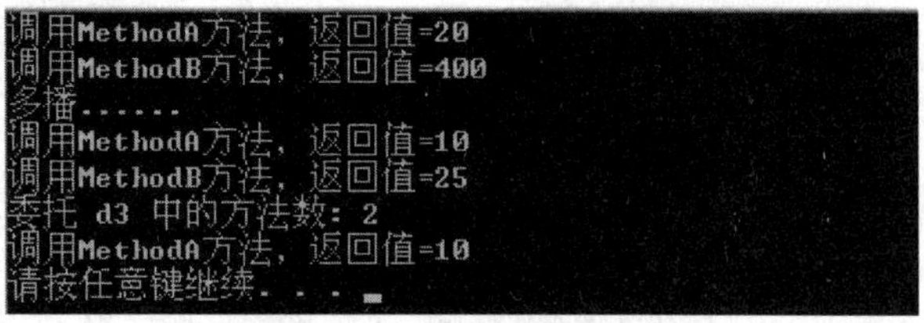

图 3.5　例 3.5 运行结果

3.3.2　事件

对象可以将激活事件作为它们处理的一部分。事件处理程序是一种特殊类型的函数，在事件发生时调用。事件作为 C#中的一种类型，为类和类的实例定义发出通知的能力，从而将事件和可执行代码捆绑在一起。事件最常见的用途是用于窗体编程，当发生像单击按钮、移动鼠标指针等事件时，相应的程序将会收到通知，然后执行代码。

C#事件是按"发布—预订"的方式工作的。先在一个类中公布事件，然后就可以在任意数量的类中对事件进行预订。

C#事件机制是基于委托实现的，因此要首先定义一个委托 EventHandler：

```
public delegate void EventHandler( object from , myEventArgs e )
```

System.EventArgs 是包含事件数据的类的基类，在代码中可直接使用 EventArgs 类，也可以使用 EventArgs 类的派生类。myEventArgs 类派生于 EventArgs 类，实现自定义事件数据的功能。这里 from 表示发生事件的对象。定义事件的格式如下：

```
event 事件的委托名 事件名
```

例如，事件 TextOut 定义如下：

```
public event EventHandler TextOut;
```

事件的激活一般写成：

```
if ( TextOut != null )
        TextOut( this, new EventArgs( ) );
```

检查 TextOut 事件有没有被订阅，若不为 null，则表示有用户订阅。订阅一个事件的含义是提供代码，在事件发生时执行这些代码，它们称为事件处理程序。事件处理程序本身都是简单的方法，但是它必须与定义事件的委托相匹配。

订阅事件格式如下：

```
evsrc.TextOut += new  EventSource.EventHandler(CatchEvent);
```

也可以取消订阅格式如下：

```
evsrc.TextOut -= new  EventSource.EventHandler(CatchEvent);
```

【例 3.6】即时消息传送程序。本案例定义一个 Connection 类，在该类中通过计时器对象引发一系列事件，并由 Display 类处理事件，从而演示事件的处理过程。

```
using System;
using System.Timers;
namespace ConsoleApplication3_6
{
    public delegate void MessageHandler(string messageText); // 定义委托类型
    public class Connection                        // 定义包含事件数据的类
    {
        public event MessageHandler MessageArrived; // 定义事件MessageArrived
```

```csharp
    private Timer myTimer;                // 定义计时器
    public Connection()
    {
        myTimer = new Timer(1000);
        // 订阅 Elapsed 事件，该事件在 Timer 类中定义。
        //  ElapsedEventHandler 是.NET Framework 中定义的标准委托之一
        myTimer.Elapsed += new ElapsedEventHandler(CheckForMessage);
    }
    public void Connect()
    {
        myTimer.Start();                  // 启动计时器
    }
    public void Disconnect()
    {
        myTimer.Stop();                   // 终止计时器
    }
    private static Random random = new Random();
    private void CheckForMessage(object source, ElapsedEventArgs e)
    {
        Console.WriteLine("检测新消息……");
        if ((random.Next(9) == 0) && (MessageArrived != null))
        {
            MessageArrived("你好!");    // 引发事件 MessageArrived
        }
    }
}
public class Display                      // 定义订阅事件的类
{
    public void DisplayMessage(string message)
    {
        Console.WriteLine("新消息到达: {0}", message);
    }
}
// 使用事件
class Program
{
    public static void Main()
    {
        Connection myConnection = new Connection();
        Display myDisplay = new Display();
        // 订阅 MessageArrived 事件,事件处理程序为 myDisplay.DisplayMessage
        myConnection.MessageArrived += new MessageHandler(myDisplay.DisplayMessage);
        myConnection.Connect();
        Console.ReadKey();
        myConnection.Disconnect();
    }
}
```

运行结果如图 3.6 所示。

图 3.6　例 3.6 运行结果

3.4　集合与索引器

3.4.1　集合

使用数组可以处理许多对象，但数组一旦创建后其大小就是固定的，不能在其末尾添加新项，因此处理数组的语法比较复杂。而集合则简化了代码。

C#为用户提供一种称为集合的新类型，集合类一般用于处理对象列表。集合类类似于数组，但比数组的功能更多，例如可以对对象进行访问、搜索和排序等。C#中的数组实际上就是 System.Array 类的实例，它只是集合类中的一种类型。

集合类的功能大多是通过实现 System.Collections 命名空间中的接口而获得的，因此集合的语法已经标准化了。System.Collections 命名空间中的几个接口提供了基本的集合功能。

(1) IEnumerable：可以迭代集合中的项。

(2) ICollection(继承于 IEnumerable)：可以获取集合中项的个数，并能把项复制到一个简单的数组类型中。

(3) IList(继承于 IEnumerable 和 ICollection)：提供了集合的项列表，允许访问这些项，并提供其他一些与项列表相关的基本功能。

(4) IDictionary(继承于 IEnumerable 和 ICollection)类似于 IList，但提供了可通过键值(而不是索引)访问的项列表。

集合类通常以所存储的对象类名称的复数形式来命名，如类 Animals 就是包含 Animal 类对象的一个集合。例如，窗体 Form 类的 Controls 属性就是一个集合类对象，是窗体上所有控件的集合。

用户可以通过继承定义自己的集合，也可以直接使用.NET 已经定义的集合类，如 Array、ArrayList、List、Queue、Stack、LinkedList、Hashtable 等。

3.4.2 索引器

当类中有数组对象成员时，访问该数组对象成员的元素比较麻烦。为了能够像访问一般数组一样访问类中的数组对象，可以使用索引器。

索引器(Indexer)是一种特殊类型的属性，使用 get 关键字和 set 关键字定义对被索引元素的读写权限，索引器有索引参数。

【例 3.7】索引器示例。本案例定义一个类 Months，在该类中有一个数组 data，用于保存 12 个月的名字，在类中定义了索引器，这样就可以通过 Months 对象像访问一般数组一样访问 data 数组中的元素。

```csharp
using System;
namespace ConsoleApplication3_7
{
    class Months
    {
        public const  int size = 12;
        private string[] data = { ("January", "February", "March", "April", "May",)
                            "June", "July", "Aguest", "September",
                            "October", "November", "December" };
        // 索引器定义,根据下标访问
        public string this[int index]
        {
            get
            {
                if (index >= 0 && index <= size - 1)
                    return data[index];
                else
                    return "";
            }
            set
            {
                if (index < 0 || index > size)
                    throw new IndexOutOfRangeException(); // 抛出数组下标越界异常
                data[index] = value;
            }
        }
    }
    class Program
    {
        static void Main(string[] args)
        {
            string[] simple = { "Jan.", "Feb.", "Mar.", "Apr.", "May", "June", "July",
                        "Agu.", "Sept.", "Oct.", "Nov.", "Dec." };
            Months month = new Months();
            try
```

```
    {
        Console.WriteLine("原始数据: ");
        for (int i = 0; i < 6; i++)              // 调用索引器 get 读出
            Console.WriteLine("{0} ", month[i]);
        for (int i = 2; i < Months.size; i++) // 调用索引器 set 赋值
            month[i] = simple[i];
        Console.WriteLine("调用索引器 set 重置后的数据:");
        for (int i = 0; i < 10; i++)             // 调用索引器 get 读出
            Console.WriteLine("{0} ", month[i]);
        Console.WriteLine();
    }
    catch (Exception e)
    {
        Console.WriteLine("异常:" + "数组下标应为 0-11。" + e.Message );
    }
}
    }
}
```

运行结果如图 3.7 所示。

```
原始数据:
January
February
March
April
May
June
调用索引器set重置后的数据:
January
February
Mar.
Apr.
May
June
July
Agu.
Sept.
Oct.
Nov.
Dec.

请按任意键继续.
```

图 3.7　例 3.7 运行结果

3.5　面向对象的其他主题

3.5.1　命名空间

　　.NET 需要在命名空间中定义所有的类型，命名空间是.NET 避免命名冲突的一种方式，是数据类型的一种组织方式。命名空间中所有数据类型的名称都会自动加上该命名空间的名字作为其前缀。例如，.NET 中的大多数基本类型位于命名空间 System 中，基类 Array

在这个命名空间中，所以其全名是 System.Array。命名空间还可以相互嵌套。

注意：如果没有显式提供命名空间，类型就添加到一个没有名称的全局命名空间中。

Microsoft 建议开发者使用的命名空间规范是，公司名称加上软件产品的名称，而类是其中的一个成员，如 YourCompanyName.SalesServices.Customer。这样在大多数情况下，可以保证类的名称不会与其他组织编写的类名冲突。

命名空间不使用任何可访问性关键字，并且可以根据需要嵌套任意多层。命名空间实际上就是一个便捷的逻辑容器，用以帮助组织代码和类。

.NET Framework 中常用的命名空间见表 3-2。

表 3-2　常用的命名空间

命名空间	说　明
System.Text	包含了一些表示字符编码的类型并提供了字符串的操作和格式化
System.Collections	包含了一些与集合相关的类型，如列表、队列、位数组、哈希表和字典等
System.IO	包含了一些数据流类型并提供了文件和目录同步异步读写
System.Collections.Generic	包含定义泛型集合的接口和类，泛型集合允许用户创建强类型集合，它能提供比非泛型强类型集合更好的类型安全性和性能。
System.Linq	提供支持使用语言集成查询(LINQ)进行查询的类和接口
System.Timers	提供基于服务器的计时器组件，用以按指定的间隔引发事件
System.Threading	提供启用多线程的类和接口
System.Drawing	定义了许多类型，实现基本的绘图类型(字体、钢笔、基本画笔等)和无所不能的 Graphics 对象
System.Data	包含了数据访问使用的一些主要类型
System.Web	包含启用浏览器/服务器通信的类和接口,这些命名空间类用于管理到客户端的 HTTP 输出和读取 HTTP 请求。附加的类则提供了一些功能，用于服务器端的应用程序以及进程、Cookie 管理、文件传输、异常信息和输出缓存的控制
System.Net	包含的类可为当前网络上的多种协议提供简单的编程接口

3.5.2　程序集

在.NET 程序设计中，是什么赋予了用户使用类库和命名空间的能力，答案就是所有的.NET 类都是包含在相应的程序集(Assembly)中的。程序集是一种包含已编译代码的物理文件。通常情况下，对于独立应用程序的程序集文件，具有.exe 扩展名，另外一种程序集是类库，生成的是.dll 文件。

在程序集和命名空间之间并不存在任何严格的关系。一个程序集可以包含多个命名空间。多个程序集文件也可以分别包含同一命名空间中的多个类。从技术上来说，命名空间是一种将类进行分组管理的逻辑策略，而程序集则是可发布代码的物理包。

.NET 中的类实际上都是包含在各种各样的程序集中的。例如，位于 System 命名空间中的基本数据类型都是包含在 mscorlib.dll 程序集中。而很多的 ASP.NET 相关类型则是包含在 System.Web.dll 程序集中。通常情况下，程序集和命名空间具有相同的名称，例如，命名空间 System.Web 就位于程序集 System.Web.dll 中。但是这只是一个命名的惯例，不是强制性要求。

3.5.3 类库

类库(Class Library)是程序员用来实现各种功能的类的集合。.NET Framework 类库是一个由 Microsoft .NET Framework 中包含的类、接口和值类型组成的库。该库提供对系统功能的访问，是建立.NET Framework 应用程序、组件和控件的基础。

如果一个项目只包含类以及其他相关的类型定义，但没有入口点，该项目就称为类库。类库项目编译为.dll 程序集，在其他项目中添加对类库项目的引用，就可以访问它的内容。这将扩展对象提供的封装性，因为类库可以进行修改和更新，而不会影响使用它们的其他项目。这样，就可以方便地升级类提供的服务。用新类库替换旧版本的类库，只需要用新生成的.dll 文件覆盖旧文件即可。

习 题 3

一、选择题

1. 类的以下特性中，可以用于方便地重用已有代码和数据的是(   )。
   A. 多态　　　　　B. 封装　　　　　C. 继承　　　　　D. 抽象
2. 下列关于抽象类的说法错误的是(   )。
   A. 抽象类可以实例化　　　　　　B. 抽象类可以包含抽象方法
   C. 抽象类可以包含抽象属性　　　D. 抽象类可以引用派生类的实例
3. 关于虚方法实现多态，下列说法错误的是(   )。
   A. 定义虚方法使用关键字 virtual
   B. 关键字 virtual 可以与 override 一起使用
   C. 虚方法是实现多态的一种应用形式
4. 以下关于继承的说法错误的是(   )。
   A. .NET 框架类库中，Object 类是所有类的基类
   B. 派生类不能直接访问基类的私有成员
   C. protected 修饰符既有公有成员的特点，又有私有成员的特点
   D. 基类对象不能引用派生类对象
5. 在 C#中定义接口时，使用的关键字是(   )。
   A. interface　　B. :　　　　　　　C. class　　　　　D. overrides
6. 以下说法正确的是(   )。
   A. 接口可以实例化
   B. 类只能实现一个接口
   C. 接口的成员都必须是未实现的
   D. 接口的成员前面可以加访问修饰符
7. 在下面的程序段中，类 MyClass 的属性 count 属于(   )属性。

```
class MyClass
{
```

```
    int i;
    int count
    {
            get{ return i;}
    }
}
```

A．只读 　　B．只写 　　C．可读写 　　D．不可读不可写

8．MyClass 为一自定义类，其中有以下方法定义：

```
public void Hello(){… }
```

使用语句 MyClass obj = new MyClass( );创建该类的对象，则访问类 MyClass 的 Hello 方法正确的是(　　)。

A．obj.Hello( ); 　　　　　B．obj::Hello( );

C．MyClass.Hello( ); 　　　D．MyClass::Hello( );

9．在定义类时，如果希望类的某个方法能够在派生类中进一步进行改进，以处理不同的派生类的需要，则应将该方法声明成(　　)方法。

A．sealed 　　B．public 　　C．virtual 　　D．override

10．分析下列程序：

```
public class MyClass
{
    private string _sData = "";
    public string sData
    {
        set{_sData = value;}
    }
}
```

在 Main 函数中，当成功创建该类的对象 obj 后，下列语句合法的是(　　)。

A．obj.sData = "It is funny!"; 　　　B．Console.WriteLine(obj.sData);

C．obj._sData = 100; 　　　　　　　D．obj.set(obj.sData);

二、填空题

1．在类的定义中，类的_____描述了该类的对象的行为特征。

2．类中声明的属性往往具有 get 和_____两个访问器。

3．传入某个属性的 set 方法的隐含参数的名称是_____。

4．一般将类的构造方法声明为_____访问权限。如果声明为 private，就不能创建该类的对象。

5．定义接口使用的关键字是_____；定义委托使用的关键字是_____。

三、简答题

1．在 C#中定义类时可以使用的访问修饰符有哪些？请说明它们的区别是什么？

2．类的构造函数和析构函数各有什么特点？

3．override 和 overload 有何区别？

4．什么是接口？什么是抽象类？接口和抽象类的区别是什么？

5．什么是委托？什么是事件？二者有何联系？

四、编程题

1．编写一个矩形类，私有数据成员为矩形的长(len)和宽(wid)，无参构造函数将 len 和 wid 设置为 0，有参构造函数将 len 和 wid 设置为传入的值，另外，类还包括求矩形的周长、面积，取矩形的长和宽，修改矩形的长度和宽度为对应的形参值等公用方法。

2．编写一个通用的人员(Person)类，该类具有姓名(Name)、年龄(Age)、性别(Sex)等成员。然后对 Person 类进行继承得到一个学生(Student)类，该类能够存放学生的 5 门课的成绩，并能求出平均成绩，要求对该类的构造函数进行重载，至少给出三种形式。最后编程对 Student 类的功能进行验证。

3．声明一个名为 IPosition 的接口。该接口包含一个参数接受一个 Point 值，并返回一个布尔值的方法。

4．设计一个类，要求用事件每 10s 报告机器的当前时间。

5．编写一个类，要求带有一个索引器可以存储 10 个整型变量。

第 4 章

Web 编程基础

教学目标

- 了解 Web 工作原理
- 熟悉 HTML 常用标记及用法
- 熟悉 CSS，掌握 CSS+DIV 实现网页布局
- 熟悉脚本语言 JavaScript
- 了解网页布局方法

案例介绍

　　影响网站的使用及性能的两大因素是网页内容和网页的布局，网页内容一般由文字、图片、超链接、表单等 HTML 元素组成。网页布局传统上使用表格实现，目前中比较流行的是采用 CSS+DIV 技术。本章案例综合应用 HTML 元素、JavaScript，采用 CSS+DIV 技术，实现了一个简化版的校园网主页，如图 4.1 所示。该网页分上、中、下 3 部分：header、mainBody、footer。header 部分包含了 Logo+Banner 和导航栏；mainBody 部分包含了左右 2 栏，左侧为主要内容，右侧为用户登录、站内链接以及站外友情链接；footer 部分为版权所有等信息。

图 4.1　校园网主页

4.1 Web 工作原理

Web 服务器又称 HTTP(Hypertext Transfer Protocol)服务器，是目前 Internet 上流行的服务器之一。其最基本的作用就是检测并响应客户端的 HTTP 请求，并向客户端发送对请求处理的结果。Web 服务器通过 HTTP 协议与客户端进行通信。

4.1.1 超文本传输协议

HTTP 是一种用于 Web 服务器与客户端通过 Internet 发送和接收通信数据的协议，客户端通常指的是浏览器。该协议定义了 HTTP 通信的交换机制、数据传输方式、请求和响应请求的格式等内容。HTTP 协议采用请求/应答的模式工作，服务器只能根据客户程序的请求，处理并发送信息。这使得客户端具备很大的自由度，可以任意访问服务器上的信息。因此就存在多个客户端同时访问一个服务器的情况，如图 4.2 所示。

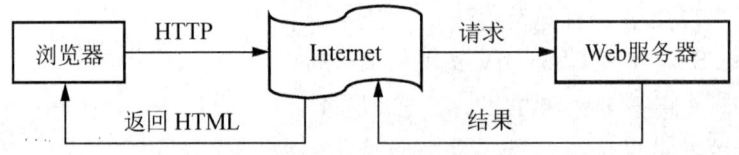

图 4.2　HTTP 请求/应答模型

Web 服务器接收到来自客户端的请求后，根据请求内容作出响应处理，并将处理的结果以 HTML 页面的方式发回客户端。由于 HTTP 协议是一种基于无状态和无连接的协议，因此，它对服务器的资源要求低，同时运行效率高。

4.1.2 Web 服务器工作原理

运行 Web 服务器必须安装 Web 服务器软件。目前的 Web 服务器软件非常多，有 Microsoft IIS、Apache、IBM WebSphere、BEA WebLogic、Oracle IAS 等。对于 ASP.NET 来说，Web 服务器使用的是 Microsoft 的 Internet Information Server (IIS)。Web 服务器工作原理如图 4.3 所示。

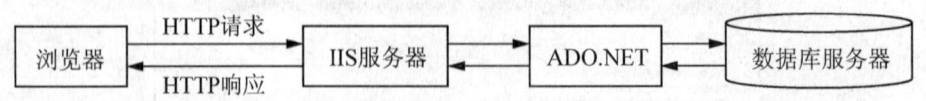

图 4.3　Web 服务器工作原理

浏览器通过 Internet 发送 HTTP 请求，Web 服务器接收到请求后，调用其中已存在的请求处理程序，并将处理结果通过 Internet 发送回请求的浏览器。如果存在数据库交互，程序则会通过 ADO.NET 访问数据库服务器，并将经过处理的数据库服务器的返回信息，一起发送回客户端。

4.2　XHTML 文档的基本结构

HTML 超文本标记语言，是制作页面文档的主要编辑语言。无论在何种操作系统下，只要有浏览器就可以运行 HTML 页面文档。作为一种标记语言，HTML 利用近 120 种标记来标识网页的结构及超链接等信息，使页面在浏览器中表现出精彩纷呈的效果。但由于 HTML 的标记是固定的，不具备可扩展性，数据逻辑与表现逻辑混杂，导致难以阅读，难以维护。

可扩展标记语言(eXtensible Markup Language，XML)，与 HTML 不同，XML 被设计用来传输和存储数据，而且允许开发者自定义标记，可以将标记与有效内容分离。XML 逐渐演变为一种跨平台的数据交换格式，通过 XML 开发者可以在不同平台、不同系统之间进行数据交换，还可以将程序状态保存到 XML 文件中，而无需使用关系数据库。与 HTML 相似，XML 本身无任何"动作行为"，XML 并不是用来代替 HTML 的，二者是为不同目的而设计的。

可扩展超文本标记语言(eXtensible Hypertext Markup Language，XHTML)，是在 HTML4.0 的基础上，用 XML 的规范对其进行扩展。XHTML 结合了部分 XML 的强大功能及大多数 HTML 的简单特性，是一种增强了的 HTML。XHTML 是一个万维网联盟(World Wide Web Consortium，W3C)标准。

一个 XHTML 文档的基本结构如下：

```
<!DOCTYPE html PUBLIC  "-//W3C//DTD XHTML 1.0 Transitional//EN" "http://www.
w3.org/TR/xhtml1/DTD/xhtml1-transitional.dtd">
<html xmlns="http://www.w3.Org/1999/xhtml">
    <head>
        <meta http-equiv="Content-Type" content="text/html; charset=gb2312" />
        <title> 无标题文档</title>
    </head>
    <body>
    文档的主体部分
    </body>
</html>
```

1．文档类型声明 <!DOCTYPE>

文档类型声明<!DOCTYPE>，指定文档遵从的 DTD(Document Type Definition)标准，DTD 是一种 XML 语义约束。同时指定了文档中的 XHTML 版本，可以和哪些验证工具一起使用等信息，以保证此文档与 Web 标准的一致。文档类型声明是每个网页文档必需的，如果网页文档中没有文档类型声明，浏览器就会采用默认的方式，即 W3C 推荐的 HTML4.0 来处理此 HTML 文档。

XHTML1.0 定义了 3 种公用的 DTD，DOCTYPE 声明必须引用以下其中一种类型：

(1) 过渡型(Transitional)：要求非常宽松的 DTD，它允许继续使用符合 HTML4.0 的标记，但是必须符合 XHTML 的语法。这是 ASP.NET 所采用的默认文档类型定义。声明代码如下：

```
<!DOCTYPE html PUBLIC "-//W3C//DTD XHTML 1.0 Transitional//EN" "http://www.
w3.org/TR/xhtml1/DTD/xhtml1-transitional.dtd">
```

(2) 严格型(Strict)：要求严格的 DTD，它不能使用任何表现层的标记和属性。声明代码如下：

```
<!DOCTYPE html PUBLIC "-//W3C//DTD XHTML 1.0  strict//EN" "http://www.
w3.org/TR/xhtml1/DTD/xhtml1-strict.dtd">
```

(3) 框架型(Frameset)：专门为框架页面设计使用的 DTD，如果在网页中包含有框架，则需要采用这种 DTD。声明代码如下：

```
<!DOCTYPE html PUBLIC "-//W3C//DTD XHTML 1.0 Frameset//EN" "http://www.
w3.org/TR/xhtml1/DTD/xhtml1-frameset.dtd">
```

2. XHTML 文档根<html></html>

XHTML 文档标记的格式如下：

```
<html xmlns="http://www.w3.Org/1999/xhtml">
    文档的内容
</html>
```

<html>表示文档的开始，</html>表示文档的结束，这对标记也称为根标记。xmlns 是 XHTML namespace 的缩写，html 标记必须指定 XHTML 命名空间，即

```
xmlns="http://www.w3.Org/1999/xhtml"
```

全部标记都要放在根标记之间，HTML 文档一般由文档头<head>…</head>和文档体<body>…</body>两大部分组成。

3. XHTML 文档头<head></head>

用来描述 XHTML 文档的一些基本数据，或一些特殊功能，如定义字符编码语言集、调用外部样式表或外部脚本等，但不作为文档内容提交。XHTML 文档头标记的格式如下：

```
<head>
        <meta http-equiv="Content-Type" content="text/html; charset=utf-8" />
        <title> 无标题文档</title>
</head>
```

<head></head>标记表示 XHTML 文档头的开始和结束。在头部标记中，一般使用下列标记：

(1) <title></title>：标题标记，用于定义 XHTML 文档的标题，它会显示在浏览器的标题栏中。通常，Web 搜索工具用它作为索引。例如，下面的代码将在浏览器标题栏中显示"河北经贸大学"。

```
<title>河北经贸大学</title>
```

(2) <meta>：元信息标记。提供用户不可见的信息，描述网页属性参数等信息。meta 标记的作用包括搜索引擎优化(SEO)、定义页面使用语言、自动刷新并指向新的页面、实现

网页转换时的动态效果、控制页面缓冲、网页定级评价、控制网页显示的窗口等。meta 标记的格式如下：

```
<meta http-equiv="参数" name="参数" content="具体的参数值">
```

meta 标记共有两个属性，它们分别是 http-equiv 属性和 name 属性，不同的属性又有不同的参数值，这些不同的参数值实现了不同的网页功能。http-equiv，相当于 http 的文件头作用，它可以向浏览器传回一些有用的信息，以帮助正确和精确地显示网页内容，content 中的内容就是各个参数的变量值。name 属性主要用于描述网页，content 中的内容主要是便于搜索引擎机器人查找信息和分类信息。表 4-1 列出了<meta>标记的 http-equiv 属性的值和内容。表 4-2 列出了<meta>标记的 name 属性的值和内容。

表 4-1　http-equiv 变量类型

值	内容示例	说明
Content-Type	Text/html;charset=gb2312	设置页面使用的字符集，默认 UTF-8，中文字符集 gb2312，西欧字符集 ISO8859-1
Expires	Fri, 13 Jan 2012 18:18:18 GMT	设置网页有效期
Pragma(Cache)	No-chche	禁止浏览器从本地计算机的缓存中访问页面内容
Refresh	2；URL=http://www.root.net	自动刷新并指向新页面。其中的 2 是指停留 2s 后自动刷新到 URL 网址
Set-cookie	cookievalue=xxx; expires=Friday, 13-Jan-2012 18:18:18 GMT；path=/	设置 Cookie 期限，如果网页过期，那么存盘的 Cookie 将被删除
Window-target	_top	强制页面在当前窗口以独立页面显示
X-UA-Compatible	IE=EmulateIE7	设定 IE8 版本的兼容模式
Page-Enter	revealTrans(duration=5.0, transition=9)	实现进入网页时的动画效果。duration 表示持续时间，秒；transition 表示动画效果，9 为水平百叶窗
Page-Exit	revealTrans(duration=5.0, transition=20)	实现离开网页时的动画效果。duration 表示持续时间，秒；transition 表示动画效果，20 为阶梯状向右展开

例如，代码如下：

```
<meta http-equiv="X-UA-Compatible" content="IE=EmulateIE7" />
<meta http-equiv= "refresh" content= "1">
```

表 4-2　name 变量类型

值	内容示例	说明
Generator	编辑器名称，如 Dreamweaver CS3	说明网页编辑器名称
Keywords	关键词内容	设置关键字，用来告诉搜索引擎网页的关键字是什么。搜索引擎将会自动把这些关键字添加到数据库中，并根据这些关键字的密度来进行合适的排序，提高网站的访问量

值	内容示例	说明
Description	网站内容	用来告诉搜索引擎网站的主要内容,作用同 keywords
Robots	All 默认值,文件将被检索,且页面上的链接可以被查询;none 文件将不被检索,且页面上的链接不可以被查询;index 文件将被检索,能搜索当前网页;noindex 文件将不被检索,但页面上的链接可以被查询;follow 页面上的链接可以被查询;nofollow 文件将不被检索,但页面上的链接可以被查询	机器人向导,用来告诉搜索机器人哪些页面需要索引,哪些页面不需要索引
Author	作者名称	标注网页的作者
copyright	版权信息	设置版权信息
Reply-to	邮箱地址	设置联系人邮箱

例如,下面 meta 标记说明了网页的关键字和网页描述,方便搜索机器人搜索该网站。

```
<meta name="keywords" content="河北经贸大学,www.heuet.edu.cn,电子政务,电子商务,政府门户,教育门户,新闻门户,知识门户,内容管理,信息化,信息发布"/>
<meta name="description" content="河北经贸大学,www.heuet.edu.cn,电子政务,电子商务,政府门户,教育门户,新闻门户,知识门户,内容管理,信息发布 " />
<meta name="robots" content="index, follow"/>
```

(3) <style>…</style>:样式标记。定义文档内容样式。

(4) <script></script>:脚本标记。定义客户端脚本,如 JavaScript。其中 type 属性规定脚本的 MIME 类型。<script></script>可以放在文档的任何位置,一般放在文档头部。例如,在 HTML 页面中插入一段 JavaScript,在页面中显示 Hello World!

```
<script type="text/javascript">
document.write("Hello World!")
</script>
```

(5) <!--...-->:注释标记。用来在源文档中插入注释。浏览器会自动忽略注释标记中的文字(可以是单行也可以是多行)而不显示。注释标记常用在比较复杂或多人合作设计的网页中,为代码部分加上说明,增加页面的可读性和可维护性。例如:

```
<!--这是一段注释.注释不会在浏览器中显示.-->
```

4. XHTML 文档主体<body>…</body>

主体标记之间定义了网页中所有的显示内容。网页默认的显示格式为:白色背景,12 像素黑色,Times New Roman 字体。在 XHTML 中, <body>标记用属性 style 来设置样式,如设置字体的大小(font-size)、颜色(color)、页面的背景色(background-color)和背景图(background-image)等。格式如下:

```
<body style="样式1: 值1; 样式2: 值2; ……">
```

其中，样式与值用冒号分隔，如果 style 属性中包含多个样式，各个样式之间用分号隔开。例如：

```
<body style="font-family :宋体; color: blue; font-size: 18px; background-color:
LightBlue;  text-align : center ">
```

设置网页字体为宋体，字体的颜色为蓝色，字体大小为 18 像素，网页的背景色为浅蓝，文本居中。

4.3　XHTML 常用标记

标记(Tags)是指定界符<和定界符/>括起来的文本，用来控制数据在网页中的编排方式，告诉浏览器以何种格式显示标记之间的文字。当需要对网页某处内容的格式进行编排时，只要把相应的标记放置在该内容之前，浏览器就会以标记定义的方式显示网页的内容。标记控制文字显示的格式如下：

```
<标记名称>  需进行格式控制的文字 </标记名称>
```

在 HTML 标记中，可以通过设定一些属性，来描述标记的外观以及内在表现，以便对文字编排进行更细微的控制。几乎所有的标记都有自己的属性，如 style="text-align: center"，其中，style 就是标记的属性。XHTML 的语法规则比 HTML 严格得多，具体有下列规则：

(1) 标记必须正确嵌套。XHTML 要求有严谨的结构，文档中的所有标记必须按顺序正确嵌套。例如：

　　　　<p>This is a<i> bad　example．</p> <i>是错误的。

　　　　<p>This is a<i> good example． <i></p>是正确的。

也就是说，一层一层的嵌套必须是严格对称。

(2) 标记必须成对使用，若是单独不成对的标记，在标记最后加/>结束。例如：
是错误的，
是正确的。

(3) 所有标记名称必须成对，XHTML 元素必须使用小写，标记和属性名都使用小写。

(4) 属性值必须用双引号" "括起来，特殊情况下，若用户需要在属性值中使用双引号，可以使用&apos；表示，例如：

```
<alt="say&apos; hello &apos; ">
```

(5) 属性不允许简写，每个属性必须赋值。XHTML 规定所有属性都必须有一个值，没有值的就重复本身。例如：

```
<input type="checkbox"  id="shirt"  value="medium"  checked="checked">
```

HTML 文件支持很多种标记，不同的标记代表不同的含义。HTML 常用的标记包括文本标记、列表标记、表格标记、图像标记和超链接标记等。

4.3.1 文本

1. 分层标记<div>…</div>

分层标记用来排版大块(block-level)的 HTML 段落,为 HTML 页面内大块的内容提供结构和背景的标记。同<body>标记一样,可用 style 属性,在其中加入样式,以实现对其中包含元素的版面设置。div 标记还可以用作容器标记,即将按钮、图片、文本框等标记放在 div 中作为它的子对象元素处理。

2. 标题标记<hn>…</hn>

设定网页的标题格式。由大到小有 6 种设置标题格式的标记:<h1>、<h2>、<h3>、<h4>、<h5>和<h6>。例如:

```
<h1>这是一级标题</h1>
```

3. 段落标记 <p>…</p>

段落标记<p>…</p>的作用是将标记之间的文本内容自动组成一个完整的段落。<p></p>中的文字会自动换行。例如:

```
<p>This is a paragraph.</p>
```

4. 字体标记

(1) …标记:以加粗字的形式输出文本。

(2) <i>…</i>标记:以斜体字的形式输出文本。

(3) <big>…</big>标记:大字体。

(4) <small>…</small>标记:小字体。

**5. 换行标记
**

用于添加一个回车符,该标记没有结束标记,故在 XHTML 中以</>结束。

6. 水平线标记<hr/>

标记<hr/>单独使用,可以实现段落的换行,并绘制一条水平直线,并在直线的上下两端留出一定的空间。可以使用 style 属性进行设置。例如:

```
<hr style="width:70%;height:4px;color:Blue" />
```

其中,width 用于设置画线的长度,取值可以是以像素为单位的具体数值,也可以使用相对于其父标记宽度的百分比。height 用于设置画线的粗细,单位是像素。color 设置线的颜色。

**7. 空格标记 **

在 XHTML 中,如果输入多个空格,仅会被视为一个空格。为了能够显示多个空格,需要使用空格标记 ,一个 代表一个空格,多个 则代表相应的空格数。

4.3.2　列表

使用列表标记为网页中的文本设置列表。包括有序列表标记、无序列表标记和定义列表标记。

1. 无序列表标记\<ul\>…\</ul\>和列表项标记\<li\>…\</li\>

无序列表是指各个列表项目没有顺序，显示时，在各列表项前面显示特殊符号的缩排列表，语法格式如下：

```
<ul style="list-style-type">
  <li>列表项 1</li>
  <li>列表项 2</li>
  …
  <li>列表项 n </li>
</ul>
```

其中，list-style-type 有 4 种形式：默认形式 disc(实心圆)、circle(空心圆)、square(实心方块)和 none(无符号)。\<li\>有自动换行的作用，每个条目自动为一行。每一个\<li\>创建的项目可以使用 list-style-type 单独指定其项目符号。列表项内部可以使用段落、换行符、图片、链接以及其他列表等。

2. 有序列表标记\<ol\>…\</ol\>和列表项标记\<li\>…\</li\>

有序列表是在各列表项前面显示数字或字母的缩排列表，有序列表显示时，会在每个条目前面加上一定形式的有规律的项目序号。语法格式如下：

```
<ol style="list-style-type">
  <li>列表项 1</li>
  <li>列表项 2</li>
  …
  <li>列表项 n</li>
</ol>
```

其中，list-style-type 可以设为 upper-alpha(大写英文)、lower-alpha(小写英文)、upper-roman(大写罗马数字)、lower-roman(小写罗马数字)和 decimal(十进制数字)等。默认的有序列表标识符为阿拉伯十进制数字。

同无序列表一样，\<li\>有自动换行功能。而且每一个\<li\>创建的项目可以使用 list-style-type 单独指定项目符号。列表项内部可以使用段落、换行符、图片、链接以及嵌套其他列表等。

4.3.3　表格

使用表格标记可以对网页中的各个元素的具体位置进行控制。因此，表格在网页设计中的定位功能是极其重要的。表格由行与列组成，每一个基本表格单位称为单元格。单元格在表格中可以包含文本、图片、列表、段落、表单、水平线、表格等。

(1) 表格标记\<table\>…\</table\>，用来定义整个表格，标志着一个表格的开始和结束，表格的所有定义都在这对标记范围内适用。

(2) 表格行标记<tr>…</tr>，用于定义表格行。

(3) 表格表头标记<th>…</th>，用于定义标题单元格，表头数据自动显示为"黑体"。

(4) 表格单元格标记<td>…</td>，用于定义单元格。

表格标记的常用属性如表 4-3 所示，<tr><td>标记的水平对齐属性 align 的取值为 left|center|right，垂直对齐 valign 属性取值为 top|bottom|middle|baseline，<tr><td>的合并同列单元格的属性 rowspan，合并同行单元格的属性 colspan，如代码：

```
<td height="160" colspan="2"></td>
```

设置单元格高度为 160 像素，合并了两个同行单元格。

表 4-3　表格标记常用属性

属　　性	功能说明
height	设置整表高度，其取值为像素或百分比　height ="200"
width	设置整表宽度，其取值为像素或百分比　width ="80%"
border	设置表格边框的宽度，其取值为像素，默认值为 0
cellspacing	设置单元格间距，其取值为像素，如 cellspacing="0"
cellpadding	设置表格分隔线与数据的间距，其取值为像素 cellpadding="5"
align	设置表格在页面中的对齐方式(left|center|right)
bgcolor	设置表格背景颜色，默认白色，如 bgcolor="red"
background	设置表格背景图片，如 background="bg_01.gif"
title	设置表格的标题

下面的代码用于显示一张 4 行 4 列的学生名单表格，水平居中。

```
<table border="1" align="center" width="300px" >
    <tr bgcolor="gray">
        <td>学 号</td>
        <td>姓 名</td>
        <td>性 别</td>
        <td>专 业</td>
    </tr>
    <tr bgcolor="yellow">
        <td >201011201</td>
        <td >张晓丽</td>
        <td>女</td>
        <td>计算机</td>
    </tr>
    <tr bgcolor="yellow">
        <td>201011202</td>
        <td>杨晓琳</td>
        <td>女</td>
        <td>计算机</td>
    </tr>
```

```
    <tr bgcolor="yellow">
      <td>201011203</td>
      <td>赵晓亮</td>
      <td>男</td>
      <td>电子</td>
    </tr>
  </table>
```

4.3.4　图像

Web 页面中的图像可以使网页更加生动、直观。常见的图像格式有 GIF、JPEG 和 PNG 等。其中，GIF 和 JPEG 格式能够被大多数浏览器所支持。网页中的图像一般使用 72DPI、RGB 色彩模式，在 HTML 中使用<img>标记来向页面中插入图像。图像标记的语法格式如下：

```
<img src="URL" [alt="替代文本"] [border="num"] [align="环绕方式|对齐方式"]
[width="n|n%"] [height="n|n%" ] />
```

(1) src：该属性是必需的，用来链接图像的来源。若图像文件与 HTML 页面文件处于同一目录下，则只写文件名称；若图像文件与页面不在同一目录，需要加上合适的路径，相对路径和绝对路径均可。

(2) align：设置图像与旁边文字的相对位置。可以控制图片出现在文字的上方、中间、底端、左侧和右侧。可选值为 top、middle、bottom、left 和 right，默认值为 bottom。

(3) alt：设置图片的说明文字。若用户使用不支持图像的浏览器时，这些文字会替代图像显示出来；若用户使用支持图像显示的浏览器，当鼠标指针移动至图像上时这些文字也会显现出来。

```
<img src="cimg0216.jpg" alt="春天美景" border="1" align="left" width="100%"
height="100%" />
```

4.3.5　超链接

超链接(Hyperlink)可以看作是一种文件指针。它提供了相互关联文件的路径，以指向本地、网络或 Internet 上存储的文件，并可跳转到相应的文件。超链接可以是一个字，一个词，或者一组词，也可以是一幅图像，用户可以单击这些内容来跳转到其他位置。使用<a>…</a>标记定义链接。

1. 超链接格式

```
<a href="url"  target="链接目标网页打开的窗口"> 锚点</a>
```

(1) 锚点：实现链接的源点，通常当鼠标指针移动到锚标上叶会变成小手的形状，浏览者通过在锚标上单击就可以到达链接的目标点。锚点可以是文本、图片或其他 HTML 元素。

(2) href 属性：设定要链接到的文件名称，为必选项。若文件与页面不在同一个目录，需要加上适当的路径，一般路径格式如下：

```
href="域名或 IP 地址/文件路径/文件名#锚点名称"
```

(3) target 属性：设定链接目标网页所要显示的视窗，默认为在当前窗口打开链接目标。可选值为_blank, _parent, _self, _top 及窗体名称。

target="_blank"表示将链接的目标内容，在新的浏览器窗口中打开。

target="_parent"表示将链接的目标内容，在父浏览器窗口中打开。

target="_self"表示将链接的目标内容，在本浏览器窗口中打开(默认值)。

target="_top"表示将链接的目标内容，在顶级浏览器窗口中打开。

target="窗体名称"，常用于框架或浮动框架中，将链接的目标内容，在"窗体名称"的框架窗体中打开，框架窗体名称已经事先在框架或浮动框架标记中命名。

例如：

```
<a href="http://www.heuet.edu.cn" target="_self"> 河北经贸大学 </a>
```

这一段代码运行后，单击这个超链接，会在本窗口访问河北经贸大学网站。

2. 超链接的种类

XHTML 支持的超链接有以下几种形式：不同网页之间的跳转、链接至电子邮件、链接跳转到具体的锚点等。不同的超链接形式有不同的格式，具体如下：

链接到其他网页，基本格式：

```
<a href="URL">锚点 </a>
```

链接到图像上，基本格式：

```
<a href="image_name.jpg">锚点</a>
```

链接到电子邮件，基本格式：

```
<a href="mailto: 邮件地址">锚点</a>
```

3. 图片超链接的基本格式

```
<a href="URL"><img src="图片文件名"/> </a>
```

4. 页内链接

有的页面文本内容很多，浏览器打开页面往往从页面顶端开始显示，若用户需要的信息不在页面的起始部分，用户将费时费力地从上向下进行搜索。此时，设置页内的链接是很有必要的。实现页面内的链接时，需要先使用 id 属性定义一个锚点，格式如下：

```
<a id="锚点名称">预被链接后显示的首部分</a>
```

然后再使用 href 属性指向该锚点，格式如下：

```
<a href="#锚点名称">锚点</a>
```

其中，#表示链接目标与 a 标记属于同一个页面。

4.3.6　框架

通过使用框架，可以在同一个浏览器窗口中显示多个页面。每份 HTML 文档称为一个框架，并且每个框架都独立于其他的框架。框架技术一直普遍应用于页面导航。框架主要包括两个部分，一个是框架集，另一个就是框架。

(1) 框架集(Frameset)：框架集也是一个网页文件，定义了在一个窗口中显示的框架数、框架的尺寸、载入到框架的网页等。

(2) 框架(frame)：框架是浏览器窗口中的一个显示区域，它可以显示与浏览器窗口其余部分中所显示内容无关的网页文件。

在 XHTML 中，使用<frameset>定义框架集，使用<frame> 定义框架，通过设置标记的属性实现框架的功能。框架结构定义格式如下：

```
<frameset rows | cols="value1, value2, …" frameborder="0|1" framespacing="n"
bordercolor="color_value" >
    <frame src=" file_name " name="name" scrolling="yes|no|auto" noresize="noresize"
marginwidth="value"/>
    <frame />
    …
</frameset>
```

说明：

(1) 在使用了框架集的页面中，页面的<body>标记被<frameset>标记所取代，然后通过<frame>标记定义每一个框架。

(2) frameborder="0|1"：0 为不显示边框，1 为显示边框。

(3) framespacing="n"：n 设定框架集的边框宽度，用像素值。

(4) bordercolor="color_value"：设定框架集边框颜色。

(5) src="file_name"：设置框架显示的文件路径。

(6) name="frame_name"：框架的命名。

(7) scrolling="yes|no|auto"：设定滚动条是否显示，yes 显示滚动条，no 不显示滚动条，auto 根据页面的长度自动判断是否显示滚动条。

(8) noresize：禁止改变框架的尺寸大小。

(9) marginwidth="value"：表示内容与左右边界的距离。

(10) marginheight="value"：表示内容与上下边界的距离。

【例 4.1】设置一个嵌套分割框架集 frames.htm。首先窗口被分为上下 3 行，第 1 行显示一幅图片，文档为 top.htm，第 2 行又被分成 2 列，其中第一列被设置为占据浏览器窗口宽度的 20%，文档为 html_contents.htm，用于导航，显示目录；第二列被设置为占据浏览器窗口宽度的 80%，初始文档为 frame_a.htm，用于显示不同的文档内容。第 3 行为页面底部 buttom.htm，通常显示版权信息。代码如下：

```
<!--框架结构 frames.htm-->
<html>
<frameset rows="90,*,25" frameborder="1"  framespacing="1" bordercolor="blue">
```

```
    <frame src="top.htm"  scrolling="no"  marginwidth="1"  name="topFrame">
      <frameset cols="20%,80%"frameborder="1" >
        <frame src="contents.htm" >
        <frame src="frame_a.htm" name="mainframe">
      </frameset>
<frame src="buttom.htm" marginheight="1" marginwidth="1" name="buttomFrame">
</frameset>
</html>
    <!--框架文档 top.htm -->
<html>
    <body>
    <img height="60" width="100%" src="WebSite1/images/topbackground.JPG" />
    </body>
</html>
    <!-左侧框架文档 contents.htm -->
<html>
<body>
    <--超链接到框架 mainframe-->
    <a href ="frame_a.htm" target =" mainframe ">内容一</a><br />
    <a href ="frame_b.htm" target =" mainframe ">内容二</a><br />
</body>
</html>
    <!--框架文档 frame_a.htm -->
<html>
<body>
    <h1 style="color:red">这是框架文档 A</h1>
</body>
</html>
    <!--文档 frame_b.htm -->
<html>
<body>
    <h2 style="color:green">这是框架文档 b</h2>
</body>
</html>
    <!--文档 buttom.htm-->
<body>
<div  style="text-align:center;background-color:pink">
    版权所有 2012 河北经贸大学
</div>
</body>
```

4.3.7 HTML 表单

　　表单是一个包含表单元素的区域。表单主要完成对用户信息的收集，并将这些信息提交给服务器进行处理。表单元素是允许用户在表单中(如文本域、下拉列表、单选框、复选框等)输入信息的元素。

1．表单标记<form>

创建表单的基本语法格式如下：

```
<form id="form_ID" action="URL" method="get|post">
    …
    input 元素
    …
</form>
```

其中，常用的属性含义如下：

(1) id：指定表单标识，可以使用脚本语言来引用或控制该表单。

(2) action：指定当提交表单时，向何处发送表单数据，可以是接收表单数据的服务器端程序或动态网页的网址。

(3) method：规定将表单数据传输到服务器的方法，取值可以是 post 或 get。其中 post 表示在 HTTP 请求中嵌入表单数据，而 get 表示将表单数据附加到 URL 中，作为 URL 变量。

2．输入标记

<input> 标记在表单中定义一个表单控件，用于搜集用户信息，有 7 种不同的 INPUT 类型，分别是 text、password、hidden、button、radio、checkbox、file。根据不同的 type 属性值，输入字段拥有很多种形式。输入字段可以是文本字段、掩码后的文本控件、按钮、单选按钮、复选框、文件等。

3．单行文本框和密码框

单行文本框为用户提供了输入简单文字的页面元素。语法格式如下：

```
<input type="text" name="名称" size="宽度" Maxlength ="最大字符数" value="文本值" readonly="readonly" />
```

密码框式提供输入用户密码的页面元素，密码字符串显示为"*"。语法格式如下：

```
<input type="password" name="名称" size="宽度" Maxlength ="最大字符数" value="文本值" />
```

4．命令按钮

在表单中有 3 种类型的按钮：提交按钮(submit)、重置按钮(reset)、普通按钮(button)。语法格式如下：

```
<input type="submit|reset|button" name="控件名" value="按钮上显示的字符串" [onclick="程序或函数名"] />
```

提交按钮是将表单数据发送服务器端的页面元素，当用户单击提交按钮，浏览器自动把表单数据发送到服务器。

重置按钮是将表单中已存在的数据清除的页面元素。当用户单击重置按钮时，浏览器将自动清空表单中的数据。

自定义按钮是用户定义的普通按钮。当单击自定义按钮时，可以触发特定事件，事件代码必须由用户编写。

5. 复选框和单选框

复选框(checkbox)和单选框(radio)为用户提供选择项目，供用户选择。语法格式如下：

```
<input type="checkbox" name="控件名" value="值" [checked="checked"]/>选项文本
<input type="radio" name="控件名" value="值" [checked="checked"] /> 选项文本
```

6. 隐藏域

若要在表单结果中包含不希望访问者看见的信息，可以在表单中添加隐藏域(Hidden)。当提交表单时，隐藏域的名称和值就会包含在表单结果中。语法格式如下：

```
<input type="hidden"  name="控件名"  value="值" />
```

7. 文件域

文件域(File)由一个文本框和一个"浏览"按钮组成，用户既可以在文本框中输入文件的路径名，也可以通过单击"浏览"按钮从磁盘上查找和选择所需的文件。语法格式如下：

```
<input type="file"  name="文件域的名称" />
```

8. 列表框

<Select>标记提供一个可以复选的列表或下拉列表。语法格式如下：

```
<select name="对象名">
<option value="选项1的值"  [selected="selected"] >选项1的提示</option>
<option value="选项2的值"  [selected="selected"] >选项2的提示</option>
    …
</select>
```

9. 多行文本框

用户可以在多行文本框中写入文本。在文本域中，可写入的字符字数不受限制。语法格式如下：

```
<textarea  name="对象名"  rows="行数"  cols="列数"  [readonly="readonly"]>
    多行文本
</textarea>
```

【例 4.2】下面的表单拥有两个输入字段以及一个提交按钮，当提交表单时，表单数据将通过 method 属性附加到 URL 上。

```
<form action="form_action.aspx" method="get">
  <p>First name: <input type="text" name="name" /></p>
  <p>Last name: <input type="text" name="phone" /></p>
  <input type="submit" value="Submit" />
</form>
```

假如用户输入的用户名是"zhang"，电话是"86666666"，则在打开页面 form_action.aspx 时，在地址栏中会显示如下的信息。

```
form_action.aspx?name=zhang&phone=86666666
```

4.4　JavaScript 脚本程序

JavaScript 实际上就是一段程序，用来完成某些特殊功能。脚本程序分为运行在服务器的服务器脚本(如 ASP、JSP 等)和运行在客户端的脚本，JavaScript 属于后者。客户端脚本常用来响应用户动作、验证表单数据以及显示对话框、动画等，而服务器端脚本用来对用户提交的信息进行响应。使用客户端脚本的优势在于，由于脚本程序是随网页同时下载到客户机上的，因此网页对用户数据的验证和对用户的响应都无需通过网络与服务器进行通信，从而降低了网络数据传输和负荷。

JavaScript 作为一种基于对象和事件驱动的脚本语言，几乎被所有浏览器支持。JavaScript 是通过在标准的 HTML 文档中嵌入或调入函数运行的。在 html 中使用 JavaScript 必须添加标记<script></script>。可以将脚本放在 html 文档的 head 部分或 body 部分。一般将包含函数的脚本放在 head 部分，当被调用时，位于 head 部分的 JavaScript 才会被执行；而在 body 部分的脚本在页面载入时就会被执行，并生成页面的内容。在 XHTML 中嵌入 JavaScript 脚本程序的结构如下：

```
<script type="text/javascript">      //程序的开始
var Vname1,Vname2;                    //声明自定义变量
function funname(x1,x2,…)             //定义函数
  { 语句段；
     return 表达式；
  }
Statements;                           //程序主体
</script>                             //程序的结束
```

有时需要在若干个页面中运行 JavaScript，同时不在每个页面中写相同的脚本。为了达到这个目的，可以将 JavaScript 写入一个外部文件之中。然后以.js 为后缀保存这个文件(外部文件不能包含<script>标记)。然后把.js 文件指定给<script>标记中的"src"属性，就可以使用这个外部文件了。

```
<script src="xxx.js" type="text/javascript"> </script>
```

4.4.1　函数

1. 函数定义

在 JavaScript 中定义函数与 C#中定义函数类似，其基本格式如下：

```
fuction FunctionName(形参表)
{
```

```
    函数体；   //语句
    Return 表达式；
}
```

说明：参数列表中的参数不必加参数类型的关键字。因为在 JavaScript 中的变量统一用 var 来定义，变量的类型只有在对变量赋值之后才能确定。在 JavaScript 中，有 4 种数据类型，如表 4-4 所示。

表 4-4　JavaScript 的数据类型

数据类型	说　　明
number 类型	整数或浮点型数据，如 10，10.5
string 类型	字符串，用双引号括起来，如 "Hello World!"
bool 类型	只有两种取值：true、false
object 类型	用于说明对象

另外，JavaScript 还有两种特殊数据类型：空值 null，表示没有值；未定义值 undefined，表示变量创建后，还没有赋予任何值。

例如：

```
var a=10;               //将 a 声明为一个数值型变量
var a="Hello World!"    //将 a 声明为一个字符串变量
var a=true;             //将 a 声明为一个布尔型变量
var a=null;             //将 a 声明为一个空值
```

2. 函数的使用

使用函数的方法有以下 4 种：

(1) 无返回值，格式如下：

```
funname(value1,value2,…);
```

(2) 有返回值，格式如下：

```
vname= funname(value1,value2,…);
```

(3) 在超链接标记中调用函数。当单击超链接时，可以触发鼠标事件处理函数。有两种方法，一是在使用<a>标记的 href 属性中，其格式如下：

```
<a href="JavaScript:funname(value1,value2,…);"> …</a>
```

二是在使用<a> 标记中触发 OnClick 事件处理函数，其格式如下：

```
<a href="#" OnClick=" funname(value1,value2,…);">…</a>
```

(4) 在装载网页时调用函数。装载网页时就执行一次函数，使用<body>标记，并触发 Window 事件，函数作为事件处理函数，必须在文档头部定义。

```
<body onLoad="funname(value1,value2,…);">……</body>
```

【例 4.3】JavaScript 函数的使用。通过记事本，建立一个名为 JavaScriptFuction.html 文件，并运行之。代码如下：

```
<html xmlns="http://www.w3.org/1999/xhtml">
<head>
   <title>JavaScript 函数定义</title>
</head>
<body>
 <script>
    <!--定义一个无参函数-->
    function Hello()
    {
     return("Hello!Every One! ");
    }
    <!--定义一个有参函数-->
    function Add(a,b)
    {
     return(a+b);
    }
    <!--调用无参函数,在页面中显示函数的返回值-->
    document.write(Hello());
     <!--调用有参函数,并显示-->
    var a=10,b=5;
    var result=Add(a,b);
    document.write("<br>"+a+"+"+b+"="+result);
 </script>
</body>
</html>
```

4.4.2　JavaScript 的 DOM 对象

　　JavaScript 将浏览器本身、网页文档以及网页文档中的 HTML 元素等都用相应的内置对象来表示，其中一些对象作为另外一些对象的属性而存在，这些对象及对象之间的层次关系统称为 Document Object Model (DOM)。在脚本程序中访问 DOM 对象，可以实现对浏览器、网页文档以及网页文档中的 HTML 元素的操作，从而控制浏览器和网页元素的行为和外观。

　　DOM 中 Window 对象的级别最高，它的下级所包含的对象 Frame、Document、Location 和 History 都作为 Window 对象的属性，因此，在引用其他对象时，可以省略 Window。而网页文件中的各个元素对象又是 Document 对象的直接或间接属性。

　　1. Window 对象

　　Window 对象是 JavaScript 层级中的顶层对象，表示一个浏览器窗口或一个框架。Window 对象的 status 属性用来设置浏览器状态栏当前显示的信息。例如：

```
Window.status="欢迎光临本网站";
```

Window 对象的常用方法有：

(1) window.open( )：根据页面地址、窗口名称、窗口风格打开一个窗口。下面的语句将在新窗口打开网页：

```
window.open("http://www.heuet.edu.cn","_blank"," width=800, height=400");
```

(2) window.alert(message)：显示带有一条指定消息和一个 OK 按钮的警告框。例如：

```
alert("I am an alert box!!")
```

(3) window.confirm(message)：显示一个带有指定消息和 OK 及取消按钮的对话框。如果用户单击"确定"按钮，则 confirm( )返回 true。如果单击"取消"按钮，则 confirm( )返回 false。

(4) window.close( )：关闭由 window 指定的顶层浏览器窗口。

(5) window.print( )：打印当前网页内的内容。

提示：在客户端 JavaScript 中，Window 对象是全局对象，所有的表达式都在当前的环境中计算。可以把窗口的属性作为全局变量来使用。例如，可以只写 document，而不必写 window.document。同样，可以把当前窗口对象的方法当作函数来使用，如只写 alert( )，而不必写 Window.alert( )。

2. Document 对象

Document 对象代表整个 HTML 文档，它是 Window 对象的一个属性。利用 Document 对象可以从脚本中对 HTML 页面中的所有元素进行访问。

Document 对象的集合包括 all、forms、images、links 等。Document 对象常用的方法和属性如表 4-5 和表 4-6 所示。

表 4-5　Document 对象的属性

属性	描　述
body	提供对<body>元素的直接访问,对于定义了框架集的文档,该属性引用最外层的<frameset>
cookie	设置或返回与当前文档有关的所有 cookie
domain	返回当前文档的服务器域名
Title	返回当前文档的标题
URL	返回当前文档的 URL
referrer	返回载入当前文档的 URL

表 4-6　Document 对象的方法

方　法	描　述	示例代码
write( )	用来在网页上输出信息,可向文档写入 HTML 表达式或 JavaScript 代码	document.write("Hello World! ","\<p style='color:blue;'>Hello World!\</p>")
Writeln( )	等同于 write( )方法,不同的是在每个表达式之后写一个换行符	document.writeln("\<h1>Hello World!\</h1>");
close( )	关闭一个由 document.open 方法打开的输出流,并显示选择的数据	document.close( );

续表

方法	描述	示例代码
getElementById(id)	返回对拥有指定 ID 的第一个对象的引用	document. getElementById("Username")
getElementsByName(name)	返回带有指定名称的对象的集合	document. getElementByName("username")

3. Location 对象

Location 对象是 Window 对象的一个属性,可通过 window.location 属性来访问。Location 对象包含有关当前 URL 的信息,表示窗口中当前显示的文档的 Web 地址。它的 href 属性存放的是文档的完整 URL,其他属性则分别描述了 URL 的各个部分。

```
window.location="/index.html";
```

4. history 对象

history 对象是 Window 对象的一部分,可通过 window.history 属性对其进行访问。history 对象包含用户(在浏览器窗口中)访问过的 URL,即浏览历史。history 对象的常用方法包括:history.back( )与单击后退按钮等效,等效于 window.history.go(-1);history.forward( )与单击前进按钮等效,等效于 window.history.go(1);history.go(number|URL)实现在历史范围内到达一个指定的地址。

4.4.3　JavaScript 的内置对象

作为基于对象编程的语言,JavaScript 定义了几个内置对象:数组、字符串、日期和数学对象等。这些对象分为两类:一类是静态对象,如数学对象,直接使用"对象名.成员"的格式访问其属性和方法;另一类是动态对象,如数组、字符型、日期等,必须使用关键字 new 创建一个对象实例,然后再使用"对象实例名.成员"的格式来访问其属性和方法。

1. 日期对象 Date

Date 对象用于获取和处理系统时间,可以操作日期、比较日期等。日期对象的定义方法主要有以下 3 种形式:

```
var today=new Date();          //建立一个以当前时间为初始值得对象
var vdate=new Date(日期参数)    //使用特定的表示日期时间的字符串为创建对象赋值
var vdate=new Date(年，月，日，时，分，秒) //按照年月日时分秒的顺序为创建的对象赋值
```

例如:

```
var  vdate=new Date(" Augst 7,2012");
Var  today=new Date(2012,8,7);
Var  today=new Data();
```

Date 对象的方法很多,分别获取和设置时间参数的方法,如 getYear( )/setYear( )、getMonth( )/setMonth( )、getDate( )/setDate( )、getHours( )/setHours( )、getMinutes( )/setMinutes( )、getSeconds( )/setSeconds( )等。

【例 4.4】在文档中显示当前日期和时间,如 2012 年 8 月 7 日 21:21:21。

```
<head>
<script language="javascript">
    function textDate() {
        var today = new Date();   //赋值当前时间
        var d = new Array("星期日","星期一","星期二","星期三","星期四","星期五","星期六");
        var strdate = today.getYear() + "年" + (today.getMonth()+1) + "月" +
today.getDate() + "日";
        var strweek = d[today.getDay()];
        var strtime = today.getHours() + ":" + today.getMinutes() + ":" +
today.getSeconds() ;
        return strdate + strweek+strtime;}
</script>
</head>
<body>
    <script language="javascript">
        document.write("<span >", textDate(), "</span>");
    </script>
</body>
```

2. 字符串对象 String

为了便于处理字符串，JavaScript 又内建了字符串对象，其格式如下：

```
var strobject=new String(字符串);
```

JavaScript 中字符串对象的绝大多数属性和方法与 C#中的字符串对象类似，在此不再做过多说明。下面的代码说明了字符串对象的部分属性、方法的使用。

```
<body>
<script language="javascript">
        var str = "字符串对象的使用";
        strobj = new String(str);
        document.write("<br/>原型: " + strobj.toString());
        document.write("<br/>粗体: " + strobj.bold());
        document.write("<br/>大字体: " + strobj.big());
</script>
</body>
```

3. 数组对象 Array

在 JavaScript 中，数组是以对象的形式出现的。数组对象的定义方式有 3 种：

```
arr object=new Array();              //创建一个数组实例
arrobject=new Array(n);              //创建一个长度为 n 的数组对象
arrobject = new Array(元素 1, 元素 2, 元素 3, …);    //创建一个数组对象,并初始化
```

数组对象的主要属性是 length，主要方法有 concat( )、join( )、pop( )、push( )、sort( )、reverse( )、toString( )等。

【例 4.5】数组对象的使用。

```
<body>
<script language="javascript">
        arr = new Array();
        arr[0] = "A"; arr[1] = "B"; arr[2] = "C";
        arr2 = new Array(4);
        arr2[0] = 1;    arr2[1] = 2; arr2[2] = 3;
        arr3 = new Array('A', 'B', 'C', 'D', '1', '2', '3', '4');
        for (var i = 0; i <arr3.length; i++)
            document.write(arr3[i].toString() + "<br/>");
        arr4 = new Array(6);
        arr4 = arr.concat(arr2);
        for ( i = 0; i < 6; i++)
            document.write(arr4[i].toString() + ",");
        </script>
</body>
```

4. 数学对象 Math

在数学对象中，定义了一些常用的计算方法，又包含了一些数学常量。数学对象是静态对象，不能用 new 创建对象的实例。数学对象的引用方式如下：

```
Math.function(paramentable);
```

数学对象的方法见表 4-7。

表 4-7　数学对象方法

方　　法	描　　述	方　　法	描　　述
Abs(x)	求 x 的绝对值	Floor(x)	返回不大于 x 的整数
Acos(x)	求 x 的反余弦	Log(x)	求 x 的自然对数
Asin(x)	求 x 的反正弦	Pow(x,y)	求 x 的 y 次方
Ceil(x)	返回不小于 x 的整数	Random( )	返回 0～1 之间的伪随机数
Cos(x)	求 x 的余弦	Round(x)	对 x 进行四舍五入
Exp(x)	求 e 的 x 方	Sin(x)	求 x 的正弦
Max(x，y)	返回 x，y 中的较大值	Sqrt(x)	求 x 的算术根
Min(x，y)	返回 x，y 中的较小值	Tan(x)	求 x 的正切

【例 4.6】数学对象的使用。下面的程序，通过使用数学对象创建随机数字验证码字符串。

```
<head>
    <script language="javascript"">
        var chv;
        function scyzm() {
            chv = "";
            for (var i = 1; i <= 4; i++)
                chv = chv + Math.floor(Math.random() * 10);
```

```
        document. getElementById("yzntext").innerHTML= chv;
      }
   </script>
</head>
<body onload="javascript:scyzm()">
    <span id="yzmtext" style="font-family :楷体; color:blue; font-size:18px;
background-color: pink; text-align : center "></span>
</body>
```

4.4.4 JavaScript 事件

JavaScript 程序是基于事件驱动的程序。通常鼠标或键盘的动作称之为事件，而由鼠标或键盘的动作引发的一连串程序动作，称之为事件驱动。在 JavaScript 中支持很多事件，表 4-8 列出了部分事件。

表 4-8　JavaScript 中事件

事　件	说　明	事　件	说　明
Click	单击	MouseDown	按鼠标左键一次
DbClick	双击	MouseUp	快速连续按鼠标左键两次
Focus	获得焦点	MouseMove	鼠标指针移动
KeyPress	按下键盘上的任一键	MouseOut	鼠标指针移出
KeyUp	松开按键	MouseOver	鼠标指针移动到组件上
Load	加载页面	Reset	单击【Reset】按钮
UnLoad	关闭或退出页面	Resize	改变窗口大小
Change	Change 域的内容被改变	Submit	单击【Submit】按钮

有了这些事件就可以对它们添加事件处理代码了。在 JavaScript 中每个事件都定义了专门的事件处理方法，如 OnClick 为单击事件的方法等，也即在事件的前面加上 On。如超链接的单击事件代码：

```
<a href="#" OnClick="JavaScript:window.history.back();return false">返回</a>
<a href="#" OnClick="JavaScript:window.close();return false">关闭窗口/a>
```

说明：可以在 HTML 的标记行中嵌入 Javascript 脚本程序，用于响应事件处理。格式如下：

```
<html tag onEvent="JavaScript:function( ); statement;">
```

function( )为事件处理函数，可以是对象的方法，也可以是自定义函数。statement 为 JavaScript 语句。

4.5　样式表 CSS

4.5.1　CSS 概述

层叠样式表(Cascading Style Sheets，CSS)，是用来进行网页风格设计的。样式定义如

何显示 HTML 元素，通常存储在样式表中。把样式添加到 HTML 中，可以实现内容与表示分离，也即 HTML 标记定义网页的内容，而 CSS 决定这些网页内容的排版和显示效果。当浏览器读到一个样式表，它就会按照这个样式表来对文档进行格式化。

CSS 按其位置可以分为以下 3 种：

1. 内联样式

写在标记中，只对所在的标记有效。当特殊的样式需要应用到个别元素时，就可以使用内联样式。使用内联样式的方法是在相关的标记中使用 style 属性。style 属性可以包含任何 CSS 属性。例如：

```
<h1 style="color:red; font-size:14px">标题 1 是红色，14 号字</h1>
```

2. 内部样式表

写在 HTML 的<head></head>里面，只对所在的网页有效。当单个文件需要特别样式时，就可以使用内部样式表，可以在 head 部分通过 <style> 标记定义内部样式表。例如：

```
<style type="text/css">
    h1 { color:red; font-size:14px }
</style>
```

3. 外部样式表

外部样式表通常存储在.css 文件中，对所有引用它的网页有效。使用外部样式表，可以通过更改一个文件来改变整个站点的外观。每个页面使用 <link> 标记链接到样式表。<link> 标记在(文档的)头部，浏览器会从 css 文件中读到样式声明。例如：

```
<link rel="stylesheet" type="text/css" href="mystyle.css" />
```

外部样式表可以在任何文本编辑器中进行编辑。文件不能包含任何的 html 标记。样式表应该以.css 扩展名进行保存。下面是一个名为 mystyle.css 的样式表文件的内容：

```
h1 { color:red; font-size:14px }
```

当同一个 HTML 元素被不止一个样式定义时，一般而言，所有的样式会根据下面的规则层叠于一个新的虚拟样式表中，其中数字 4 拥有最高的优先权。

(1) 浏览器默认设置。

(2) 外部样式表。

(3) 内部样式表。

(4) 内联样式。

因此，内联样式拥有最高的优先权，这意味着它将优先于内部样式表中的样式声明，外部样式表中的样式声明，或者浏览器中的样式声明(默认值)。

4.5.2　CSS 基本语法

CSS 规则由两个主要的部分构成：选择器以及一条或多条声明。

```
selector {declaration1; declaration2; …; declarationN}
```

说明：

(1) 选择器通常是需要改变样式的 HTML 元素。

(2) 每条声明由一个属性和一个值组成。如果要定义不止一个声明，则需要用分号将每个声明分开。

(3) 属性是希望设置的样式属性。每个属性有一个值。属性和值被冒号分开。如果值为若干单词或中文单词，则要给值加引号。例如：

```
h1 {color:red; font-size:14px; font-family: "sans serif"; }
```

这行代码的作用是将 h1 元素内的文字颜色定义为红色，同时将字体大小设置为 14 像素，字体为 "sans serif"。

(4) 选择器的分组。可以对选择器进行分组，这样，被分组的选择器就可以分享相同的声明。用逗号将需要分组的选择器分开。

在下面的例子中，对所有的标题元素进行了分组，所有的标题元素都是绿色的。

```
h1,h2,h3,h4,h5,h6 {color: green;}
```

4.5.3　id 和 class 选择器

h1 样式将页面内所有的 h1 标记设置为同一种风格。如果希望页面中的一种标记具有不同的风格，就要使用 class 选择器或 id 选择器。另外，如果希望某样式被各种标记使用，也要使用 id 或 class 选择器。前者使用带标记的 id 和 class 选择器，而后者使用不带标记的 id 和 class 选择器。

1. 指定标记的 id 和 class 选择器

选择器 id 的定义规则：

```
指定标记#id名 { 样式 }
```

选择器 class 的定义规则：

```
指定标记.类名 { 样式 }
```

例如：

```
p#red{color:red}
p.green{color:green}
```

id 选择器的应用方法：

```
<指定标记 id="id名">
```

例如：

```
<p id="red">这段文字将显示红色</p>
```

class 选择器的应用方法：

```
<指定标记 class="类名">
<p class=""green">这段文字将显示绿色</p>
```

2. 不指定标记的 id 和 class 选择器

选择器 id 的定义规则：

```
#id名 { 样式 }
```

选择器 class 的定义规则：

```
.类名 { 样式 }
```

例如：

```
#red {color:red;}
<p id="red">这个段落是红色的</p>
<div  id="red">这个段落是红色的</div>
.center {text-align: center}
<h1 class="center">This heading will be center-aligned</h1>
<p class="center">This paragraph will also be center-aligned.</p>
```

4.5.4　CSS 的常用属性

常用的 CSS 属性包括背景属性、文本属性和字体属性等，表 4-9 列出了常用 CSS 属性及其设置。

表 4-9　常用 CSS 属性

CSS 属性	功　　能	举　　例
background-color	设置元素背景色	p {background-color: gray;} p {background-color: gray; padding: 20px;}
background-image	设置背景图，默认 none	body {background-image: url(/img/bg04.gif);}
text-align	定义文本的水平对齐方式：left、center、right、justify	h1 {text-align:center}
text-indent	规定文本块中首行文本的缩进	p {text-indent:50px;}
word-spacing	设置单词间距，默认为 0	p {word-spacing:25px;}
text-decoration	规定文本的修饰：underline（下划线）、overline(上划线)、blink(闪烁)、none(默认)	h3 {text-decoration:underline}
font-family	规定元素的字体系列	p {font-family:"Times New Roman", Georgia,Serif;}
font-style	定义字体的风格：normal（正常）、italic(斜体)、oblique(倾斜)	p.normal {font-style:normal;} p.italic {font-style:italic;} p.oblique {font-style:oblique;}

续表

CSS 属性	功 能	举 例
font-weight	设置文本的粗细：normal、bold	p.normal {font-weight:normal;} p.thick {font-weight:bold;} p.thicker {font-weight:900;}
font-size	设置文本的大小	p {font-size:14px;}
cursor	设置鼠标指针形状：hand、pointer、wait、help、n-resize	li{cursor:hand}
display	规定元素应该生成的框的类型	li{display:block;}
padding	定义元素的内边距，可以分别设置上、右、下、左内边距	h1 {padding: 10px 0.25em 2ex 20%;}
margin	定义元素的外边距，可以分别设置上、右、下、左外边距	p {margin: 20px 30px 30px 20px;}
border-style	可以按照 top-right-bottom-left 的顺序设置元素的各边边框	p {border-style: solid; border-width: 15px 5px 15px 5px;}
float	设置元素的左右浮动方式	p { float: right; }

4.6 DHTML 技术

DHTML 指动态 HTML(Dynamic HTML)。DHTML 是一种创建动态和交互 Web 站点的技术集。DHTML 是 HTML、样式表以及 JavaScript 的结合物。通过 DHTML，Web 开发者可控制如何在浏览器窗口中显示和定位 HTML 元素。

DHTML 技术的核心是通过一个事件句柄如 OnClick、OnLoad、OnSubmit、OnMouseover、OnMouseout 等，对某个元素进行某种操作。用 JavaScript 编写事件处理函数，在函数中使用 HTML DOM 访问文档中的某个元素，并改变元素的样式、属性和内容。

1. 元素访问

在 DHTML 中通过 HTML DOM 访问 HTML 元素，从而改变 HTML 元素的样式、属性、内容。通过元素 ID 属性，访问元素的 JavaScript 语句格式如下：

```
var element=document.getElementById("id")
```

2. 元素的样式改变

```
document.getElementById(id).style.样式名=value;
```

例如：

```
document.getElementById("header").style.color="red"
document.getElementById ("image").className=newClassName;
```

3. 元素的属性改变

```
document.getElementById("id").属性名=value;
```

例如:

```
document.getElementById("image").src="/img/landscape.jpg";
```

4. 修改元素的内容

通过 innerHTML 可以改变元素的内容。innerHTML 属性是<html>标记的属性，凡是成对标记都有这个属性，innerHTML 是开始标记和结束标记之间的字符，不包括标记本身。改变元素内容的格式如下:

```
id. innerHTML=outHTMLValue;
```

例如:

```
document.getElementById('header').innerHTML="新标题"
```

下面的代码可实现，当鼠标指针移到标题的文本上时，显示"欢迎"字样，当鼠标指针移出时，显示"今天过得怎么样？"字样。

```
<html>
<head>
<script type="text/javascript">
function nameon()
{
document.getElementById('h2text').innerHTML="欢迎！"
}
function nameout()
{
document.getElementById('h2text').innerHTML="今天过得怎么样？"
}
</script>
</head>
<body>
<h2 id="h2text" onmouseout="nameout()"onmouseover="nameon()">
请把鼠标指针移动到文本上！
</h2>
</body>
</html>
```

4.7　综合应用实例

【例 4.8】HTML 标记的综合应用与页面布局示例。

Web 文档由各种 HTML 标记组成，而网页的布局常用 DIV+CSS 的形式。本例以简化版的校园网主页为例，对 CSS 的定义、HTML 元素的使用、JavaScript 的使用等进行详细的介绍。步骤如下:

(1) 设计网页的布局，定义 CSS 样式表。

主页的布局包括：顶部部分，其中又包括了 LOGO、MENU 和一幅 Banner 图片；内容部分又可分为侧边栏、主体内容；底部部分，包括一些版权信息，如图 4.4 所示。

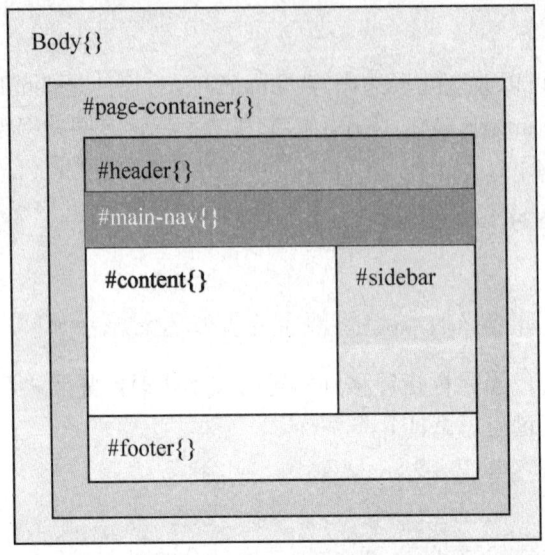

图 4.4　页面布局

新建样式表文件 css.css，定义 HTML 元素及页面各部分的样式：

```
body
{
  margin: 0;
  padding: 0;
  font-family: Arial, Helvetica, Verdana, Sans-serif;
  font-size: 12px;
  color: #666666;
  background: #ffffff;
}
a:link{text-decoration:none;color:blue;}
a:visited{text-decoration:none;color:#000;}
a:hover{text-decoration:underline;color:#f00;}

#page-container {
  width: 780px;
  margin: auto;
}
#header {
  height: 131px;
  background: #db6d16  url(../images/heuet_0.jpg) ;
  border:1px solid  #b5c1ca;
}
#header h1 {
```

```
    margin: 0;
    padding: 0;
    float: right;
    margin-top: 57px;
    padding-right: 31px;
}
#main-nav {
    background: #4876ff;
    height: 35px;
    font-size: 14px;
    color:White;
    line-height:35px;
    padding-left:10px;
    border-bottom:6px solid #C6E2FF;
}
#main-nav ul{
    list-style:none;
    margin:0px;
    float:right;
}
#main-nav ul li {float:left;margin:0 10px;display:block;line-height:35px;}
#main-nav ul li a:link,#main-nav ul li a:visited {font-weight:bold;color:
#fff;text-decoration: none;}
#main-nav ul li a:hover{color: #080808;}
.menuDiv {width:1px;height:35px;background:#999}

#sidebar {
    background:#f8f8ff;
    float: right;
    width:215px;
    line-height: 18px;
    border: 1px solid #efefef;
}
#sidebar .padding {
    padding: 10px;
}
#sidebar p {
    border: 1px solid #f2f2f2;
    text-align:center;
}

#content {
    margin-right: 280px;
    line-height: 18px;
    color:Blue;
    width:550px;
}
```

```
#content h2 {
  padding-top: 5px;
  padding-bottom: 5px;
  padding-left:10px;
  padding-right:10px;
  color:#ff6347;
  background-color:#ffe4e1;
  line-height: 18px;
  border:2px solid #f5f5f5;
}
#footer {
clear: both;
height:16px;
font-family: Tahoma, Arial, Helvetica, Sans-serif;
font-size: 12px;
color: #7ec0ee;
background-color:#ededed;
border: 2px solid #efefef;
padding: 10px 10px;
line-height: 16px;
}
#footer a:hover {color: #db6d16;}
#footer a {color: #c9c9c9;text-decoration: none;}
#footer #altnav {
width: 350px;
float: right;
text-align: right;
}
```

(2) 编写网页 HTML 代码。

① 添加脚本文件 jscript/strDate.js，用于显示当前日期。

```
function textDate()
{
    var today = new Date();  //赋值当前时间
    var d = new Array("星期日", "星期一", "星期二", "星期三", "星期四", "星期五", "星期六");
    var strdate = today.getYear() + "年" +(today.getMonth()+1) + "月" + today.getDate() + "日";
    var strweek = d[today.getDay()];
    var strtime = today.getHours() + ":" + today.getMinutes() + ":" + today.getSeconds();
    return strdate + strweek ;
}
```

② 编写<head></head>标记内的元素。

```
<head>
<title>河北经贸大学</title>
<link href="css/css.css" rel="stylesheet" type="text/css" />
<script src="jscript/strDate.js" type="text/javascript"></script>
<meta http-equiv="Content-Type" content="text/html; charset=gb2312" />
<meta http-equiv="X-UA-Compatible" content="IE=EmulateIE7" />
<meta name="robots" content="index, follow, noodp, noydir"/>
<meta name="keywords" content="河北经贸大学,www.heuet.edu.cn,电子政务,教育门户"/>
<meta name="description" content="河北经贸大学,电子商务,教育门户" />
</head>
```

③ 编写网页内容，<body></body>标记内的元素。

```
<body>
  <div id="page-container">
  <!--Banner-->
  <div id="header">
    <h1><img src="images/logo1.gif" width="236" height="36" alt="Heuet" border="0"/>
    </h1>
  </div>
  <!--导航栏-->
  <div id="main-nav">
      <script type="text/javascript"> document.write(textDate());</script>
      <ul>
        <li><a href="#">首页</a></li>
        <li class="menuDiv"></li>
        <li><a href="#">学校概况</a></li>
        <li class="menuDiv"></li>
        <li><a href="#">院系介绍</a></li>
        <li class="menuDiv"></li>
        <li><a href="#">人才培养</a></li>
        <li class="menuDiv"></li>
        <li><a href="#">学科建设</a></li>
        <li class="menuDiv"></li>
        <li><a href="#">招生就业</a></li>
      </ul>
  </div>
  <!--右侧栏开始-->
  <div id="sidebar">
    <div class="padding"></div>
    <!--右侧栏用户登录 Form-->
    <div>
    <form id="frmLogin" action="" method="post">
      <table align="center" cellpadding="2" cellspacing="0"  border="0"
width="212px" bgcolor="#dbdbdb">
      <tr>
```

```
            <td colspan="2"><img src="images/tabels/login.gif" alt="用户登录"/></td>
        </tr>
        <tr>
        <td  width="80px" height="35px"align="center">用户名: </td>
        <td align="left"><input id="lname" name="lname" type="text" size="15"
maxlength="20"style="width: 122px; height: 18px" /></td>
        </tr>
        <tr>
        <td  height="35px"align="center">密    码: </td>
        <td align="left"><input id="lpasswd" name="lpasswd" type="password"
value="12345678" size="15" maxlength="20" style="width: 122px; height: 18px"/></td>
        </tr>
        <tr>
        <td colspan="2" height="40px" align="center">
        <input id="Btnlogin" name="Btnlogin" type="button" value=" 登录 "
/>      
            <input id="reset" name="reset" type="reset" value="重置" /></td>
        </tr>
        </table>
        </form>
    </div>

    <div class="padding"></div>
    <!--快速导航-->
    <div> <img border="0" alt="" src="images/fast.gif" /></div>
    <!--右侧栏，站外链接-->
    <div style="margin-top: 5px" >   友情链接:  
    <select
onchange="window.open(this.options[this.options.selectedIndex].value);">
        <option selected="selected">---友情链接---</option>
        <option value="http://www.hee.cn/">河北省教育厅</option>
        <option value="http://www.hbu.edu.cn/">河北大学</option>
        <option value="http://www.ncepu.edu.cn/">华北电力大学</option>
        <option value="http://www.hebtu.edu.cn/">河北师范大学</option>
        <option value="http://www.hebust.edu.cn/">河北科技大学</option>
        <option value="http://www.sjzri.edu.cn/">石家庄铁道学院</option>
        <option value="http://www.heut.edu.cn/">河北理工大学</option>
        <option value="http://www.ysu.edu.cn/">燕山大学</option>
    </select></div>
    <div class="padding"></div>
    <!--右侧栏，站内链接-->
    <div><a target="_blank" href="http://lib.heuet.edu.cn/">
    <img border="0" alt="" src="images/books.gif" /></a></div>
    <div style="margin-top:1px"><a target="_blank" href="http://202.206.196.103/
jiaowuzaixian/index.aspx">
    <img border="0" alt="" src="images/teaching.gif" /></a></div>
    <div style="margin-top:1px"><a target="_blank" href="http://202.206.207.246/
default.aspx">
```

```
          <img border="0" alt="" src="images/searching.gif" /></a></div>
      </div>  <!--右侧栏，结束-->
<!--主要内容,开始-->
  <div id="content">
    <h2> 经贸要闻</h2>
    <ul>
      <li><a href="#">教务处召开教学改革研讨会</a></li>
      <li><a href="#">我校召开 2012 年研究生教育讨论会</a></li>
      <li><a href="#">信息技术学院学生在全国软件设计大赛中获奖</a></li>
    </ul>

    <h2>通知通告</h2>
    <ul>
      <li><a href="#">2012 年伦敦奥运会圆满结束</a></li>
      <li><a href="medals.htm">2012 年伦敦奥运会奖牌榜</a></li>
    </ul>

    <h2>学术交流</h2>
    <ul>
      <li><a href="#">信息学院召开软件开发技术经验交流会</a></li>
      <li><a href="#">信息学院召开云计算技术研讨会</a></li>
    </ul>
  </div> <!--主要内容, 结束-->
  <!--footer, 开始-->
  <div id="footer">
      <!--副导航栏，开始-->
      <div id="altnav">
        <a href="#" >About</a> -
        <a href="#" >Services</a> -
       <a href="#" >Contact Us</a>
      </div> <!--副导航栏，结束-->
    Copyright © 2012  Hebei University of Economic and Business
  </div>
 </div> <!--page-container, 结束-->
</body>
```

(3) 调试运行，结果如图 4.1 所示。

习 题 4

一、填空题

1．要使页面每 2s 刷新一次，要使用<meta>标记，其代码是_____。

2．表单的提交方式有两种：_____和_____。

3．CSS 按其位置可以分为三种：_____、_____和_____。

4．JavaScript 是一种运行在_____端的脚本语言。

5．在 CSS 中主要有_____选择器和_____选择器。

6. 在 JavaScript 中，定义一个数组对象，并初始化的语句是_____。

7. 框架集及框架标记是_____和_____。

二、简答题

1. 简述 Web 服务器的工作原理。

2. 简述 XHTML 文档的基本结构。

3. 什么是 DOM？

4. JavaScript 的主要事件有哪些？

5. 什么是 DHTML？

三、操作题

利用本章所学知识，规划设计一个学习网站。

第 5 章

ASP.NET 内置对象和状态管理

- 了解 ASP.NET 页的生命周期
- 掌握 ASP.NET 内置对象的常用使用方法
- 了解 ASP.NET 应用程序的生命周期
- 掌握 ASP.NET 应用程序中页面之间传递信息的技术方法
- 掌握 ASP.NET 页面重定向的方法

案例介绍

Web 应用程序的常用技术是页面间信息的传递。一般单个页面内传递信息使用 ViewState 技术，两个页面之间传递信息采用 QueryString 技术，同一用户的多个页面之间传递信息采用 Session 技术，而使用同一应用程序的多个用户共享信息则采用 Application 技术。本案例介绍使用 Session 对象和 Application 对象实现页面之间传递用户信息和全局信息。本案例为常见的具有验证码的用户登录页面，登录成功后，进入主页面，显示使用该网站的访问量以及在线人数，运行结果如图 5.1 和图 5.2 所示。

图 5.1 登录页面

图 5.2 主页面

5.1　ASP.NET 内置对象

当浏览器请求 ASP.NET 文件时，IIS 会把该请求传递给服务器上的 ASP.NET 引擎。ASP.NET 引擎会逐行地读取该文件，并执行文件中的脚本。最后，ASP.NET 文件会以纯HTML 的形式返回浏览器。

Web 应用程序运行时，ASP.NET 需要收集有关当前应用程序、用户会话及响应浏览器等方面的信息。ASP.NET 提供了处理这些信息的类，这些类有 HttpResponse、HttpRequest、HttpApplicationState、HttpServerUtility、HttpSessionState 等，它们对应的实例对象是Response、Request、Application、Server、Session，被定义在 Page 类中，通过 Page 对象直接访问。本节主要介绍 Page、Request、Response、Server 对象，而 Application、Session、Cookies 对象将结合 ASP.NET 状态管理技术来介绍。

5.1.1　Page 对象

在浏览器打开 Web Form 网页时，ASP.NET 先编译 Web Form 网页，分析网页及其代码，然后以动态的方式产生新的类，再编译新的类。Web Form 网页编译后所创建的类由 Page类派生而来，因此，Web Form 可以使用 Page 类的属性、方法与事件。

每次请求 Web Form 页，新派生的类将成为一个能够在服务器执行的文件。在运行阶段，Page 类会以动态的方式创建 HTML 标记并返回浏览器，同时处理收到的请求(Request)和响应(Response)，若网页中包含服务器端控件，Page 类可作为服务器控件的容器，并在运行阶段创建服务器控件。

1. Page 对象的属性

Page 对象的常用属性见表 5-1，其中 IsPostBack、Request、Response、Server 和 Session是 Page 对象最常用的属性。

表 5-1　Page 对象的常用属性

属　　性	说　　明
Application	Application 属性是一个保存应用程序级信息的集合，该集合用于保存当前 Web 网站中被所有用户共享的信息。可以使用 Application 集合来记录页面被访问的次数
EnableViewState	获取或设置一个布尔值，该值指示当前页请求结束时该页是否保持其视图状态以及它包含的服务器控件的视图状态
Cache	获取与网页所在的应用程序相关联的 Cache 对象。Cache 属性是一个集合，用于保存那些在创建时比较耗时的对象，允许在后续的请求中保存并捕获任意数据，Cache对象主要用来提升应用程序的效率
IsPostBack	获取布尔值，该值指示页是第一次呈现还是为了响应回传而加载。true 表示该页面是响应用户控件事件而提交的回传请求。此时页面通常在视图状态中保存了页面的相关信息。在页面的 Page_Load 事件处理方法中，通常检查 IsPostBack 属性，判断是首次被当前用户请求还是回传请求，以确保初始化 Web 页面的代码只被执行一次

续表

属　　性	说　　明
Request	获取请求网页的 Request 对象,Request 属性用于获取客户端的输入。可以使用 HttpRequest 对象,通过使用查询字符串,将信息从一个页面传递给另一个页面
Response	获取与请求网页关联的 Response 对象,Response 对象派生自 HttpRespone 类,用于将服务器的响应传送到客户端。可以使用 HttpRerespone 对象创建 Cookies 对象,还可以使用 HttpRespone 对象将用户重定向到另一个页面
Server	获取 Server 对象,Server 对象派生自 HttpServerUtility 类。用于提供服务器的信息,可以通过该对象对字符串进行编码
Session	获取 ASP.NET 提供的当前 Session 对象。Session 属性是一个保存单个用户会话信息的集合,会话信息可以在不同的多个页面之间共享
Trace	获取目前 Web 请求的 Trace 对象,Trace 对象派生自 TraceContext 类。用于处理应用程序跟踪
ViewState	获取状态信息的字典,这些信息可以在同一页的多个请求间保存和还原服务器控件的视图状态

2. Page 对象的事件

Page 对象的事件见表 5-2,其中最常用的事件是 Load 和 Unload。

表 5-2　Page 对象的常用事件

事件	事件处理程序中的常见应用
Page_PreInit	在页初始化开始时发生。在该事件中可以完成:使用 IsPostBack 属性确定是否是第一次处理该页;创建或重新创建动态控件;动态设置主控页;动态设置 Theme 属性。读取或设置配置文件属性值
Page_Init	当服务器控件初始化时发生;初始化是控件生存期的第一步。读取或初始化控件属性
Page_Load	当服务器控件加载到 Page 对象中时发生,读取或更新控件属性
控件事件	执行特定的应用程序的处理:如果页包含验证控件,检查页和各验证控件的 IsValid 属性;处理特定事件,如 Button 控件的 Click 事件
Page_PreRender	在加载 Control 对象之后、呈现之前发生。对页的内容进行最后更改
Page_Unload	当服务器控件从内存中卸载时发生。执行最后的清理,可能包括:关闭打开的文件和数据库连接;完成日志文件或其他特定请求的任务

3. ASP.NET 页面处理顺序

ASP.NET 页面处理程序,如图 5.3 所示。

4. ASP.NET 常规页的生命周期

ASP.NET 常规页的生命周期可以分为 8 个阶段:

(1) 页请求阶段:用户请求页时,ASP.NET 将确定是否需要分析和编译页,或者是否可以在不运行页的情况下发送页的缓存版本以进行响应。

(2) 开始阶段:设置页属性,如 Request 和 Response。在此阶段,将确定请求是回传请求还是新请求,并设置 IsPostBack 属性。

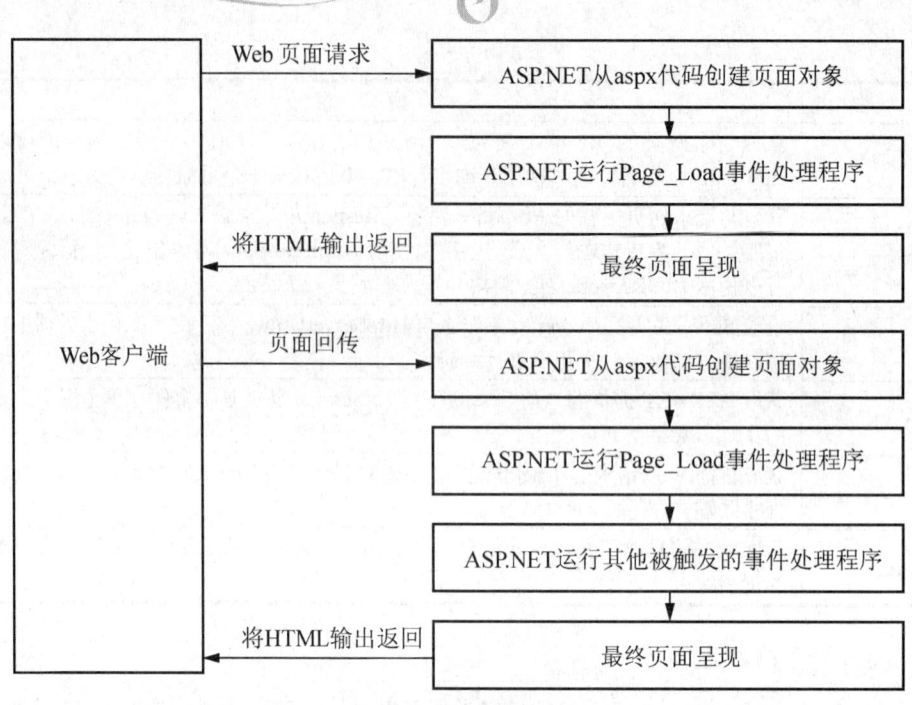

图 5.3 ASP.NET 页面处理顺序

(3) 页初始化阶段：页初始化期间，可以使用页中的控件，并将设置每个控件的 UniqueID。

(4) 加载阶段：ASP.NET 将加载页面中控件的属性。

(5) 验证阶段：在此期间，将调用所有验证控件的 Validate 方法，此方法将设置验证控件和页的 IsValid 属性。

(6) 回发事件处理阶段：如果请求是回发请求，则将调用所有事件处理程序。

(7) 呈现阶段：将调用每个控件，以将其呈现的输出提供给页的 Response 属性的 OutputStream。

(8) 卸载阶段：完全呈现页、将页发送至客户端，并准备丢弃。此时将卸载页属性，并执行清理。

5.1.2 Request 对象

Request 对象的主要功能是从客户端浏览器获取信息，包括浏览器种类、表单中的数据、Cookies 中的数据以及客户端认证等。Request 对象的属性很多，表 5-3 列出了 Request 对象的常用属性。

表 5-3 Request 对象的常用属性

属　　性	说　　明
ApplicationPath	获取目前正在执行程序的服务器端的虚拟目录
Browser	获取有关客户端浏览器的性能信息
ClientCertificate	获取有关客户端安全认证信息
Cookies	获取客户端发送的 Cookie 集合

属　　性	说　　明
FilePath	获取当前请求页面的虚拟路径
Files	获取客户端上传的 HttpFileCollection 文件集合
Form	获取有关窗体变量集合
HttpMethod	获取客户端 HTTP 数据的传输方式是 Post 或 Get
Params	获取 QueryString、Form、ServerVariables 以及 Cookies 的全部集合
Path	获取当前请求的虚拟路径
PhysicalApplicationPath	获取当前执行的 Server 端程序在 Server 端的真实路径
PhysicalPath	获取当前请求网页在 Server 端的真实路径
QueryString	获取 HTTP 查询字符串变量集合，即附在网址后面的参数内容
RawURL	获取当前请求页面的原始 URL
RequestType	获取客户端 HTTP 数据的传输方式使用的是 Post 或 Get
ServerVariables	获取网页 Server 变量的集合
URL	获取有关目前请求的 URL 信息
UserAgent	获取客户端浏览器的版本信息
UserHostAddress	获取远方客户端机器的主机 IP 地址
UserHostName	获取远方客户端机器的 DNS 名称
UserLanguages	获取客户端机器使用的语言

　　Request 对象主要利用其中的集合数据获取浏览器端的信息，包括 Cookies 集合、Form 集合、QueryString 集合等，在程序设计中比利用 Request 的属性更常用。这些集合的值是只读的，表 5-4 列出了这些集合的名称和作用。

表 5-4　Request 对象的集合

集合名称	作　　用	使用格式
Cookies	获取浏览器的 Cookies 信息	Request.Cookies["Cookie"].Value
Form	收集客户端表单中使用 Post 方法提交的请求数据	Request.Form["参数名"]
Params	获取 QueryString、Form、ServerVariable 和 Cookies 集合数据	Request. Params["参数名"]
QueryString	接收使用 Get 方法提交的数据信息，即 URL 附加信息	Request. QueryString["参数名"]
ServerVariable	获取服务器端环境变量的值	Request. ServerVariable[参数类型]

1. 获取表单数据

　　表单是网页中的常用组件，用户可以通过表单向服务器提交数据。当用户提交表单时，包含在输入控件中的数据信息将会与表单一起被发送到服务器端。服务器端的 Request 对象就会读取这些通过 HTTP 请求发送的数据。

　　Request 对象获取表单提交的数据的常用方法主要有以下 3 种：

```
Request.Form["参数名"]
```

```
Request.QueryString["参数名"]
Request.Params["参数名"] 或 Request["参数名"]
```

(1) 若 Form 表单的提交方式为 Get，则表单数据将以字符串形式附加在 URL 之后，保存在 Request 对象的 QueryString 集合中。可以使用 Request.QueryString 获取表单数据。例如，表单回传的网址为 RequestForm.aspx，表单数据 UserName 值为 zhang，则服务器端可以这样获取表单数据：

```
string strUsername=Request.QueryString["UserName"]
```

(2) 若表单的提交方式为 Post，则表单数据保存在 Request 对象的 Form 集合中。在服务器端可以使用 Request.Form 来获取信息。例如：

```
Request.Form["UserName"]
```

(3) 无论表单以何种方式提交，都可以使用 Request 对象的 Params 集合来读取表单数据。例如：

```
Request.Params["UserName"]    或 Request["UserName"]
```

【例 5.1】使用 Request.Form 集合读取表单信息。

在 Default.aspx 中定义一个表单 form1，用于输入用户信息。代码如下：

```
<form id="form1" runat="server" method="post">
    <div >
      <br />
      用户名：<asp:TextBox  ID="UserName"  runat="server"> </asp:TextBox>
      <br />
      密   码：<asp:TextBox ID="Password"  runat="server"  TextMode=
"Password"></asp:TextBox>
      <br />
    <asp:Button  ID="Button1"  runat="server"  Text=" 提 交 "    PostBackUrl=
"~/RequestForm.aspx" />
      </div>
    </form>
```

说明：Form 的 method 属性的默认值为 post。PostBackUrl 属性支持跨页传递，Button、ImageButton、LinkButton 控件都支持该属性。要使用跨页传递信息，只要将传递按钮的 PostBackUrl 属性设置为目标 Web 页面的名称即可。当用户单击按钮时，页面将被回传给 URL 指定的新页面，并且包含了当前页面中的所有输入控件的值。

RequestForm.aspx 的 Page_Load( )方法用于接收并显示表单中提供的数据，代码如下：

```
protected  void  Page_Load(object sender, EventArgs e)
{
    Response.Write("用户名表单数据: " + Request.Form["UserName"] + "</BR>");
    Response.Write("用户名参数: " + Request.Params["UserName"] + "</BR>");
}
```

如果将 Default.aspx 中 form1 的 method 方法设置为 get，则在 RequestForm.aspx 的

Page_Load( ) 中可以使用 Request.QueryString 获取参数 UserName 的值。

```
protected void Page_Load(object sender, EventArgs e)
{
Response.Write("用户名查询字符串: " + Request.QueryString["UserName"] + "</br>");
Response.Write("用户名参数: " + Request.Params["UserName"] + "</BR>");
}
```

2. 获取 Cookie 数据

使用 Request 对象的 Cookies 集合可以读取 Cookie 数据，例如：

```
string username=Request.Cookies["username"].Value;
```

3. 读取网址 URL 中查询字符串的参数信息

查询字符串是在 URL 中问号后面的子字符串，用以传递参数，方法如下：

```
http://网址/网页文件? 参数名1=参数值1  & 参数名2=参数值2
URL 中的参数信息可以通过 Request.QueryString 集合读取。
```

【例 5.2】使用 Request.QueryString 获取 URL 中的参数信息.
在网页 Default.aspx 中有一个超链接，内容如下：

```
<a href= "RequestQS.aspx? id=001">单击此链接传递参数</a>
```

在 RequestQS.aspx 的 Page_Load( ) 方法中，读取 URL 中的参数，代码如下：

```
protected void Page_Load(object sender, EventArgs e)
{   string id = Request.QueryString["id"];
    Response.Write("查询字符串参数 Id 的值为"+id+"</br>");
}
```

值得注意的是，从 QueryString 字典集合中获取的数据都是 string 类型，根据需要可以将获取的数据转换成其他简单的数据类型。

5.1.3 Response 对象

Response 对象的主要作用是输出数据到客户端，Response 对象派生自 HTTPResponse 类，与 Request 对象一样是 Page 对象的成员，不用声明便可直接使用。表 5-5 和表 5-6 列出了 Response 对象的常用属性和方法。

表 5-5 Response 对象的属性

属　　性	说　　明
Buffer	获取或设置一个值，该值指示是否缓冲输出并在处理完整个响应之后发送它
BufferOutput	是否缓冲输出，并在完成整个页之后将其发送
Charset	设置或获取输出流的 HTTP 字符集

99

续表

属 性	说 明
ContentType	获取或设置输出流的 HTTP MIME 类型，如 image/jpeg
ContentEncoding	获取或设置输出流的 HTTP 字符集
Output	启用到输出 HTTP 响应流的文本输出
OutputStream	启用到输出 HTTP 内容主体的二进制输出
Cookies	获取目前响应的 Cookies 集合
Expires	获取或设置页面缓存的过期时间
IsClientConnected	获取一个值，该值表示客户端是否仍然与 Server 连接
StatusDescription	获取或设定输出至客户端浏览器的 HTTP 状态说明字符串

表 5-6　Response 对象的方法

方 法	说 明
AppendCookie( )	将一个 HttpCookie 添加到内部 Cookies 集合
AppendHeader( )	将 HTTP 头添加到输出流。提供 AddHeader 是为了与 ASP 的早期版本兼容
Clear( )	删除所有存在于缓冲区中的 HTML 输出
ClearContent( )	删除缓冲区流中的所有内容
ClearHeaders( )	删除缓冲区流中的所有头信息
Close( )	关闭客户端的联机
Flush( )	向客户端发送当前的所有缓冲内容
Redirect( )	将页面重新导向另一个地址
SetCookie( )	更新 Cookies 集合中的一个 Cookie
Write( )	将数据输出到客户端
WriteFile( )	将一个文件输出到客户端。该文件可以是.txt 文件、.doc 文件或图像文件
BinaryWrite( )	将二进制字符串写入 HTTP 输出流，该方法用于直接处理二进制表示的数据，包括文字、图像、图片等
End( )	将缓冲内容发送到客户端，并停止该页的执行

1. 输出文本到网页

Response 对象最常用的方法是 Write，用于向浏览器发送信息。使用 Response.Write( )
可以混合使用 HTML 标记将内容格式化。例如：

```
Response.Write("<h1>ASP.NET 内建对象</h1>")
Response.Write("<script>alert(' "+strMessage +" ');</script>");
```

2. 网页重定向

Response 对象的 Redirect( )方法可以将当前网页导向到指定页面，称为重定向。使用格
式如下：

```
Response. Redirect(URL)
```

　　Response. Redirect( )方法可以将用户重定向到任何类型的页面。一般在控件的事件代码中使用该方法，实现页面重定向。URL 可以是一个相对路径的 ASP 页面，也可以是一个绝对路径的网页。例如：

```
Response. Redirect("http://localhost/page1.htm")
Response. Redirect("Regist.aspx?username=zhang")
```

3. 输出文本文件到网页

　　当有大量的数据要发送到浏览器，如果使用 Write 方法，则其中的参数串将会很冗长。针对这种情况，Response 对象提供了一个直接将文本文件内容输出到客户端的方法 WriteFile。WriteFile 方法将指定的文本文件内容发送到客户端浏览器。若输出的文件和执行的网页在同一目录，直接传入文件名即可；若不在同一目录，则要指定详细的目录名。例如，将文本文件 OutFile.txt 直接输出到网页上。语法格式如下：

```
Response.WriteFile("OutFile.txt");                  //当前目录下的文件
Response.WriteFile("../OutFile.txt");               //父目录下的文件
Response.WriteFile("D:\MyWeb1\Txt\OutFile.txt");    //绝对路径的文件
```

5.1.4　Server 对象

　　Server 对象派生自 HttpServerUtility 类，提供服务器端的基本属性与方法，例如，建立 COM 对象、HTML 及 URL 编解码，执行指定的 ASP.NET 程序，将程序的虚拟路径转换为实际路径以及文件操作等。Server 对象也是 Page 对象的成员，不用声明便可直接使用。

　　Server 对象有以下两个属性：

　　(1) MachineName：获取服务器的计算机名称，为只读属性。

　　(2) ScriptTimeOut：获取或设置程序执行的最长时间，即程序必须在该段时间内执行完毕。否则将自动终止，时间以秒为单位。系统的默认值为 90s。例如，ScriptTimeOut=100，表示最长程序执行时间为 100s。

　　Server 对象的方法较多，表 5-7 列出了 Server 对象的常用方法。

表 5-7　Server 对象的常用方法

方　　法	描　　述
CreateObject(type)	创建由 type 指定的对象或服务器组件的实例
Execute(path)	执行由虚拟路径 path 的处理程序
GetLastError( )	返回前一个异常
HtmlEncode(string)	对字符串进行 Html 编码
MapPath(path)	返回与 Web 服务器上指定的虚拟路径相对应的物理文件路径
Transfer(URL)	终止当前 ASP.NET 页面,转向执行参数 URL 指定的 ASP.NET 页面
URLEncode(string)	对字符串进行 URL 编码

1. HTML 编码与解码

　　某些特定的字符在 HTML 中具有特殊的意义。例如，尖括号(<>)在 HTML 中总是用

于创建元素的标记。但是，当我们确实需要把这些特殊字符作为页面内容的一部分时，就可能导致错误和问题。为此，需要将这些特殊字符进行编码，转换为相应的 HTML 实体字符。表 5-8 列出了一些需要解析编码的特殊字符。

表 5-8　常用的 HTML 特殊字符

结　　果	描　　述	被编码的实体字符
	非换行的空格字符	
<	小于符号	&lt;
>	大于符号	&gt;
&	连字符	&amp;
"	双引号	&quot;

【例 5.3】试比较对字符串"To bold text use the <b> tag."直接输出与编码输出的不同效果，如图 5.4 所示。

```
string TestString=" To bold text use the <b> tag.</b>";
string EncodedString = Server.HtmlEncode(TestString);
Response.Write(EncodedString);    //编码输出
Response.Write("<hr/>");
Response.Write(TestString);       //直接输出
Response.Write("<br/>");
```

To bold text use the <b> tag.</b>

To bold text use the **tag**.

图 5.4　Server.HtmlEncode 的使用

值得注意的是，仅对需要编码的特殊字符进行编码，而真正的标记符号不能编码。例如，要在浏览器上显示如下效果的文本。

To **bold** text use the <b> tag.

HTML 文本为：

To <b>bold</b> text use the <b> tag.

可以用 Server.HtmlEncode( )方法对 the <b> tag. 中的<b>进行编码：

```
String htmlText=" To <b>bold</b> text use the";
htmlText+= Server.HtmlEncode("<b>")+"tag.";
Response.Write(htmlText);
```

当从数据库中获取文本或字符字段的值时，由于无法确保其中是否包含了特殊的 HTML 字符，这时使用 HtmlEncode( )方法对字段的值进行编码将是非常有用的。当需要进行其他操作或者对字符串进行比较时，使用 HtmlDecode( )方法将已经编码的字符串转换为原来的形式。

2. URL 编码与解码

Server.UrlEncode( )方法同 Server.HtmlEncode( )类似，用来将字符串转换为可用于 URL 的有效编码形式，确保所有浏览器均正确地传输 URL 字符串中的文本。某些浏览器可能会截断或破坏 "?"、"&"、"/" 和空格这样的字符。因此，这些字符必须在查询字符串中进行编码。例如：

```
String TextString="newpage.aspx?username=zhang&id=201"
String UrlText=Server.UrlEncode(TextString);
```

3. 页面跳转

Server.Transfer( )也可以实现页面的重定向。当使用 Server.Transfer( )方法时，ASP.NET 只是简单地开始处理新页面，并不会向客户端浏览器发送重定向消息，不涉及浏览器端的处理。使用 Server.Transfer( )方法无法将用户重定向到另一个网站，也无法将用户重定向到一个非 ASP.NET 页面。Server.Transfer( )方法仅允许应用于同一个 Web 应用程序内，从一个 ASP.NET 页面跳转到另一个 ASP.NET 页面。另外，当使用 Server.Transfer( )方法重定向页面时，浏览器中显示的仍然是原来页面的 URL.例如：

```
Server.Transfer("newpage.aspx")
```

4. 路径转换

在访问服务器上的文件时需要使用完全路径。但是，我们都是通过虚拟目录访问网站的，例如，http://localhost:1108/StateWeb/RequestForm.aspx。

从网址上无法取得文件 RequestForm.aspx 的真实的物理路径。使用 Server.MapPath( )方法可以将虚拟路径转换为服务器上的实际物理路径。下面的代码可以获取当前文件的真实的物理路径：

```
string strTest=Request.ServerVariables["PATH_INFO"];
Response.Write(Server.MapPath(strTest));
```

5.2　ASP.NET 应用程序状态管理

Web 应用程序设计与 Windows 桌面应用程序最重要的区别在于状态管理，即在应用程序的生命期中如何保存信息。在传统的 Windows 程序中，用户与一个持续运行的应用程序进行交互，用户计算机中的一块内存区域将被分配用于保存当前应用程序的工作信息集。在 Web 应用程序中情况与此不同，对于 Web 应用程序来说，成百上千的用户并发地运行 Web 服务器上的同一应用程序，并且每次通信都是通过无状态的 HTTP 协议来连接。对于典型的 Web 请求来说，客户端连接到 Web 服务器并请求一个页面，当页面交付之后，对该连接的服务就已经结束，Web 服务器将抛弃关于客户端的所有信息。在客户端浏览器收到所请求的页面时，在服务器上 Web 页面的代码早已停止运行，并且在服务器内存中并不会保留任何所请求的页面的信息。

为了在不同的请求之间共享信息，ASP.NET 提供了状态管理技术，提供了 Application、Session 和 ViewState 等 3 种状态，以及使用跨页提交和查询字符串、Cookie 等技术，以将信息从一个页面传到另一个页面。本节将介绍这些状态管理技术。

5.2.1 ASP.NET 的生命周期

Web 应用程序在运行过程中可以分为不同的阶段，从应用程序初始化，到接收用户提交的请求，再到处理请求返回结果，一个完整的过程就是一个生命周期。了解 ASP.NET 的生命周期很重要，这样就可以在适当的生命周期阶段编写代码，从而达到预期效果。

ASP.NET 应用程序的生命周期可以分为 5 个阶段，具体情况如表 5-9 所示。

表 5-9　ASP.NET 应用程序的生命周期

生命周期的不同阶段	描　　述
用户向 Web 服务器请求应用程序资源	ASP.NET 应用程序的生命周期以浏览器向 Web 服务器发送请求为起点。ASP.NET 可以处理的文件包括.aspx、.ascx、.ashx 和.asmx
ASP.NET 接收对应用程序的第一个请求	当 ASP.NET 接收到应用程序中任何资源的第一个请求时，类 ApplicationManager 会创建一个应用程序域，该域为全局变量提供应用程序隔离，并允许单独卸载每个应用程序。在应用程序域中，将为类 HostingEnvironment 创建一个实例，该实例提供对有关应用程序的信息的访问
为每个请求创建 ASP.NET 核心对象	常用的核心对象包括 HttpContext、HttpRequest 和 HttpResponse 等。HttpContext 类包含特定于当前应用程序请求的对象，如 HttpRequest 和 HttpResponse 对象；HttpRequest 对象包含有关当前请求的信息，包括 Cookie 和浏览器信息。HttpResponse 对象包含发送到客户端的响应，包括所有呈现的输出和 Cookie
将 HttpApplication 对象分配给请求	初始化所有核心应用程序之后，将通过创建 HttpApplication 类的实例启动应用程序
由 HttpApplication 对象处理请求	在处理请求时，由 HttpApplication 对象对各类事件进行处理

5.2.2 ViewState 状态

ASP.NET 中最常见的保存状态信息的办法是将其保存在视图状态(View State)中。对于在单个页面之间保存状态信息来说，视图状态是最佳选择。

Page 对象的 ViewState 属性提供了当前视图状态信息的集合，它通过"键—值"对来保存信息，并使用唯一的键名来访问对应的值。视图状态集合可以保存各种类型的信息，以对象的形式保存，读取时应该转换为相应的数据类型。例如下面的代码，实现状态信息 Counter 的保存和访问：

```
this. ViewState["Counter"]=1;    //将数据 1 保存到键名为 Counter 的状态信息
int counter;
counter=(int) this. ViewState["Counter"];
                            //获取键名为 Counter 的状态信息值,并转换为 int 类型
```

【例 5.4】使用 ViewState 集合。下面是一个简单的计数程序，用于记录命令按钮被单击了多少次。

```
public partial class SimpleCounter : System.Web.UI.Page
```

```
{
    protected void Button1_Click(object sender, EventArgs e)
    {
        int counter ;
        if (ViewState["Counter"] == null)
            counter = 1;
        else
            counter=(int) ViewState["Counter"]+1;
        ViewState["Counter"] = counter;
        lblCount.Text ="按钮被单击了" + counter.ToString()+"次";
    }
}
```

运行效果如图 5.5 所示。

图 5.5　ViewState 变量的使用

根据 ASP.NET 工作原理，当页面处理过程结束和页面被发送给客户端时，ASP.NET 页面成员变量中设置的任何信息都将被废弃。有趣的是，我们可以使用视图状态来保存这些成员变量的信息，使成员变量作为状态信息被保存下来。

使用视图状态保存页面成员变量的基本原则是，在 Page.PreRender 事件中保存所有成员变量的信息，在 Page_Load 事件中则从视图状态中获取所需要的成员变量信息。值得注意的是，每次页面对象被创建时，都会触发 Page_Load 事件。在页面被回传的情况下，Page_Load 事件首先被触发，然后才会触发其他控件事件。

【例 5.5】使用视图状态保存页面的成员变量。在页面中添加一个文本框和两个命令按钮，并为页面添加一个 string 的成员变量 contents。当单击"保存"按钮时，将把文本框中的文本保存到成员变量 contents 中，单击"加载"按钮时，ASP.NET 将获取成员变量 contents 的值。在页面的 PreRender 事件中，将成员变量的值保存在视图状态信息 contents 中，而在页面的 Load 事件中，将获取视图状态信息 contents 的值传输给成员变量 contents。

```
public partial class PreserveMembers : System.Web.UI.Page
{
    private string contents;                    //成员变量
    protected void Page_Load(object sender, EventArgs e)
    {
        if (IsPostBack)
        { contents = (string)ViewState["Contents"]; }
    }
```

```
    protected void Page_PreRender(object sender, EventArgs e)
    {
        ViewState["Contents"] = contents;
    }
    protected void cmdSave_Click(object sender, EventArgs e)
    {
        contents = txtValue.Text;
        txtValue.Text = "";
    }
    protected void cmdLoad_Click(object sender, EventArgs e)
    {
        txtValue.Text = contents;
    }
}
```

运行效果如图 5.6 所示。

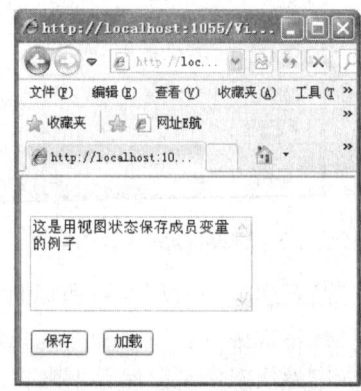

图 5.6　视图状态成员变量

5.2.3　查询字符串

在两个页面之间传递信息，最简单的方法就是在 URL 中使用查询字符串。查询字符串是 URL 中位于问号之后的子字符串部分。下面是一个典型的查询字符串示例：

```
http://box.zhangmen.baidu.com/m?rf=idx&id=402
```

在该 URL 中，查询字符串以问号 (?) 开始，rf 和 id 为查询字符串参数，值分别为 idx 和 402。

要使用查询字符串，必须使用一个特殊的 HyperLink 控件，或者使用一个特殊的 Response.Redirect( )语句，将页面导航到目标页面。例如，下面的代码：

```
Response.Redrect("newpage.aspx?recordID=5&username=zhao");
//重定向到 newpage.aspx 页面，并提交两个查询字符串参数
//第一个查询字符串参数名为 recordeID、值为 5；第二个名为 username、值为 zhao
```

在接收页面，从 Request 对象的 QueryString 字典集合中获取查询字符串的值。代码如下：

```
string ID=Request. QueryString["recordID"];
string name= Request. QueryString["username"];
```

5.2.4　Cookie

Cookie 提供了一种在 Web 应用程序中存储用户特定信息的方法，记录了浏览器的信息，以及访问 Web 服务器的日期、访问过哪些页面等信息。Cookie 是一个在客户端计算机硬盘上(或者对于临时的 Cookie 来说，位于浏览器的内存中)创建的小文件，伴随着用户请求页，在 Web 服务器和浏览器之间传递。

例如，如果在用户请求站点中的页面时，应用程序发送给该用户的不仅仅是一个页面，还有一个包含日期和时间的 Cookie，用户的浏览器在获得页面的同时还获得了该 Cookie，并将它存储在用户硬盘上的某个文件夹中。之后，如果该用户再次请求站点中的页面，当输入 URL 时，浏览器便会在本地硬盘上查找与该 URL 关联的 Cookie。如果该 Cookie 存在，浏览器便将该 Cookie 与页请求一起发送到对应的站点。然后，应用程序便可以确定该用户上次访问站点的日期和时间。

Cookie 与网站关联，帮助网站存储有关访问者的信息。因此，无论用户请求站点中的哪一个页面，浏览器和服务器都将交换 Cookie 信息。用户访问不同站点时，各个站点都可能会向用户的浏览器发送一个 Cookie；浏览器会分别存储所有的 Cookie。大多数浏览器支持最大为 4096B 的 Cookie，而且只允许每个站点存储 20 个 Cookie。另外，Cookie 也只能保存简单的字符串类型的数据，如果用户找到并打开相应的 Cookie 文件，其中的内容是可读的而且易于访问。因此，Cookie 不适合存储机密数据、复杂数据和大量数据。

1. Cookie 对象

Cookie 对象的类名 HttpCookie，Cookies 集合对象类名 HttpCookieCollection。Cookie 对象的属性和方法见表 5-10 和表 5-11。

表 5-10　Cookie 对象的属性

属性	说明
Expires	获取或设置 Cookie 的有效时间，默认值 1000min
Name	取得 Cookie 变量名
Value	取得或设置 Cookie 变量的内容值

表 5-11　Cookie 对象的常用方法

方法	说明	语法
Add	新增一个 Cookie 变量到 Cookie 集合中	Add(HttpCookie cookie)
Clear	清除 Cookie 集合中的全部 Cookie	Clear( )
Get	从 Cookie 集合中获取指定索引的 Cookie 项	Get(int index)
GetKey	以索引值获取 Cookie 键值	GetKey(int index)
Remove	从 Cookie 集合中移除指定名的 Cookie	Remove(string name)

若使用 Cookie，需要使用 Response 对象和 Request 对象的 Cookies 集合属性。通常当

浏览器访问 Web 服务器时，服务器使用 Response 对象的 Cookies 集合向客户端的 Cookie 写入信息，再通过 Request 对象的 Cookies 集合属性来检索 Cookie 信息。

2. 向浏览器中写入 Cookie

使用 Response 对象向浏览器中写入 Cookie。可以通过多种方法将 Cookie 添加到 Cookies 集合中。下面的示例演示两种写入 Cookie 的方法：

```
Response.Cookies["userName"].Value = "patrick";
Response.Cookies["userName"].Expires = DateTime.Now.AddDays(1);
HttpCookie aCookie = new HttpCookie("lastVisit");
aCookie.Value = DateTime.Now.ToString();
aCookie.Expires = DateTime.Now.AddDays(1);
Response.Cookies.Add(aCookie);
```

此示例向 Cookies 集合添加两个 Cookie：一个名为 userName；另一个名为 lastVisit。对于第一个 Cookie，Cookies 集合的值是直接设置的。

对于第二个 Cookie，代码创建了一个 HttpCookie 类型的对象实例，设置其属性，然后通过 Add 方法将其添加到 Cookies 集合。在实例化 HttpCookie 对象时，必须将该 Cookie 的名称作为构造函数的一部分进行传递。

Cookie 的有效期是一个 date 值，可以是分、时、天、月、年。例如，设定其有效期为 10h，或者 1 年，代码如下：

```
Response.Cookies["userName"].Expires = DateTime.Now.AddHours(10);
Response.Cookies["userName"].Expires = DateTime.Now.AddYears(1);
```

如果没有设置 Cookie 的有效期，仍会创建 Cookie，但不会将其存储在用户的硬盘上。而是会将 Cookie 存储在客户端浏览器会话的内存中。当用户关闭浏览器时，Cookie 便会被丢弃。

3. 读取 Cookie

浏览器向服务器发出请求时，会随请求一起发送该服务器的 Cookie。在 ASP.NET 应用程序中，可以使用 HttpRequest 对象读取 Cookie。下面的代码示例演示了两种方法，通过这两种方法可获取名为 userName 的 Cookie 的值，并将其值显示在 Label 控件中。

```
if(Request.Cookies["userName"] != null)
    Label1.Text = Server.HtmlEncode(Request.Cookies["userName"].Value);

if(Request.Cookies["userName"] != null)
{
    HttpCookie aCookie = Request.Cookies["userName"];
    Label1.Text = Server.HtmlEncode(aCookie.Value);
}
```

在尝试获取 Cookie 的值之前，应确保该 Cookie 存在；如果该 Cookie 不存在，将会收到 NullReferenceException 异常。注意在页面中显示 Cookie 的内容前，先调用 HtmlEncode 方法对 Cookie 的内容进行编码。这样可以确保恶意用户没有向 Cookie 中添加可执行脚本。

4．修改和删除 Cookie

不能直接修改 Cookie。更改 Cookie 的过程涉及创建一个具有新值的 Cookie，然后将其发送到浏览器来覆盖客户端上的旧版本 Cookie。

删除 Cookie(即从用户的磁盘中物理移除 Cookie)是修改 Cookie 的一种形式。由于 Cookie 在用户的计算机中，因此无法将其直接移除。但是，可以用浏览器对其进行删除。该技术是创建一个与要删除的 Cookie 同名的新 Cookie，并将该 Cookie 的到期日期设置为早于当前日期的某个日期。当浏览器检查 Cookie 的到期日期时，浏览器便会丢弃这个现已过期的 Cookie。下面的代码示例演示删除应用程序中所有可用 Cookie 的一种方法：

```
HttpCookie aCookie;
string cookieName;
int limit = Request.Cookies.Count;
for (int i=0; i<limit; i++)
{
    cookieName = Request.Cookies[i].Name;
    aCookie = new HttpCookie(cookieName);
    aCookie.Expires = DateTime.Now.AddDays(-1);
    Response.Cookies.Add(aCookie);
}
```

5.2.5 Session 状态

就绝大部分 Web 应用程序来说，当需要更加复杂的存储方案时，就需要使用会话状态。应用程序可以将复杂的数据，如用户自定义的数据对象，保存在会话状态中。通常这些数据无法使用 Cookie 来持久化，也无法通过查询字符串来发送。或者 Web 应用程序具有严格的安全性要求，不允许将关于客户端的敏感信息存储在视图状态或用户自定义的 Cookie 中。为解决这些问题，可以使用 ASP.NET 内建的会话状态功能。

会话状态允许将任何类型的数据保存在服务器的内存中。会话状态的信息是受保护的，因为会话状态信息不可能传递给客户端，而且会话状态信息将绑定到唯一的特定会话上。每一个访问 Web 应用程序的客户端都具有一个不同的会话，每一个会话都具有一个唯一的会话信息的集合。当需要在一个 Web 应用程序的不同页面之间保持会话信息时，使用会话状态来保存信息是最佳选择。

1．Session 对象

Session 对象记录单个浏览器端专用的变量，即每个连接的用户有各自的 Session 对象变量，Session 对象类名 HttpSessionState，属于 Page 对象的成员，可以直接使用。表 5-12 列出了 Session 对象的常用属性。

表 5-12 Session 对象的常用属性

属　　性	说　　明
Count	获取会话状态集合中的项数
TimeOut	获取或设置 Session 对象的有效时间，当浏览器端用户超过有效时间没有动作，Session 对象便失效。默认值为 20min

续表

属　　性	说　　明
SessionID	获取会话的唯一标识符
Keys	获取存储在会话状态集合中的所有值的键的集合

ASP.NET 提供两个有助于管理用户会话的事件：Session_OnStart 事件(在开始一个新会话时引发)和 Session_OnEnd 事件(在会话被放弃或过期时引发)。会话事件是在 ASP.NET 应用程序的 Global.asax 文件中指定的。注意，如果将会话 Mode 属性值设置为 InProc(默认模式)以外的值，则 Session_OnEnd 事件将不受支持。

Session 对象的生命周期起始于用户第一次连接网页，在下列情况下结束：

(1) 关闭浏览器窗口。

(2) 断开与服务器的连接。

(3) 浏览者在 TimeOut 属性规定的时间内未与服务器联系。

2. Session 变量的保存与读取

会话变量集合按变量名称或整数索引来进行索引。仅需通过按照名称引用会话变量来创建会话变量，而无需声明会话变量或将会话变量显式添加到集合中。下面的示例演示如何在 ASP.NET 页上创建表示用户名的会话变量，并将它设置为 TextBox 控件的文本。

```
Session["UserName"] = UsenrNameTextBox.Text;
```

会话值的类型为 object，从会话状态中获取值时必须将类型 object 强制转换为适当的类型。

```
String  strUserName=(string)Session["UserName"];
```

3. 设定 Session 对象变量的生存期

每一个与服务器端联机的客户端都有独立的 Session，所以服务器需要额外的资源对其进行管理。如果使用者在浏览网页时，忘记关闭该网页，而服务器端还要管理这个 Session，从而降低了服务器的效率。因此需要设定 Session 对象的有效期，通过属性 TimeOut 设置即可，其默认属性为 20min。下面的代码设定 Session 的生存期为 1min：

```
Session.TimeOut=1
```

4. 在页面之间传递数据

利用 Session 对象可以在页面之间传递数据。下面的例子显示 Session 传递信息的方法。

在页面 1 中接收用户输入的用户名、密码等数据，在页面 2 中显示这些数据。两个页面之间的数据传递使用 Session 对象。

```
protected void Button3_Click(object sender, EventArgs e)
{    //页面1的按钮事件
        Session["UserName"] = UserName.Text;
        Session["PassWrd"] = PassWord.Text;
        Response.Redirect("default2.aspx");
```

```
}
<!-- 页面 2 --->
<body>
    <h2>欢迎你<%=Session["UserName"].ToString() %></h2>
</body>
```

5.2.6　Application 状态

应用程序状态用于存储 Web 应用程序的全局对象，这些对象可以被任何客户端访问。Application 对象的主要功能是记录整个网站信息。它可以使在同一个应用程序内的多个用户共享信息，并在服务器运行期间持久地存储在服务器的内存中。Application 对象派生自HttpApplicationState 类。Application 对象可以记录不同浏览器端共享的变量，无论有几个浏览者同时访问网页，都只会产生一个 Application 对象，即只要是正在使用这个网站程序的浏览器端都可以存取这个变量。Application 对象变量的生命周期起始于 Web 服务器开始执行时，终止于 Web 服务器关机或重新启动时。

1. Application 状态值的写入与读取

应用程序状态类似于 Session 状态，在 Application 字典集合中，字典项将被保存为 object类型的对象，Application 状态信息保存在服务器上。

应用程序启动时将值写入应用程序状态。下面的代码示例演示如何将应用程序变量设置为一个字符串和一个整数。

```
Application["Message"] = "Welcome to the Contoso site.";
Application ["PageRequestCount"] =0;
```

当需要从 Application 字典集合中获取指定的对象时，还需要将 object 对象转换为相应的对象类型。

```
string message=(string)Application["Message"];
int count=(int)Application["PageRequestCount"]
```

2. 用锁定方法将值写入应用程序状态

应用程序状态变量可以同时被多个线程访问。因此，为了防止产生无效数据，在设置值前，必须锁定应用程序状态，只供一个线程写入。

在设置应用程序变量的代码中，调用 HttpApplicationState.Lock 方法，并设置应用程序状态值，然后调用 HttpApplicationState.UnLock 方法取消锁定应用程序状态，释放应用程序状态以供其他写入请求使用。

下面的代码示例演示如何锁定和取消锁定应用程序状态。该代码将 PageRequestCount变量值增加 1，然后取消锁定应用程序状态。

```
Application.Lock();
int count=0;
if(Application["PageRequestCount"] !=null)
{
```

```
    count=(int) Application["PageRequestCount"]
}
Count++
Application["PageRequestCount"] = count;
Application.UnLock();
```

3. Global.asax 文件

要处理应用程序事件,必须使用一个重要文件——Global.asax。在 Global.asax 文件中,可以为全局应用程序事件编写事件处理代码。在一个 Web 应用程序的生命周期中,这些应用程序级的事件将在不同阶段被触发。例如,当应用程序域第一次被创建时(即当网站收到第一个页面请求时),将触发 Application_Start 事件。每一个 Web 应用程序仅有一个 Global.asax 文件,在 Global.asax 文件中仅能包含事件处理方法。表 5-13 列出了应用程序的常用事件。

表 5-13 应用程序的常用事件

事件处理方法	描　　述
Application_Start( )	该事件在 Web 应用程序启动时触发,即当 Web 应用程序第一次接收到一个用户对页面的请求时触发。对于随后接收到页面请求时,将不会触发该事件。通常在该事件中创建或缓存一些初始化信息,以便以后重用
Application_End	当 Web 应用程序停止时触发该事件,通常情况下是由于 Web 服务器被重启,可以将清理代码放在该事件中
Application_BeginRequest	每当 Web 应用程序接收到一个请求时,都会触发一次该事件,并且该事件将在页面代码被执行之前触发
Application_EndRequest	每当 Web 应用程序接收到一个请求时,都会触发一次该事件,但是该事件将在页面代码被执行完毕之后才触发
Session_Start	当一个会话超时,或者使用应用程序代码结束了一个会话时,将触发该事件。注意,仅在使用进程内 Session 保存会话信息时,才会触发该事件(即会话是 InProc 模式,而不是 StateServer 或 SQLServer 模式)
Session_End	当 Web 应用程序中发生了错误,但是对这些错误并未使用错误处理机制进行处理时,就会触发该事件
Application_Error	当接收到一个新用户请求并且一个会话开始时,将触发该事件

5.3 状态管理案例

【例 5.6】Session 对象和 Application 对象的应用。本案例为常见的具有验证码的用户登录页面,登录成功后,进入主页面,显示该网站的访问量以及当前的在线人数。步骤如下:

(1) 新建网站 StateManage,添加产生图片验证码页面 Verifycode.aspx,类 Verifycode 的代码如下:

```csharp
using System.Drawing;       //画图命名空间
using System.IO;            //输入/输出流命名空间
public partial class Verifycode: System.Web.UI.Page
{
    //产生码长为 n 的随机字符串,由数字和大写字母组成
    private string CreateRandomCode(int n)
    {
        string allChar = "0,1,2,3,4,5,6,7,8,9,A,B,C,D,E,F,G,H,I,J,K,L,M,N,O,P,Q,R,S,T,U,W,X,Y,Z";
        string[] allCharArray = allChar.Split(',');
        //以","为分割符把 allChar 拆分成字符数组
        string randomCode = "";
        Random rand = new Random();
        for (int i = 0; i < n; i++)
        {
            int t = rand.Next(35);      //产生小于等于 35 的随机数
            randomCode += allCharArray[t];
        }
        return randomCode;
    }
    //生成图片,根据指定的字符串,生成内存图片文件
    private void CreateImage(string checkCode)
    {
        int iwidth = (int)(checkCode.Length *18);  //计算图像宽度
        //封装 GDI+ 位图,指定位图宽度和高度,以像素为单位
        System.Drawing.Bitmap image = new System.Drawing.Bitmap(iwidth, 40);
        //封装一个 GDI+ 绘图面.无法继承此类,从指定的 Image 创建新的 Graphics
        Graphics g = Graphics.FromImage(image);
        //定义 Font,字体,大小,字体样式
        Font f = new System.Drawing.Font("Arial", 16, System.Drawing.FontStyle.Regular);
        //定义画刷
        Brush b = new System.Drawing.SolidBrush(Color.Blue);
        //清除整个绘图面并以指定背景色米色填充
        g.Clear(Color.Beige);
        //在绘图面上绘制随机线条
        DrawRadomLine(g, image );
        //在绘图面上绘制字符串
        g.DrawString(checkCode, f, b, 1,4);
        //创建存储区为内存的流
        System.IO.MemoryStream ms = new System.IO.MemoryStream();
        //将此图像以指定的 JPG 格式保存到内存流中
        image.Save(ms, System.Drawing.Imaging.ImageFormat.Jpeg);
        //清除缓冲区输出内容
        Response.ClearContent();
        //设置输出流的类型
        Response.ContentType = "image/Jpeg";
```

```
                //将二进制字符串写入 HTTP 输出流
        Response.BinaryWrite(ms.ToArray());
        g.Dispose();
        image.Dispose();
}
    //在图片上画随机干扰线 10 条
private void DrawRadomLine(Graphics gfc, Bitmap  img )
{
        Random rand = new Random();
            //定义画笔,指定 Pen 的颜色、宽度
        Pen blackPen = new Pen(Color.Gray, 1);
            //随机线条
        for (int i = 0; i < 10; i++)
        {
            //随机高度
            int y = rand.Next(image.Height);
            //绘制一条连接由坐标对指定的两个点的线条
            gfc.DrawLine(blackPen, 0, y, img.Width, y);
        }
}
//在加载页面时,产生内存图片
        protected void Page_Load(object sender, EventArgs e)
        {
            //生成长度为 4 的字符串
        string checkCode = CreateRandomCode(4);
            //将验证码写入 Session,以便其他页面进行验证
        Session["CheckCode"] = checkCode;
            //生成图片
            CreateImage(checkCode);
        }


    }
```

(2) 添加登录页面 Login.aspx,如图 5.1 所示。将页面切换到【设计】视图。执行【表】【插入表】命令,向其中添加一个 6 行 4 列的表格,设置其对齐方式为"居中",指定其高度和宽度,使用背景图片,如图 5.7 所示。

在表格中添加 4 个 Label 控件、3 个 TextBox 控件、1 个 Image 控件、1 个 LinkButton 控件和 2 个 Button 控件。各控件属性代码如下:

```
<form id="form1" runat="server" method="post">
    <asp:TextBox ID="TxtUserName" runat="server" Width="142px"></asp:TextBox>
    <asp:TextBox ID="TxtPasswd" runat="server" TextMode="Password" Width="142px">
    </asp:TextBox>
    <asp:TextBox ID="TxtCheckcode" runat="server" Width="72px"></asp:TextBox>
    <asp:Image ID="Image1" runat="server" ImageAlign="AbsBottom"
                    ImageUrl="~/Verifycode.aspx" Height="26px" />
```

```
<asp:LinkButton ID="LinkButton1" runat="server">看不清,换一张</asp:LinkButton>

<asp:Button ID="BtnLogin" runat="server" BackColor="#0066FF" Font-Size="Medium"
          ForeColor="#CCFFFF" Height="28px" onclick="BtnLogin_Click"
          Text="登  录" />
<asp:Button ID="BtnCancel" runat="server" BackColor="#0066FF" Font-Size="Medium"
          ForeColor="#CCFFFF" Height="30px" onclick="BtnCancel_Click"
          Text="取  消" />

<asp:Label ID="lblMessage" runat="server" ForeColor="#FF3300"></asp:Label>
</form>
```

图 5.7　向页面插入表格

分别为【登录】和【取消】按钮添加事件处理程序，代码如下：

```
protected void BtnLogin_Click(object sender, EventArgs e)
{
        string strUsername = TxtUserName.Text.Trim();
        string strPassword = TxtPasswd.Text.Trim();
        string strCode="";
        if(Session["CheckCode"]!=null)
         { strCode=(string) Session["CheckCode"]; }

        if ((Session["UserName"] != null) && (strUsername ==(string) Session["UserName"]))
        {
            lblMessage.Text="对不起,你的账号已登录! ";
        }
        else if (TxtCheckcode.Text.ToUpper().Trim() != strCode.Trim())
        {
```

```
            lblMessage.Text="验证码有误! ";
            TxtCheckcode.Text = " ";
        }
    else if ((strUsername.ToLower() == "zhangrongmei") && (strPassword == "666666"))
    {
        Session["UserName"] = strUsername;
        Response.Redirect("Default.aspx?");
    }
    else
    {
        lblMessage.Text = "对不起! 用户名或密码有误! ";
        TxtUserName.Text = "";
        TxtPasswd.Text = "";
    }
}
protected void BtnCancel_Click(object sender, EventArgs e)
{
    Response.Write("<script language='javascript' Text='text/javascript'>
        window.close()</script>");
}
```

(3) 添加全局应用程序类 Global.asax,在应用程序开始,设置应用状态变量 onlineCount, 用于统计在线人数;设置应用状态变量 visitCount,用于统计网站的访问量。在会话结束时, 在线人数 onlineCount 减 1。

```
<%@ Application Language="C#" %>
<script runat="server">
    void Application_Start(object sender, EventArgs e)
    {
        //在应用程序启动时运行的代码
        Application["onlineCount"]=0;
        Application["visitCount"]=0;

    }
    void Session_Start(object sender, EventArgs e)
    {
        … //在新会话启动时运行的代码
    }
    void Session_End(object sender, EventArgs e)
    {
        //在会话结束时运行的代码
        // 注意只有在 Web.config 文件中的 sessionstate 模式设置为 InProc 时
        //才会引发 Session_End 事件
        //如果会话模式 设置为 StateServer 或 SQLServer,则不会引发该事件
        Application.Lock();
        int count = Convert.ToInt32(Application["onlineCount"]);
        Application["onlineCount"] = count-1;
```

```
        Application.UnLock();
    }
</script>
```

(4) 添加主页面 Default.aspx。在页面加载时，显示目前在线人数，以及用图片形式显示网站的访问量。

```
public partial class _Default : System.Web.UI.Page
{
    protected void Page_Load(object sender, EventArgs e)
    {
      Application.Lock();
      int count = 0, visitcount=0;
      if (Application["onlineCount"] != null)
      {
          count = (int)Application["onlineCount"];
      }
      count++;
      Application["onlineCount"] = count;
      if (Application["visitCount"] != null)
      {
          visitcount = Convert.ToInt32(Application["visitCount"]); }
          Application["visitCount"] = visitcount + 1;
          Application.UnLock();
          if (!IsPostBack)
          {
            if (Session["UserName"] != null) {
            Response.Write("欢迎你！" + Session["UserName"].ToString() + "！有" +
            Application["onlineCount"].ToString() + "人在线！" + "</br>");
          }
          Response.Write("<br/>");
          string imgF = null;
          string strCounter = Application["visitCount"].ToString();
          Response.Write("本站的访问量为：");
          for (int i = 0; i < 8-strCounter.Length; i++)
              Response.Write("<img src='images/0.gif" + "'/>");
          for (int i = 0; i < strCounter.Length; i++)
          {
              switch (strCounter[i])
              {
                  case '0':
                      imgF = "0.gif";
                      break;
                  case '1':
                      imgF = "1.gif";
                      break;
                  case '2':
```

```
                    imgF = "2.gif";
                    break;
                case '3':
                    imgF = "3.gif";
                    break;
                case '4':
                    imgF = "4.gif";
                    break;
                case '5':
                    imgF = "5.gif";
                    break;
                case '6':
                    imgF = "6.gif";
                    break;
                case '7':
                    imgF = "7.gif";
                    break;
                case '8':
                    imgF = "8.gif";
                    break;
                case '9':
                    imgF = "9.gif";
                    break;
            }
            Response.Write("<img src='images/" + imgF + "'/>");
        }
    }
}
```

(5) 调试运行，结果如图 5.1 和图 5.2 所示。

习　题　5

一、填空题

1. 表单有一个重要的属性 method，这个属性指定表单提交到服务器的方法。它的属性值有两个：_____和_____。

2. 应用程序全局状态对象是_____。

3. 在 Application、Session 和 ViewState 状态集合中存储的信息是_____形式。

二、选择题

1. 用于获取客户端浏览器信息的对象是(　　)。

　A. Request　　B. Response　　C. Server　　　D. Session

2. 用于将服务器的响应传送到客户端的对象是(　　)。

　　　A．Request　　B．Response　　　C．Server　　　　D．Session

3．能够进行 HTML 编码的对象是(　　　)。

　　　A．Request　　B．Response　　　C．Server　　　　D．Session

4．能够保存用户会话信息的对象是(　　　)。

　　　A．Request　　B．Response　　　C．Server　　　　D．Session

三、简答题

1．试比较页面导航的几种形式。

2．试比较 ASP.NET 中状态管理的几种技术。

3．为什么有些情况下需要对字符串进行 HTML 编码？

第 6 章

ASP.NET 中的服务器端控件

教学目标

- 掌握服务器控件的概念
- 了解常用的 HTML 服务器控件
- 掌握常用的 Web 服务器控件
- 掌握常用的验证控件
- 掌握用户控件的创建和制作
- 了解自定义控件

案例介绍

建立一个能够使用户和服务器交互的网页，离不开服务器控件的使用，在制作网页时，会用到多种服务器控件。本章案例是我们常用的用户注册网页，如图 6.1 所示。该注册网页综合应用了 ASP.NET 提供的标准服务器控件和验证控件，同时用到了 SQL Server 2008 数据库的知识，实现了注册功能。当用户按要求填写正确的信息后，单击【提交】按钮，注册成功，同时用户的注册信息写入数据库中，当单击【取消】按钮时，返回注册前的页面。

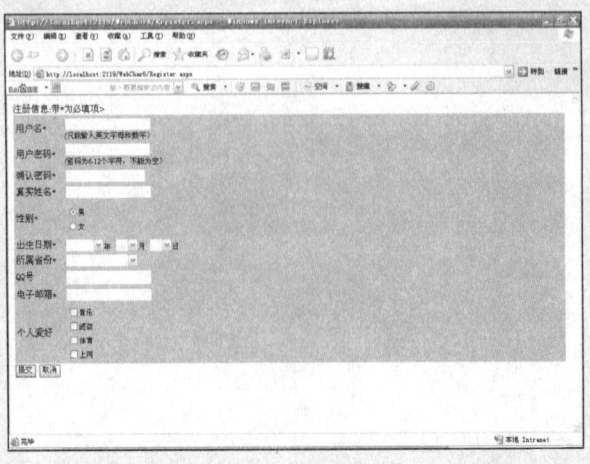

图 6.1　注册网页

6.1　服务器控件概述

控件是可重用的组件或对象，它有自己的属性和方法，可以响应事件。用户在网页上看到的单选按钮、文本框、复选框等都是控件。

在 ASP.NET 中使用的 HTML 普通控件有 input(常用的有 button、text、password、submit、checkbox、file、image、radio、reset、hidden)、select 和 textarea 类型(严格地说，HTML 控件只是 HTML 标记，谈不上控件，只有与 Script 脚本配合时，才具有对象及事件和方法的处理，否则只有属性)。ASP.NET 改进了 HTML，将 HTML 普通控件封装成服务器控件。ASP.NET 服务器控件是一种服务器端组件，是在 HTML 普通控件的标记中加上"runat=server"的属性项，并且可以通过其 ID 属性而被引用。

ASP.NET 服务器控件直接或间接地从 System.Web.UI.Control 类派生。在 ASP.NET 页面上，服务器控件表现为不是标准 HTML 元素的一个标记。如果不做任何处理，直接将这些代码发送给用户浏览器，浏览器无法理解这些标记，用户也不能看到自己想看的网页，因此，需要首先对这些标记进行处理，服务器就可以完成这项处理任务。当用户请求服务器上的页面时，服务器读取 ASP.NET 代码并进行处理，将 ASP.NET 的所有内容转换为 HTML 及 JavaScript 代码，然后再将这些浏览器能够识别的 HTML 和 JavaScript 代码传送给浏览器，用户就可以看到网页了。

ASP.NET 服务器控件包括 HTML 服务器控件、Web 服务器控件和自定义控件。

6.2　HTML 服务器控件简介

HTML 服务器控件是在 HTML 普通控件基础上产生的，这部分控件基本对应了传统的 HTML 标记，HTML 服务器控件比 HTML 元素多了 runat 属性。将一个 HTML 元素 runat 属性设置为 server 后，该元素就转换为服务器控件。HTML 服务器控件是服务器控件的一种，它是可直接应用于服务器端编程的控件，相对而言，HTML 普通控件只能用于客户端编程。例如，下面的代码定义了一个服务器端的表单控件。

```
<form id="WebForm2" method="post" runat="server"></form>
```

HTML 服务器控件属于 System.Web.UI.HtmlControls 命名空间。

常用的 HTML 服务器控件如表 6-1 所示。

表 6-1　常用的 HTML 服务器控件

HTML 服务器控件	说　　明
HtmlAnchor	控制<a> HTML 元素
HtmlButton	控制<button> HTML 元素
HtmlForm	控制<form> HTML 元素
HtmlGeneric	控制其他未被具体的 HTML 服务器控件规定的 HTML 元素，如<body>、<div>、<span>等
HtmlImage	控制<img> HTML 元素

续表

HTML 服务器控件	说　　明
HtmlInputButton	控制\<input type="button">、\<input type="submit">以及\<input type="reset">HTML 元素
HtmlInputCheckBox	控制\<input type="checkbox">HTML 元素
HtmlInputFile	控制\<input type="file">HTML 元素
HtmlInputHidden	控制\<input type="hidden">HTML 元素
HtmlInputImage	控制\<input type="image">HTML 元素
HtmlInputRadioButton	控制\<input type="radio">HTML 元素
HtmlInputText	控制\<input type="text">和\<input type="password">HTML 元素
HtmlSelect	控制\<select>HTML 元素
HtmlTable	控制\<table>HTML 元素
HtmlTableCell	控制\<td>和\<th>HTML 元素
HtmlTableRow	控制\<tr>HTML 元素
HtmlTextArea	控制\<textarea>HTML 元素

各种 HTML 服务器控件的主要事件如表 6-2 所示。

表 6-2　各种 HTML 服务器控件的主要事件

事　　件	控　　件
ServerClick	HtmlAnchor, HtmlButton, HtmlForm, HtmlInputButton, HtmlInputImage
ServerChange	HtmlInputCheckBox, HtmlInputHidden, HtmlInputRadioButton, HtmlSelect, HtmlTextArea, HtmlInputText

其中，ServerClick 是一个单击行为在服务器端的处理，允许代码立刻产生动作，ServerChange 发生改变时，直到页面被传回才会出现。

HTML 服务器控件事件的标准是每个事件都应该传回两个参数，一个参数是引发事件的对象(控件)，另一个参数是可以包含事件附加信息的特殊对象。

HTML 服务器控件的基本使用格式如下：

```
<TagName ID=控件名 属性名 1=属性值 1 属性名 2=属性值 2 …… runat=server/>
```

其中，TagName 为控件的标记名称。

6.3　常用 Web 标准服务器控件

Web 服务器控件属于 System.Web.UI.WebControls 命名空间，它们不必像 HTML 控件一样必须一一对应一个 HTML 标签，它们可代表更复杂的元素，Web 服务器控件比 HTML 服务器控件能实现更多的功能。

按照功能区分，Web 服务器控件可分为 Web 标准服务器控件、数据控件、验证控件、导航控件、登录控件、Web 部件控件、ASP.NET AJAX 控件和用户控件等。

6.3.1　Label 控件

Label(标签)控件在 Web 页上的固定位置显示文本，该控件定义对应于 HTML<span>元素。允许用户以编程的方式操作文本，例如，用户可以通过 Text 属性来自定义所显示的文本。Label 控件没有任何方法和事件。

1．Label 控件语法

```
<asp:Label  ID="控件名称" runat="server" Text="控件上显示的文字" ></asp:Label>
```

2．Label 控件常用属性

Label 控件常用属性为 Text，用于在控件上显示文本，属性值类型为"string"，可以和内容一起嵌入 HTML 标记，从而进一步格式化文本。

需要说明的是，如果要显示静态文本，可使用 HTML 元素，不需要 Label 控件，这样可以提高网页打开的速度，只有当需要在服务器端更改文本内容或其他特性时，才使用 Label 控件；Label 控件的文本可以在设计或者运行时设置，也可以将其 Text 属性绑定到数据源，可以在网页上显示数据库信息；Label 控件支持样式属性，可以设置文本样式。

6.3.2　TextBox 控件

TextBox(文本框)控件在 Web 页上显示文本框，可以通过设置 TextMode 属性来确定其是哪种类型。如果 TextMode 属性设置为 SingleLine，显示一个单行文本框；如果 TextMode 属性设置为 MultiLine，显示多行文本框。如果 TextMode 属性设置为 Password，显示屏蔽用户输入的文本框。TextMode 属性的默认值是 SingleLine。

1．TextBox 控件语法

```
<asp:TextBox ID="控件名称" Text="控件上显示的文字" runat="server"
    TextMode="SingleLine|MultiLine|Password" AutoPostBack="True|False"
    Columns="整数，当为多行文本时的行数" MaxLength="文本框中可以输入的最大字符数"
Rows="整数，当为多行文本时的列数" Wrap="True|False"
    OnTextChanged="当文字改变时触发的事件名称" >
</asp:TextBox>
```

2．TextBox 控件常用属性

TextBox 控件常用属性如表 6-3 所示。

表 6-3　TextBox 控件常用属性

属　　性	说　　明
AutoPostBack	该属性得到或设置一个值，表示用户改变 TextBox 控件的文本时，是否将自动生成事件。属性值为"True|False"，默认值是 False
Columns	该属性得到或设置文本框的宽度，属性值类型为"int"，以字符为单位
MaxLength	该属性得到或设置允许用户输入的最大字符数，属性值类型为"int"

续表

属　　　性	说　　　明
ReadOnly	该属性锁定文本框，锁定后，用户无法输入任何内容，属性值为"True|False"
Rows	把 TextMode 属性设置为 MultiLine 时，Rows 属性得到或设置文本框的高度，以字符为单位。属性值类型为"int"
Text	该属性得到或设置文本框的内容，属性值类型为"int"
TextMode	该属性得到或设置文本框的类型。可以从文本模式枚举中指定一个值，属性值为"SingleLine|MultiLine|Password"，默认值为 SingleLine
Wrap	该属性得到或设置一个值，属性值为"True|False"，当设置为 True 时，文本将在边框处自动换行。只有将 TextMode 属性设置为 MultiLine 时，该属性才起作用

3. TextBox 控件常用事件和方法

TextBox 控件的常用事件是 TextChanged 事件。改变 TextBox 控件的内容文本时，将生成 TextChanged 事件。

TextBox 控件的常用方法是 Focus( )方法。TextBox 控件派生于 WebControl 基类，此基类中含有 Focus( )方法。Focus( )方法可以将用户的光标动态放置在某个指定的窗体元素上，所有派生于 WebControl 的控件都可以使用 Focus( )方法.

【例 6.1】TextBox 控件的 TextChanged 事件和 Focus( )方法。创建一个"WebSiteTextBox"网站，在其中创建一个"TextBoxExample.aspx"网页，在其设计视图中放入一个 TextBox 控件，并使网页运行时，光标自动移到 TextBox 控件处，使 TextBox 控件的内容随着用户的输入值而改变，并给出"TextBox1 控件中的内容已改变"的提示信息。步骤如下：

(1) 建立网站。打开 Visual Studio 2010，执行【文件】→【新建网站】命令，选择模板中的【Visual C#】→【ASP.NET 空网站】，【名称】为"WebSiteTextBox"。

(2) 建立"TextBoxExample.aspx"网页。右击"WebSiteTextBox"网站，连接【添加新项】选项，选择模板中的【Visual C#】→【Web 窗体】，【名称】为"TextBoxExample.aspx"，勾选【将代码放在单独的文件中】复选框，单击【添加】按钮。

(3) 在"TextBoxExample.aspx"中添加控件。单击"TextBoxExample.aspx"的【设计】，进入设计视图，从工具箱中分别拖动 TextBox 控件到"TextBoxExample.aspx"。

(4) 编写"TextBoxExample.aspx.cs"程序。代码如下：

```csharp
using System;
using System.Collections.Generic;
using System.Linq;
using System.Web;
using System.Web.UI;
using System.Web.UI.WebControls;
public partial class TextBoxExample : System.Web.UI.Page
{
    protected void Page_Load(object sender, EventArgs e)
    {
        TextBox1.Focus();
        this.TextBox1.TextChanged+=new  System.EventHandler(this.TextBox1_
TextChanged);
```

```
    }
    protected void TextBox1_TextChanged(object sender, EventArgs e)
    {
        Response.Write("<script>alert('TextBox1控件中的内容已改变')</script>");
    }
}
```

完成的"TextBoxExample.aspx"代码如下：

```
<%@ Page Language="C#" AutoEventWireup="true" CodeFile="TextBoxExample.aspx.cs"
Inherits="TextBoxExample" %>
<!DOCTYPE html PUBLIC "-//W3C//DTD XHTML 1.0 Transitional//EN" "http://www.
w3.org/TR/xhtml1/DTD/xhtml1-transitional.dtd">
<html xmlns="http://www.w3.org/1999/xhtml">
<head runat="server">
    <title></title>
</head>
<body>
    <form id="form1" runat="server">
    <div>
        <asp:TextBox ID="TextBox1" runat="server" ontextchanged="TextBox1_
TextChanged"></asp:TextBox>
    </div>
    </form>
</body>
</html>
```

(5) 运行网页。执行【调试】→【开始执行(不调试)】命令，结果如图 6.2 所示。

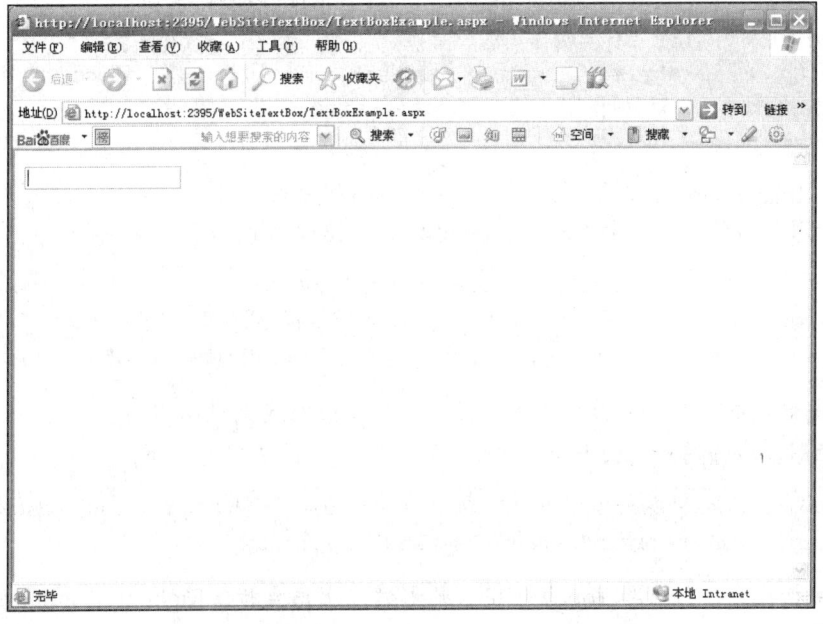

图 6.2　TextBoxExample.aspx 运行界面

在 TextBox 控件中输入文字，如"张三"，按 Enter 键，则弹出如图 6.3 所示的对话框。

图 6.3   TextChanged 被触发弹出的对话框

6.3.3   ImageMap 控件

ImageMap 控件可以创建一个图形，使其包含许多可由用户单击的区域，这些区域称为"作用点"。每一个作用点，都可以是一个单独的超链接或回发事件。在外观上，ImageMap 控件与 Image 控件(Image 控件在 Web 网页上显示图像，大致对应于 HTML<img>标记符)相同，但功能上与 Button 控件相同。

ImageMap 控件不一定是一个真正的图形，可以是任何图形，主要由两部分组成。第一个是图像，它可以是任何标准 Web 图形格式的图形，如 GIF、JPG 或 PNG 文件。第二个元素是一个 HopSpot(作用点)控件的集合。

可以为图像定义任意数量的作用点，但不需要定义足以覆盖整个图形的作用点。对于每个作用点控件，不但需要定义其形状(圆形、矩形或多边形)，而且需要定义用于指定作用点位置和大小的坐标。例如，如果创建了一个圆形作用点，则应定义圆心的 x 和 y 坐标以及圆的半径。

1. ImageMap 控件语法

```
<asp:ImageMap ID="控件名称" ImageUrl="ImageMap 控件中显示的图像的位置"
    Width=" 控件的宽度"  Height="控件的高度"
    AlternateText="当图像不可用时,Image 控件中显示的替换文本"
    OnClick="Click 事件名称"
    HotSpotMode="NotSet|Navigate|PostBack|Inactive,单击 HotSpot 对象时 ImageMap
    控件的 HotSpot 对象的默认行为" runat="server">作用点
    </asp:ImageMap>
```

说明：ImageMap 控件提供了以下 3 种类型的作用点。

(1) 圆形区域作用点,由 CircleHotSpot 定义.语法格式如下：

```
<asp:CircleHotSpot  HotSpotMode="NotSet|Navigate|PostBack|Inactive , 单 击
HotSpot 对象时,ImageMap 控件的 HotSpot 对象的默认行为"X="30" Y="100" Radius="20"
NavigateUrl="http://www.microsoft.com " AlternateText="Info"/>
```

该语法格式中，Radius 属性定义半径; X 和 Y 属性定义圆心坐标。

(2) 矩形区域作用点,由 RectangleHotSpot 定义.语法格式如下：

```
<asp:RectangleHotSpot Top="0" Left="0" Bottom="100" Right="100" PostBackValue=
"Yes" AlternateText="Info"></asp:RectangleHotSpot>
```

该语法格式中，Left 和 Top 属性定义矩形的左上角坐标; Right 和 Bottom 属性定义矩形的右下角坐标。

(3) 多边形区域作用点，由 PolygonHotSpot 定义。语法格式如下：

```
<asp:PolygonHotSpot AlternateText="Info" Coordinates="0,0,150,0,110,170,
200,300,0,300" PostBackValue="Yes">
</asp:PolygonHotSpot>
```

该语法格式中，Coordinates 属性用于定义多边形各点的坐标。

ImageMap 控件提供一个 HotSpots 属性，利用此属性可以获取 ImageMap 控件的所有作用点。

ImageMap 控件举例如下：

```
<asp:ImageMap ID="ImageMap1" ImageUrl="Images/ImageMap1.jpg" Width="200"
Height="100" AlternateText="这里是一个 ImageMap1 控件对应的图像" OnClick="
ImageMap1_Click" HotSpotMode="Navigate" runat="server">
    <asp:RectangleHotSpot Top="0" Left="0" Bottom="100" Right="100" PostBackValue=
"Yes" AlternateText="这是一个矩形作用点">
    </asp:RectangleHotSpot>
</asp:ImageMap>
```

2. ImageMap 控件常用属性

ImageMap 控件常用属性如表 6-4 所示。

表 6-4　ImageMap 控件常用属性

属　　性	说　　明
ImageUrl	获取或设置在 ImageMap 控件中显示的图像的位置
ImageAlign	获取或设置 ImageMap 控件相对于网页上其他元素的对齐方式
HotSpotMode	获取或设置单击 HotSpot 对象时 ImageMap 控件的 HotSpot 对象的默认行为。其属性枚举值为"NotSet	Navigate	PostBack	Inactive"。详细描述见表 6-8
HotSpots	该属性对应 System.Web.UI.WebControls.HotSpot 对象集合，获取 HotSpot 对象的集合。HotSpot 类是一个抽象类，有 CircleHotSpot(圆形作用点区域)、RectangleHotSpot(方形作用点区域)、PolygonHotSpot(多边形作用点区域)3 个子类。利用这 3 种类型可以定制图片的作用点的形状

表 6-5　HotSpotMode 属性的枚举值

枚举值	说　　明
NotSet	表示未设置，是 HotSpotMode 属性默认值。但默认情况下会执行定向操作，定向到指定的 URL 地址。如果未指定 URL 地址，将定向到 Web 应用程序根目录。HotSpotMode 属性值为 NotSet 和 Navigate，单击作用点具有相同的行为
Navigate	表示跳转。单击作用点，跳转到指定的 URL 地址。如果未指定 URL 地址，默认将定向到 Web 应用程序根目录
PostBack	表示回发。单击作用点，触发 ImageMap 控件的 Click 事件。因为所有作用点共用一个 Click 事件，所以需要设置作用点的 PostBackValue 属性，为作用点指定名称，从而通过 PostBackValue 属性值来区分是哪个作用点引发了 Click 事件
Inactive	表示无操作。图像没有作用点功能，只显示一幅普通图像

3. ImageMap 控件的常用事件

Click 事件是对作用点的单击操作，通常在 HotSpotMode 为 PostBack 时用到。

【例 6.2】利用 ImageMap 控件，通过添加作用点，制作一个当鼠标指针移动到作用点时，显示相应的象限划分的网页。步骤如下：

(1) 建立网站。打开 Visual Studio 2010，执行【文件】→【新建网站】命令，选择模板中的【Visual C#】→【ASP.NET 空网站】，【名称】为 "WebSiteImageMap"。

(2) 建立文件夹 "Shared" 及其目录下的 "Images"。右击 "WebSiteImageMap"网站，选择【新建文件夹】选项，命名为 "Shared"，右击 "Shared" 文件夹，选择【新建文件夹】选项，命名为 "Images"。

(3) 将 "坐标图.bmp"放置在 "Images" 文件夹中。右击【坐标图.bmp】，在弹出的快捷菜单中选择【复制】选项，在 "Images" 文件夹上，选择【粘贴】选项。

(4) 建立 Web 窗体 "Default.aspx"。右击 "WebSiteImageMap" 网站，在弹出的快捷菜单中选择【添加新项】，选择模板中的【Visual C#】→【Web 窗体】，【名称】为"Default.aspx"，勾选【将代码放在单独的文件中】复选框，单击【添加】按钮。

(5) 在 "Default.aspx" 中添加控件。单击 "Default.aspx" 的【设计】，进入设计视图，从工具箱中拖动 ImageMap 控件到 "Default.aspx"。

(6) 设置作用点，完成 "Default.aspx" 源代码。右击 ImageMap 控件，在弹出的快捷菜单中选择【属性】选项，单击【HotSpots】属性右侧的...按钮，在弹出的【HotSpot 集合编辑器】对话框中单击【添加】按钮右侧的下拉按钮，选择【RectangleHotSpot】选项，设置【RectangleHotSport 属性】，一共添加 4 个 "RectangleHotSpot"，完成的 "HotSpots 属性"如图 6.4 所示。

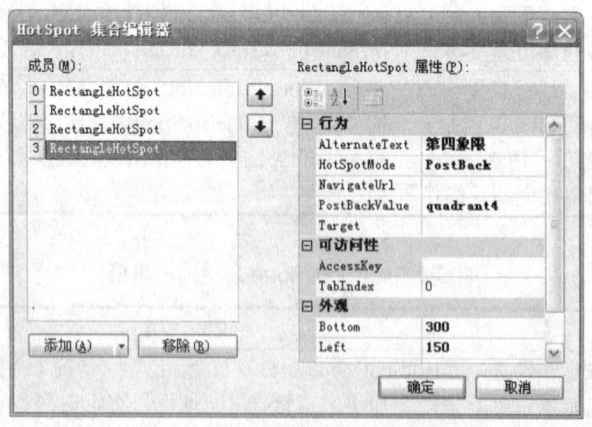

图 6.4　HotSpots 属性设置

单击【源】标签切换到 "Default.aspx" 的源视图，修改各控件的属性，修改后的源代码如下：

```
<%@ Page Language="C#" AutoEventWireup="true" CodeFile="Default.aspx.cs" Inherits=
"_Default" %>
```

```
<!DOCTYPE html PUBLIC "-//W3C//DTD XHTML 1.0 Transitional//EN" "http://www.
w3.org/TR/xhtml1/DTD/xhtml1-transitional.dtd">
<html xmlns="http://www.w3.org/1999/xhtml">
<head id="Head1" runat="server">
    <title></title>
</head>
<body>
    <form id="form1" runat="server">
    <div>
        <asp:ImageMap ID="ImageMap1" runat="server" AlternateText="象限划分"
        ImageUrl="~/Shared/Images/坐标图.bmp" width="300px" Height="300px"
        onclick="ImageMap1_Click" runat="server" >
        <asp:RectangleHotSpot AlternateText="第一象限" Top="0" Left="150"
            Bottom="150" Right="300"
        HotSpotMode="PostBack" PostBackValue="quadrant1"/>
        <asp:RectangleHotSpot AlternateText="第二象限" Top="0" Left="0"
            Bottom="150" Right="150"
        HotSpotMode="PostBack" PostBackValue="quadrant2" />
        <asp:RectangleHotSpot AlternateText="第三象限" Top="150" Left="0"
Bottom="300" Right="150"
        HotSpotMode="PostBack" PostBackValue="quadrant3"/>
        <asp:RectangleHotSpot AlternateText="第四象限" Top="150" Left="150"
Bottom="300" Right="300"
        HotSpotMode="PostBack" PostBackValue="quadrant4" />
        </asp:ImageMap>
    </div>
    </form>
</body>
</html>
```

（7）编写"Default.aspx.cs"中的代码。双击【解决方案资源管理器】中的"Default.aspx.cs"，
编写其中的代码，主要代码如下：

```
public partial class _Default : System.Web.UI.Page
{
    protected void Page_Load(object sender, EventArgs e)
    {   }
    protected void ImageMap1_Click(object sender, ImageMapEventArgs e)
    {
        string region = "";
      switch(e.PostBackValue)
        {
            case "quadrant1":
```

```
            region = "第一象限";
            break;
          case "quadrant2":
            region = "第二象限";
            break;
          case "quadrant3":
            region = "第三象限";
            break;
          case "quadrant4":
            region = "第四象限";
            break;
        }
     }
   }
```

(8) 运行网页。右击【解决方案资源管理器】中的"Default.aspx",选择【在浏览器中查看】选项,可看到如图 6.5 所示的运行界面,当鼠标指针移动到相应的区域,则分别显示"第一象限"、"第二象限"、"第三象限"、"第四象限"等象限划分信息。

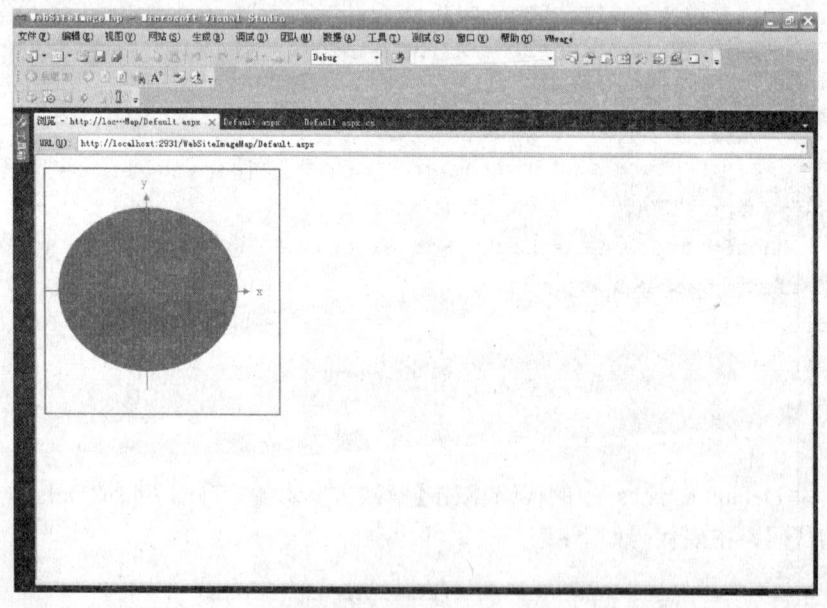

图 6.5　运行的象限划分网页

6.3.4　Button、LinkButton 和 ImageButton 控件

1. Button 控件

(1) Button 控件语法。

使用 Button(按钮)控件可以为用户提供向服务器发送网页的能力,该控件提供 Web 页上的可单击按钮,此按钮对应于 HTML 控件中的<input type="Submit">,Button 控件可以

将窗体提交给服务器，在服务器代码中触发一个事件，可以处理此事件来响应回发。语法如下：

```
<asp:Button ID="控件名称" Text="按钮上的文字"
CommandName="与此按钮关联的命令" runat="server"
CommandArgument="此按钮管理的命令参数"
Onclick="事件名称"|OnCommand="事件名称" />
```

用户可以在网页上创建 Submit(提交)或 Command(命令)按钮。默认情况下按钮是 Submit，通过设置 CommandName 属性可以创建 Command 按钮。

(2) Submit 按钮和 Command 按钮比较。

Submit 按钮可以为 Click 事件提供事件处理程序，以编程的方式控制单击提交按钮时完成的动作。具有命令名称的按钮称为 Command 按钮。通过指定 CommandName 属性可以创建 Command 按钮，CommandName 属性用于以编程的方式确定单击的按钮，还可以在 CommandArgument 属性中为按钮提供命令参数。另外，还可以为 Command 事件指定事件处理程序，以编程的方式控制单击 Command 按钮时完成的动作。

可以在一个网页使用多个 Command 按钮，但一个网页上只能存在一个 Submit 按钮。

(3) Button 控件常用属性如表 6-6 所示。

表 6-6 Button 控件常用属性

属 性	说 明
Cause Validation	该属性获取或设置在单击 Button 控件时是否执行验证。默认值是 True，表示单击按钮时将完成所提供数据的验证。如果验证控件不验证按钮控件，则应该把该属性设置为 False
CommandArgument	获取或设置命令参数，当发生 Command 事件时，该属性将会与 CommandName 属性值一起发送到服务器作为事件处理的参数
CommandName	该属性获取或设置传递给 Command 事件的 Button 控件相关联的命令名称。当发生 Command 事件时，该属性将会与 CommandArgument 属性一起发送到服务器作为事件处理的参数
Text	该属性得到或设置按钮的标题文本

(4) Button 控件常用事件。

Click 事件：单击 Button 按钮触发 Click 事件，此时，不能指定 CommandName 和 CommandArgument 属性。

Command 事件：单击 Command 按钮生成 Command 事件，此时，必须指定 CommandName 和 CommandArgument 属性。

Command 事件和 Click 事件的相同之处是，都由单击 Button 控件触发。不同之处是，要激发 Command 事件，需要设置 CommandArgument、CommandName 属性值；可以对多个 Button 控件同时指定一个 Command 事件，通过 CommandName 的不同值来触发不同的操作；但 Click 事件，每一个控件只有一个方法，而且不能同用一个 Click 事件。

【例 6.3】建立一个网页，在其中添加 3 个 Button 控件，要求 3 个 Button 控件同时指定一个 Command 事件，单击 3 个控件，分别弹出含有"保存"、"插入"、"删除"等提示的

对话框。步骤如下：

(1) 建立一个名为"WebSiteButton"的网站。

(2) 添加一个名为"ButtonCommand.aspx"网页，勾选【将代码放在单独的文件中】复选框。

(3) 在"ButtonCommand.aspx"中添加 3 个 Button 控件。

(4) 编写"ButtonCommand.aspx"代码如下：

```
<%@Page  Language="C#"  AutoEventWireup="true" CodeFile="ButtonCommand.aspx.cs"
Inherits="ButtonCommand" %>
<!DOCTYPE html PUBLIC "-//W3C//DTD XHTML 1.0 Transitional//EN" "http://www.w3.org/
TR/xhtml1/DTD/xhtml1-transitional.dtd">
<html xmlns="http://www.w3.org/1999/xhtml">
<head runat="server">
   <title></title>
</head>
<body>
   <form id="form1" runat="server">
   <div>
   <asp:Button ID="Button1" runat="server" Text="保存"
      CommandName="保存" CommandArgument="saving" OnCommand="Button1_Command" />
      <br />
      <asp:Button ID="Button2" runat="server" Text="插入"
       CommandName="插入" CommandArgument="inserting" OnCommand="Button1_Command" />
      <br />
      <asp:Button ID="Button3" runat="server" Text="删除"
      CommandName="删除" CommandArgument="deleting" OnCommand="Button1_Command" />
   </div>
   </form>
</body>
</html>
```

(5) 编写"ButtonCommand.aspx.cs"代码，主要代码如下：

```
public partial class ButtonCommand : System.Web.UI.Page
{
    protected void Page_Load(object sender, EventArgs e)
    {
    }
    protected void Button1_Command(object sender, CommandEventArgs e)
    {
        switch (e.CommandName)
        {
            case "保存":
                operating((string)e.CommandArgument);
                break;
            case "插入":
```

```
                operating((string)e.CommandArgument);
                break;
            case "删除":
                operating((string)e.CommandArgument);
                break;
        }
    }
    private void operating(string commandargument)
    {
        switch (commandargument)
        {
            case "saving":
                Response.Write("<script>alert('保存')</script>");
                break;
            case "inserting":
                Response.Write("<script>alert('插入')</script>");
                break;
            case "deleting":
                Response.Write("<script>alert('删除')</script>");
                break;
        }
    }
}
```

(6) 运行网页，结果如图 6.6 所示。

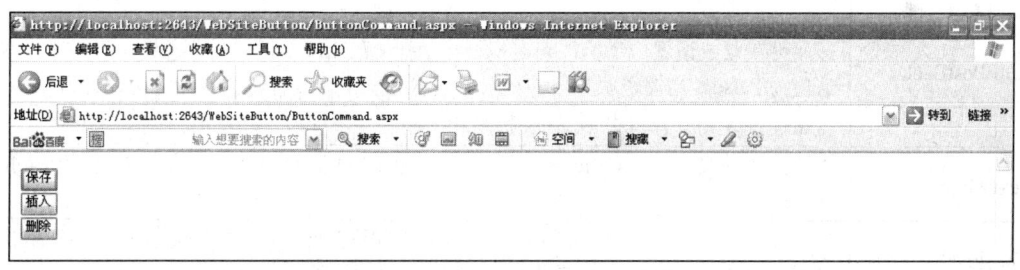

图 6.6　ButtonCommand.aspx 运行界面

2. LinkButton 控件

LinkButton(超链接按钮)控件具有 Hyperlink 控件(Hyperlink 控件在 Web 页上显示链接，实现到另一页面的链接)的外观，但动作方式类似于 Button 控件。LinkButton 控件允许在 Web 页上创建 Submit 链接按钮或 Command 链接按钮。默认情况下，如果不指定 CommandName 和 CommandArguments 属性，则链接按钮是 Submit。同样，具有命令名称的按钮是 Command 链接按钮。LinkButton 控件语法如下：

```
<asp:LinkButton ID="控件名称" Text="按钮上的文字"
  CommandName="与此按钮关联的命令"
  CommandArgument="此按钮管理的命令参数"
  Onclick="事件名称"|OnCommand="事件名称" runat="server" />
```

LinkButton 控件的常用属性、事件与 Button 控件类似，这里不再详述。

3．ImageButton 控件

ImageButton(图像按钮)控件与 Image 控件几乎一样，唯一的区别是当用户单击此控件时，将生成事件。该控件对应于 HTML 控件<input type="image">。语法如下：

```
<asp:ImageButton ID="控件名称" AlternateText="在图像无法显示时显示的备用文本"
ImageAlign="图像的对齐方式" ImageUrl="要显示图像的URL" runat="server" />
```

ImageButton 控件的常用属性、事件与 Button 控件类似，这里不再详述。

6.3.5 CheckBox 控件和 CheckBoxList 控件

1．CheckBox 控件

CheckBox(复选框)控件将在 Web 页上显示复选框，让用户为给定值选择 True 或 False，对应于 HTML 控件的<input type="checkbox">元素。

(1) CheckBox 控件的语法如下：

```
<asp:CheckBox ID="控件名称" AutoPostBack="True|False" Text="复选框显示的文本"
TextAlign="Right" Checked="True|False" OnCheckedChanged="当复选框状态改变时触发
的事件名称" runat="server"/>
```

(2) CheckBox 控件常用属性如表 6-7 所示。

表 6-7　CheckBox 控件常用属性

属　性	说　明
AutoPostBack	该属性获取或设置一个值，确定是否自动把 CheckBox 控件的状态递送服务器，默认值为 False。当递送服务器的复选框的状态发生改变时，会将其自动设置为 True
Text	该属性获取或设置与 CheckBox 控件相关联的文本标签，默认值为空字符串
TextAlign	该属性获取或设置与 CheckBox 控件相关联的文本标签的对齐方式，有效值为 Right 和 Left
Checked	该属性反映了复选框的当前状态，表示复选框是否被选中。默认值为 False，即默认情况为未选中复选框。若该属性设置为 True，则该复选框初始出现时为选中状态

(3) CheckBox 控件常用事件。CheckBox 控件常用事件是 CheckedChanged 事件。当 CheckBox 控件的 Checked 属性更改时，发生 CheckedChanged 事件。但当 AutoPostBack 属性为 False 时，CheckedChanged 事件将被延迟，直到下一个递送。

2．CheckBoxList 控件

CheckBoxList(复选框列表)控件与 CheckBox 控件类似，用它可以创建用户选择的多个选项，并可以通过使用数据绑定技术动态生成。此控件将创建 HTML<table>，也可以创建一个简单列表，复选框可以在任何组合中选中或未选中。使用 CheckBoxList 控件比使用多个 CheckBox 控件更方便，并且有更多的数据绑定选项。

(1) CheckBoxList 控件语法如下：

```
<asp:CheckBoxList ID="控件名称" AutoPostBack="True|False" CellPadding="像素"
    DataSource="数据源名称" DataTextField="给列表项提供文本的字段名称" DataValueField=
"给列表项提供值的字段名称" RepeatColumns="整数" RepeatDirection="Vertical|Horizontal"
    RepeatLayout="Flow|Table" TextAlign="Right|Left" SelectedIndex="索引值"
    OnSelectedIndexChanged="改变选择时触发的事件名称" runat="server">
    <asp: ListItem Value="选项值 0" Selected="True|False">选项文字0</asp: ListItem >
    <asp: ListItem Value="选项值 1" Selected="True|False">选项文字1</asp: ListItem >
    …
</asp:CheckBoxList >
```

(2) CheckBoxList 控件常用属性如表 6-8 所示。

(3) CheckBoxList 控件常用事件和方法。

CheckBoxList 控件常用事件为 SelectedIndexChanged 事件。常用的方法是 Add 方法、Remove 方法、Insert 方法和 Clear 方法。

当用户选择列表中的任意复选框时，CheckBoxList 控件都将引发 SelectedIndexChanged 事件，此事件并不导致向服务器发送窗体，但可以通过将 AutoPostBack 属性设置为真来指定此选项。

Add 方法：使用 Add 方法可以实现向 CheckBoxList 控件添加选项；Remove 方法：使用 Remove 方法，可以从 CheckBoxList 控件中删除指定的选项；Insert 方法：使用 Insert 方法，可将一个新的选项插入到 CheckBoxList 控件中；Clear 方法：使用 Clear 方法可以清空 CheckBoxList 控件中的选项。

表 6-8　CheckBoxList 控件常用属性

属　　性	说　　明
AutoPostBack	用于设置当单击 CheckBoxList 控件时，是否自动回送到服务器，该属性默认值是 False。如果是 True 表示回送，False(默认)表示不回送
CellPadding	ASP.NET 在一个不可见表格的分离单元格中创建每个复选框，CellPadding 属性得到或设置每个单元格的边框和它的内容之间的宽度。单位为像素，默认值是-1，即为没有设置
DataSource	该属性用于指定填充列表控件的数据源
DataTextField	该属性指定 DataSource 中一个字段，该字段的值对应于列表项的 Text 属性
DataValueField	该属性指定 DataSource 中一个字段，字段的值对应于列表项的 Value 属性
RepeatColumns	该属性获取或设置表中为 CheckBoxList 控件显示选项占用几列。默认值为 0，即没有设置
RepeatDirection	该属性获取或设置一个值，表示 CheckBoxList 控件要垂直或水平显示的单元布局，它定义如何填充复选框窗格，值可以是 Vertical 或 Horizontal，默认值是 Vertical。Vertical 时，列表项以列优先排列的形式显示；Horizontal 时，列项以行优先排列的形式显示
RepeatLayout	该属性获取或设置 CheckBoxList 控件中复选框的排列方式。它可以是 Flow 或 Table，默认值是 Table。当采用 Table 时，以表结构显示，属性值为 Flow 时，不以表结构显示

属　　性	说　　明
TextAlign	该属性获取或设置复选框的对齐方式，可以是 Right 或 Left，默认值是 Right。值为 Right，指定相关复选框的文本与控件的右侧对齐，值为 Left，指定相关复选框的文本与控件的左侧对齐
SelectedIndex	用于获取或设置列表中选定项的最低序号索引值。如果列表控件中只有一个选项被选中，则该属性表示当前选定项的索引值

6.3.6　RadioButton 和 RadioButtonList 控件

1. RadioButton 控件

RadioButton 控件表示一个单选按钮，此按钮和其他单选按钮一起，允许用户从一组互斥的选择中选择一个。

(1) RadioButton 控件语法如下：

```
< asp:RadioButton ID="控件名称" Checked="True|False"
    Text="关联文字" GroupName="组的名称" AutoPostBack="True|False"
    OnCheckedChanged="单击触发的事件名称" runat="server" />
```

(2) RadioButton 控件常用属性如表 6-9 所示。

表 6-9　RadioButton 控件常用属性

属　　性	说　　明
Checked	指示或设置当前按钮的当前状态。当选中时，标记为 True
Text	在单选按钮旁边显示的标签
GroupName	标识单选按钮组，一组中只能有一个按钮被选
AutoPostBack	当单选按钮状态改变时，决定页面是否被传回。这允许代码立即对 CheckedChanged 事件做出反应

(3) RadioButton 控件常用事件。RadioButton 控件通常只使用一个事件，但还可以订阅许多其他事件。这里只介绍两个事件：CheckChanged 事件和 Click 事件，如表 6-10 所示。

表 6-10　RadioButton 控件常用事件

名　　称	说　　明
CheckChanged	此事件在 RadioButton 控件状态发生改变时(如当用户在同一组不同选项上单击时)被激发。如果 AutoPostBack 属性是 False，这个事件将被延迟，直到下一个传回
Click	每次单击 RadioButton，都会引发该事件。与 CheckChanged 相比，连续单击 RadioButton 两次或多次只改变 Checked 属性一次，并且只改变以前未选中控件的 Checked 属性，故不是每次单击 RadioButton 时，都引发 CheckChanged 事件。另外，当被单击按钮的 AutoCheck 属性是 False，则该按钮不会被选中，只引发 Click 事件

2. RadioButtonList 控件

RadioButtonList 控件是一个组合在一个列表中的多个单选按钮的列表，这些单选按钮自动包含在一个组中，一次只能选中一个。此控件创建 HTML<table>或简单列表，在表结构或简单列表内实现单选按钮。RadioButtonList 控件与 CheckBoxList 控件属性相同，区别仅为 RadioButtonList 控件只允许选择一项，而 CheckBoxList 控件允许选择一项或多项，由 SelectionMode 属性确定。

(1) RadioButtonList 控件语法如下：

```
<asp:RadioButtonList ID="控件名称" AutoPostBack="True|False"
    CellPadding="像素值" CellSpacing="像素值" DataSource= "数据源名称"
DataTextField="给列表项提供文本的字段名称" DataValueField="给列表项提供值的字段名称"
RepeatColumns="整数" RepeatDirection="Vertical|Horizontal" RepeatLayout="Flow|Table"
TextAlign="Right|Left" SelectedIndex="索引值"
    OnSelectedIndexChanged="改变选择时触发的事件名称" runat="server">
    <asp: ListItem Value="选项值 0" Selected="True|False">选项文字 0</asp: ListItem >
    <asp:ListItem Value="选项值 1" Selected="True|False">选项文字 1</asp: ListItem >
…
</asp:RadioButtonList>
```

(2) RadioButtonList 控件常用属性参照 CheckBoxList 控件常用属性，这里不再详述。

(3) RadioButtonList 控件常用事件参照 CheckBoxList 控件常用事件，这里不再详述。

6.3.7　DropDownList、ListBox 和 BulletedList 控件

1. DropDownList 控件

DropDownList(下拉框)控件表示一个下拉单选列表。它是单选控件，而 CheckBoxList 控件是多选控件。DropDownList 控件是从 ListControl 基类继承来的，因此，可以使用 DataSource、DataTextField 和 DataValueField 属性进行数据绑定。

(1) DropDownList 控件语法如下：

```
<asp:DropDownList ID="控件名称" DataSource="数据源名称" DataTextField="给列表项提
供文本的字段名称" DataValueField="给列表项提供值的字段名称" AutoPostBack="True|False"
OnSelectedIndexChanged="改变选择时触发的事件名称" runat="server">
    <asp: ListItem Value="选项值 1" Selected="True|False">选项文字 1</asp: ListItem >
    <asp: ListItem Value="选项值 2" Selected="True|False">选项文字 2</asp: ListItem >
…
</asp:DropDownList >
```

(2) DropDownList 控件常用属性如表 6-11 所示。

表 6-11　DropDownList 控件常用属性

属　　性	说　　明
SelectedIndex	该属性获取或设置一个数，指定 DropDownList 控件的当前所选项。默认值是 0，表示选择的是 DropDownList 控件中的第一项

需要注意，从 WebControl 类继承的某些属性不适用于 DropDownList 控件，如 BorderColor、BorderStyle、BorderWidth 和 ToolTip。

2. ListBox 控件

ListBox(列表框)控件显示一个项目列表。ListBox 控件本质上是 CheckBoxList 和 DropDownList 控件的结合。ListBox 控件允许单个或多个选择，允许以编程的方式完成数据绑定。

(1) ListBox 控件语法如下：

```
<asp:ListBox ID="控件名称" SeletionMode="Single|Multiple" Rows="整数"
    AutoPostBack="True|False" DataSource= "数据源名称"
    DataTextField="给列表项提供文本的字段名称"
    DataValueField="给列表项提供值的字段名称"
    OnSelectedIndexChanged="改变选择时触发的事件名称" runat="server">
    <asp: ListItem value="选项值1" selected="True|False">选项文字1</asp: ListItem >
    <asp: ListItem value="选项值2" selected="True|False">选项文字2</asp: ListItem >
…
</asp:ListBox>
```

(2) ListBox 控件常用属性如表 6-12 所示。

表 6-12　ListBox 控件常用属性

属　性	说　明
Rows	此属性获取或设置可以在 ListBox 控件中显示的行数(1～2000)。默认值是 4
SeletionMode	该属性确定 ListBox 控件的选择模式，可能是 Single 或 Multiple。默认值是 Single。其中，Single 指定一次仅可选择一项；Multiple 指定通过使用 Ctrl 键，用户可以选择多项

3. BulletedList 控件

BulletedList 控件是一个能在网页上创建一个无序或有序(编号)的项列表的控件，分别呈现为 HTML 的<ul>和<ol>标记。BulletedList 控件中的每个项目都由 ListItem 元素来定义。此控件可以指定项、项目符号或编号的外观，可以静态定义列表项或通过将控件绑定到数据来定义列表项，也可以在用户单击项时作出响应。

(1) BulletedList 控件语法如下：

```
<asp:BulletedList ID="控件名称"
    BulletStyle="NotSet|Numbered|LowerAlpha|UpperAlpha|LowerRoman|UpperRoman|
    Disc|Circle|Square|CustomImage"
    DisplayMode="Text|HyperLink|LinkButton" runat="server">
    <asp:ListItem Enabled="True|False" Selected="True|False" Text="该项的显
示文本" Value="该项的值"/>
  </asp:BulletedList>
```

（2）BulletedList 控件常用属性如表 6-13 所示。

表 6-13　BulletedList 控件常用属性

属　　性	说　　明
BulletImageUrl	设置定制的列表项目图形符号的 URL。其值类型为"uri"，在"BulletStyle"为"CustomImage"时使用
BulletStyle	设置项目符号列表样式值
DisplayMode	设置被显示的列表的类型
FirstBulletNumber	设置在有序列表中列表项目的起始数字，属性值类型为"int"
Target	设置在何处打开目标 URL。属性值可为"string|_blank|_parent|_search|_self|_top"
Items	列表中项的集合，对应 System.Web.UI.WebControls.ListItem 对象集合

BulletStyle 属性项目符号编号样式值，对应 System.Web.UI.WebControls.BulletStyle 枚举类型值。共有以下 10 种选择项：

① Circle：表示项目符号编号样式设置为空圆圈"○"。

② CustomImage：表示项目符号编号样式设置为自定义图片，其图片由 BulletImageUrl 属性指定。

③ Disc：表示项目符号编号样式设置为实圆圈"●"。

④ LowerAlpha：表示项目符号编号样式设置为小写字母格式，如 a、b、c、d 等。

⑤ LowerRoman：表示项目符号编号样式设置为小写罗马数字格式，如 i、ii、iii、iv 等。

⑥ NotSet：表示不设置项目符号编号样式。此时将以 Disc 样式为默认样式显示。

⑦ Numbered：表示设置项目符号编号样式为数字格式，如 1、2、3、4 等。

⑧ Square：表示设置项目符号编号样式为实体黑方块"■"。

⑨ UpperAlpha：表示设置项目符号编号样式为大写字母格式，如 A、B、C、D 等。

⑩ UpperRoman：表示设置项目符号编号样式为大写罗马数字格式，如 I、II、III、IV 等。

DisplayMode 属性设置被显示的列表的类型，对应 System.Web.UI.WebControls.BulletedListDisplayMode。其共有以下 3 种选择项：

① Text：表示以纯文本形式来表现项目列表。

② HyperLink：表示以超链接形式来表现项目列表。链接文字为某个具体项 ListItem 的 Text 属性，链接目标为 ListItem 的 Value 属性。

③ LinkButton：表示以服务器控件 LinkButton 形式来表现项目列表。此时每个 ListItem 项都将表现为 LinkButton，同时以 Click 事件回发到服务器端进行相应操作。

Items 属性对应 System.Web.UI.WebControls.ListItem 对象集合。项目符号编号列表中的每一个项均对应一个 ListItem 对象。ListItem 对象有 4 个主要属性：

① Enabled：该项是否处于激活状态。默认为 True。

② Selected：该项是否处于选定状态。默认为 True。

③ Text：该项的显示文本。

④ Value：该项的值。

（3）BulletedList 控件常用事件：Click 事件。当 BulletedList 控件的 DisplayMode 处于

LinkButton 模式下，并且 BulletedList 控件中的某项被点击时触发此事件。触发时将被点击项在所有项目列表中的索引号(从 0 开始)作为传回参数传回服务器端。

6.3.8　Literal 和 Panel 控件

这两种控件都可作为容器控件，但二者的使用场合不同。

1.　Literal 控件

Literal 控件可以作为页面上其他内容的容器，常用于向页面中动态添加内容，可以在网页上保留要显示文字的位置。如果要向网页添加静态文本，可以直接将标记添加到页面中，不需要容器。如果需要向网页添加动态文本，则必须将内容添加到容器中，较常用的容器有 Label 控件、Literal 控件、Panel 控件和 PlaceHolder 控件。

(1) Literal 控件语法如下：

格式一：

```
<asp:Literal ID="控件名称" Text="Literal 控件的文本内容" runat="server">
```

格式二：

```
<asp:Literal ID="控件名称"runat="server"> Literal 控件的文本内容 </asp:Literal>
```

(2) Literal 控件常用属性如表 6-14 所示。

表 6-14　Literal 控件常用属性

属性	说　　明
Text	得到或设置 Literal 控件的文本内容。属性值类型为"string"
Mode	该属性用于指定控件对用户所添加的标记的处理方式。Mode 属性值为"Encode|Transform|PassThrough" Encode：使用 HtmlEncode 方法将添加到控件中的任何标记进行编码，即将 HTML 编码转换为其文本表示形式。例如，<b>标记将呈现<b>。编码对于安全很有用，对防止在浏览器中执行恶意标记，显示来自不受信任的源的字符串时可以使用此设置 Transform：将对添加到控件中的任何标记进行转换，来适应请求浏览器的协议。如果需要向使用 HTML 外的其他协议的移动设备呈现内容，此设置将非常有用。Transform 会考虑到根据需要包含或删除元素。如果 Literal 控件在支持 HTML 或 XHTML 的浏览器上呈现，则不会修改该控件的内容。否则，将从控件的内容中移除不受支持的标记语言元素 PassThrough：添加控件中的任何标记都按原样呈现在浏览器中

(3) Literal 控件和 Label 控件比较。

Literal 控件类似 Label 控件，二者相同之处是，都是用来呈现文字的；不同之处是，Label 控件呈现一个<span>元素，而 Literal 控件不向文本中添加任何 HTML 元素，因此，Literal 控件不允许向其内容应用样式。例如，Label 控件通过在文本的外部加上<span>元素来改变输出：

```
<span ID="Label1">He is a student</span>
```

Literal 控件只输出文本，不输出<span>元素。当需要控件和文本直接呈现在网页中而不使用任何附加标记时，可使用 Literal 控件。

Mode 属性用来指定控件对用户所添加标记的处理方式。如果不对 Mode 属性进行设置，把一些 HTML 代码(如<b> He is a student </b>)放在输出的字符串中，Literal 控件就输出这些 HTML 代码，所用的浏览器会把文本显示为粗体。

例如：

```
<asp:Literal ID="Literal1" runat="server"
   Text="<b> He is a student </b>"></asp:Literal>
```

显示为粗体：

He is a student

如果将 Mode 属性设置为 Mode="Encode"，如下所示：

```
<asp:Literal Id="Literal1" runat="server" Mode="Encode"
   Text="<b> He is a student </b>"></asp:Literal>
```

则不是把文本转换为粗体，而是显示<b>元素：

```
<b> He is a student </b>
```

注意：一般在需要动态输出文本时，才考虑使用 Label 或 Literal 控件。如果输入的文本内容不需要改变，直接在设计视图中输入静态文本即可。

2. Panel 控件

Panel 控件用作其他控件的容器，对应于 HTML<div>元素。Panel 控件可以用作静态文本和其他文本的父控件，可以向 Panel 控件添加其他控件和静态文本。

(1) Panel 控件语法如下：

```
<asp:Panel ID="控件名称" BackImageUrl="背景图像文件的路径"
   HorizontalAlign=" NotSet |Center|Left|Right|Justify " Wrap="True|False"
   Visible="True|False" runat="server" >
   其他控件
</asp:Panel>
```

(2) Panel 控件常用属性如表 6-15 所示。

表 6-15　Panel 控件常用属性

属　　性	说　　明
BackImageUrl	得到或设置背景图像的 URL，属性值类型为"uri"
DefaultButton	规定 Panel 控件中默认按钮的 ID，属性值类型为"string"
Direction	规定 Panel 控件的内容显示方向，属性值为"NotSet|LeftToRight|RightToLeft"
GroupingText	规定 Panel 控件中控件组的标题，属性值类型为"string"
HorizontalAlign	得到或设置 Panel 控件内容的水平对齐方式，属性值为"NotSet|Left|Center|Right|Justify"，默认为 NotSet
ScrollBars	规定 Panel 中滚动栏的位置和可见性。属性值为"None|Horizontal|Vertical|Both|Auto"
Wrap	得到或设置一个布尔值，确定内容是否在其界限内折行，属性值为"True|False"，默认值为 True

6.3.9 MultiView 和 View 控件

MultiView 和 View 控件可以制作出选项卡的效果，View(选项卡)控件可包含标记和控件的任何组合(如按钮和文本框)。MultiView 控件是一个或多个 View 控件的容器，在一个 MultiView 控件中，可以放置多个 View 控件，用户单击某一个选项卡，可以显示相应的内容。MultiView 控件一次显示一个 View 控件，而且公开该 View 控件内的标记和控件。

无论是 MultiView 控件还是 View 控件，都不会在 HTML 页面中呈现任何标记。

1. MultiView 和 View 控件语法

在一个 MultiView 控件中放置两个 View 控件语法如下：

```
<asp:MultiView ID="MultiView 控件名称" runat="server" ActiveViewIndex="当前
被激活显示的 View 控件的索引值"
    <asp:View ID="第一个 View 控件名称" runat="server">
    </asp:View>
    <asp:View ID="第二个 View 控件名称" runat="server">
    </asp:View>
</asp:MultiView>
```

2. MultiView 控件常用属性

MultiView 控件常用属性如表 6-16 所示。

表 6-16　MultiView 控件常用属性

属　　性	说　　明
ActiveViewIndex	此属性用于获取或设置当前被激活显示的 View 控件的索引值。属性值类型为"int"，默认值为-1，表示没有 View 控件被激活

3. MultiView 和 View 控件常用事件和方法

ActiveViewChanged 事件，当试图切换时被激发。

SetActiveView 方法，用于激活显示特定的 View 控件。

6.3.10 FileUpload 控件

FileUpload(文件上传)控件显示一个文本框控件和一个浏览按钮，使用户可以选择客户端上的文件并将它上载到 Web 服务器。用户通过在控件的文本框中输入本地计算机上文件的完整路径(如 C:\MyFiles\TestFile.txt)来指定要上载的文件。用户也可以通过单击【浏览】按钮，然后在"选择文件"对话框中定位文件来选择文件。

FileUpload 控件设计为仅用于部分页面呈现期间的回发情况，并不用于异步回发情况。在 UpdatePanel 控件内部使用 FileUpload 控件时，必须通过一个控件来上载文件，该控件是面板的一个 PostBackTrigger 对象。UpdatePanel 控件用于更新页面的选定区域而不是使用回发更新整个页面。

1. FileUpload 控件语法

```
<asp:FileUpload ID="FileUpload1" runat="server" />
```

2. FileUpload 控件常用属性

除了从 WebControl 类继承的标准属性，FileUpload 控件还有自身的一些属性。该控件常用属性如表 6-17 所示。

表 6-17　FileUpload 控件常用属性

属　　性	说　　明
FileBytes	上传的文件内容的字节数组表示形式，属性值类型为"byte []"
FileContent	返回一个指向上传文件的流对象，属性值类型为"stream"
FileName	返回要上传文件的名称，不包含路径信息，属性值类型为"string"
HasFile	如果是 True，则表示该控件有文件要上传，属性值类型为"bool"
PostedFile	返回已经上传文件的引用，属性值类型为"HttpPostedFile"

HttpPostedFile 对象提供了对已上传文件的单独访问。它的常用属性如表 6-18 所示。

表 6-18　HttpPostedFile 常用属性

属　　性	说　　明
ContentLength	返回上传文件的按字节表示的文件大小，属性值类型为"int"
ContentType	返回上传文件的 MIME 内容类型，属性值类型为"string"
FileName	返回文件在客户端的完全限定名，属性值类型为"string"
InputStream	返回一个指向上传文件的流对象，属性值类型为"stream"

3. FileUpload 控件常用方法

该控件常用方法是 SaveAs( )方法，将要上传的文件保存到服务器的指定文件路径中。

【例 6.4】建立一个文件上传网页，运行界面如图 6.7 所示，单击【浏览】按钮可以选择要上传的文件。要求上传的文件，类型只能是".doc、.docx 或.wps"，大小不能超过 6MB，单击【文件上传】按钮，则文件上传，在 Label 控件处显示相应的提示信息。

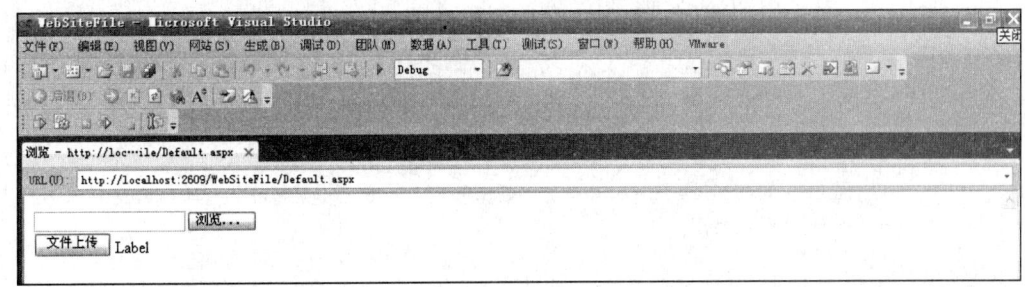

图 6.7　文件上传网页运行界面

步骤如下：
(1) 建立名称为"WebSiteFile"的网站。
(2) 建立一个文件夹"Files"。
(3) 添加名称为"Default.aspx"的 Web 窗体，勾选【将代码放在单独的文件中】复选框。

(4) 在"Default.aspx"中添加控件。从工具箱中分别拖动 FileUpload 控件、Button 控件、Label 控件到"Default.aspx"。然后修改各控件的属性，完成后的源代码如下：

```
<%@ Page Language="C#" AutoEventWireup="true" CodeFile="Default.aspx.cs"
Inherits="_Default" %>
<!DOCTYPE html PUBLIC "-//W3C//DTD XHTML 1.0 Transitional//EN" "http://www.
w3.org/TR/xhtml1/DTD/xhtml1-transitional.dtd">
<html xmlns="http://www.w3.org/1999/xhtml">
<head runat="server">
    <title></title>
</head>
<body>
    <form id="form1" runat="server">
    <div>
        <asp:FileUpload ID="FileUpload1" runat="server" />
        <br />
        <asp:Button ID="btnFileUpload" runat="server"
        onclick="btnFileUpload_click" Text="文件上传"  />
        <asp:Label ID="LabelMessage" runat="server" Text="Label"></asp:Label>
        <br />
    </div>
    </form>
</body>
</html>
```

(5) 编写"Default.aspx.cs"中的代码。主要代码如下：

```
public partial class _Default : System.Web.UI.Page
{
    protected void btnFileUpload_click(object sender, EventArgs e)
    {
        if (FileUpload1.HasFile)
        {
            //通过文件扩展名判断文件类型
            string fileExtention = System.IO.Path.GetExtension(FileUpload1.
FileName);
            if (fileExtention !=".doc" && fileExtention !=".docx" && fileExtention!=
".wps")
            {
              LabelMessage.Text = "文件类型错误！上传文件类型应为：doc、docx 或 wps";
                return;
            }
            //控制上传文件大小,判断文件是否小于 6MB,1024*1024*6=6291456=6MB
            if (FileUpload1.PostedFile.ContentLength < 6291456)
            {
                try
                {
                    //上传文件并指定上传目录的路径
                    FileUpload1.PostedFile.SaveAs(Server.MapPath("~/Files/")
                    + FileUpload1.FileName);
```

```
                LabelMessage.Text = "上传成功";
            }
            catch (Exception ex)
            {
                LabelMessage.Text = "上传失败,请重新上传";
            }
        }
        else
        {
            LabelMessage.Text = "上传文件不大于6MB";
        }
    }
    else
    {
        LabelMessage.Text = "未选择上传文件";
    }
  }
}
```

(6) 运行文件上传网页。右击【解决方案资源管理器】中的 "Default.aspx",选择【在浏览器中查看】选项,就可以看到如图 6.7 所示的运行界面,这样,就可以进行相应的文件上传的操作。

6.3.11　Calendar 控件

Calendar(日历)控件用于在浏览器中显示日历。该控件可显示某个月的日历,允许用户选择日期,也可以跳到前一个或下一个月。Calendar 控件是一个相当复杂的控件,具有大量的编程和格式设置选项。

1. Calendar 控件语法

```
<asp:Calendar ID="控件名称" runat="server"> </asp:Calendar>
```

2. Calendar 控件常用属性

表 6-19 所示为 Calendar 控件常用属性。

表 6-19　Calendar 控件常用属性

属　　性	说　　明
DayHeaderStyle	显示一周中某天的名称的样式
DayStyle	显示日期的样式
NextPrevStyle	显示上一月和下一月链接的样式
OtherMonthDayStyle	显示不在当前月中的日期的样式
SelectedDayStyle	选定日期的样式
SelectorStyle	月份和周的选择链接的样式
ShowDayHeader	布尔值,规定是否显示一周中各天的标头
ShowGridLines	布尔值,规定是否显示日期之间的网格线
ShowNextPrevMonth	布尔值,规定是否显示下一月和上一月链接

续表

属　　性	说　　明
ShowTitle	布尔值，规定是否显示日期的标题
TitleStyle	表示日期标题的样式
TodayDayStyle	表示当天日期的样式
WeekendDayStyle	表示周末的样式

3. Calendar 控件常用事件

Calendar 控件常用事件如表 6-20 所示。

表 6-20　Calendar 控件常用事件

名　　称	说　　明
DayRender	当为 Calendar 控件在控件层次结构中创建每一天时发生
SelectionChanged	当用户通过单击日期选择器控件选择一天、一周或整月时发生
VisibleMonthChanged	当用户单击标题标头上的上一月或下一月导航控件时发生

【例 6.5】设计如图 6.8 所示的网页，当单击【日历】时，弹出 Calendar 控件，选择日期后，Calendar 控件消失，并把选择的日期写入到【日历】前的 TextBox 控件中。

步骤如下：

(1) 建立一个名称为"WebSiteCalendar"的网站。

(2) 添加名称为"Calendar.aspx"的 Web 窗体，勾选【将代码放在单独的文件中】复选框。

(3) 在"Calendar aspx"中添加控件并编写代码。从工具箱中拖动 Panel 控件到"Calendar.aspx"，拖动 Calendar 控件到 Panel 控件，选择 Calendar 控件为【自动套用格式】中的【彩色型 2】，拖动 TextBox 控件到"Calendar.aspx"，拖动 LinkButton 控件到"Calendar.aspx"，设计视图如图 6.8 所示。设置 Panel 控件的属性 Visible="False"。单击【源】标签，切换到源视图，编写源代码，完成的源代码如下所示。

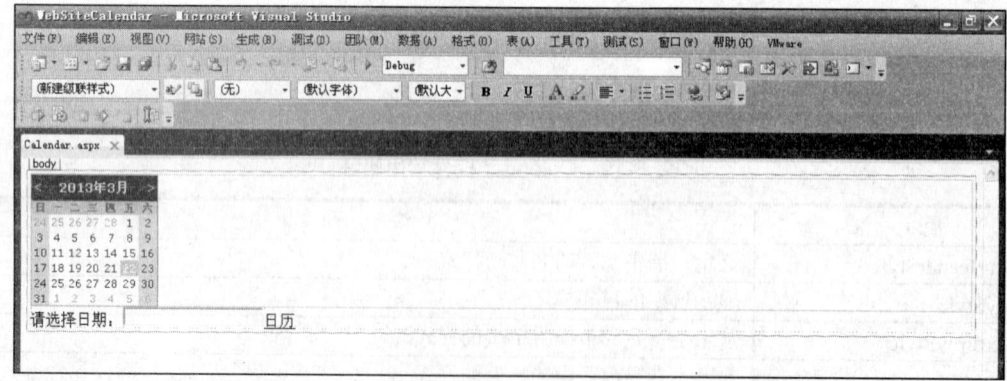

图 6.8　Calendar 控件选择日期网页的设计视图

```
<%@ Page Language="C#" AutoEventWireup="true" CodeFile="Calendar.aspx.cs"
Inherits="Calendar" %>
<!DOCTYPE html PUBLIC "-//W3C//DTD XHTML 1.0 Transitional//EN"
```

```
"http://www.w3.org/TR/xhtml1/DTD/xhtml1-transitional.dtd">
<html xmlns="http://www.w3.org/1999/xhtml">
<head runat="server">
<title></title>
</head>

<body>
    <form id="form1" runat="server">
    <div>
      <asp:Panel ID="PanelCalendar" runat="server" Visible="False">
          <asp:Calendar ID="Calendar1" runat="server"
    BackColor="White" BorderColor="#3366CC" BorderWidth="1px" CellPadding="1"
    DayNameFormat="Shortest" Font-Names="Verdana" Font-Size="8pt"
    ForeColor="#003399" Height="16px" Width="132px"
            onselectionchanged="Calendar1_SelectionChanged1">
            <DayHeaderStyle BackColor="#99CCCC" ForeColor="#336666" Height="1px" />
            <NextPrevStyle Font-Size="8pt" ForeColor="#CCCCFF" />
            <OtherMonthDayStyle ForeColor="#999999" />
            <SelectedDayStyle BackColor="#009999" Font-Bold="True" ForeColor="#CCFF99" />
            <SelectorStyle BackColor="#99CCCC" ForeColor="#336666" />
            <TitleStyle BackColor="#003399" BorderColor="#3366CC" BorderWidth="1px"
    Font-Bold="True" Font-Size="10pt" ForeColor="#CCCCFF" Height="25px" />
            <TodayDayStyle BackColor="#99CCCC" ForeColor="White" />
            <WeekendDayStyle BackColor="#CCCCFF" />
          </asp:Calendar>
        </asp:Panel>
        请选择日期: <asp:TextBox ID="TextBoxCalendar" runat="server"></asp:TextBox>
          <asp:LinkButton ID="LinkButtonCalendar" runat="server"
            onclick="LinkButtonCalendar_Click">日历</asp:LinkButton>
    </div>
    </form>
</body>
</html>
```

(4) 编写"Calendar.aspx.cs"中的代码。主要代码如下：

```
public partial class Calendar : System.Web.UI.Page
{
    protected void Calendar1_SelectionChanged1(object sender, EventArgs e)
    {
        TextBoxCalendar.Text = Calendar1.SelectedDate.ToShortDateString();
        PanelCalendar.Visible = false;        //选择后，隐藏日历窗口
    }
    protected void LinkButtonCalendar_Click(object sender, EventArgs e)
    {
        PanelCalendar.Visible = true;
    }
}
```

(5) 运行网页。右击【解决方案资源管理器】中的 "Calendar.aspx"，选择【在浏览器中查看】选项，当选择日期后，界面显示如图 6.9 所示。

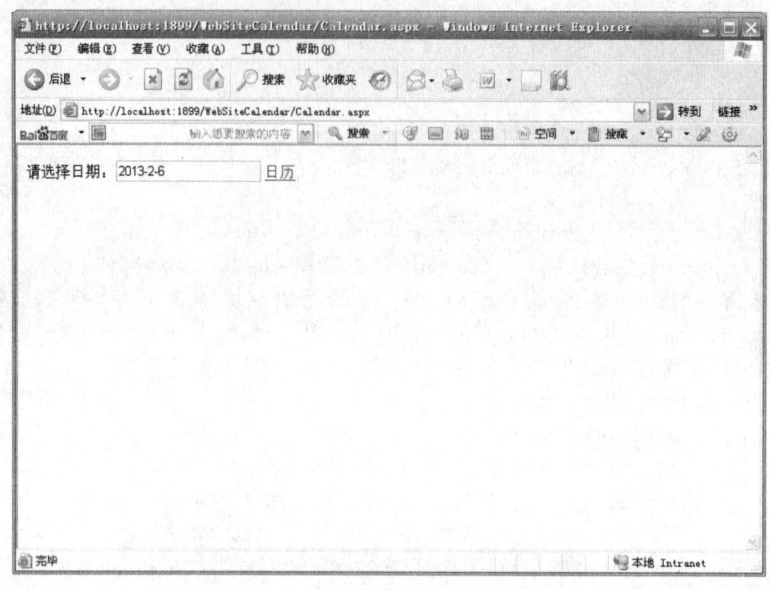

图 6.9   选择日期后运行的网页

6.4   验 证 控 件

当在创建交互式 Web 表单时，需要对用户输入的数据是否合法、是否有效进行验证，ASP.NET 封装了 6 个验证控件，能与 ASP.NET 网页上的任何控件(包括 HTML 和服务器控件)一起使用来处理常见的验证情况。表 6-21 所示为 ASP.NET 封装的 6 个验证控件。

表 6-21   ASP.NET 验证控件

验证类型	控件名称	说　　明
必选项	RequireFieldValidator	强制用户必须输入数据
与某值的比较	CompareValidator	用比较运算符(">"、"="等)将用户输入控件的值与另一个输入控件或一个固定的值进行比较
范围检查	RangeValidator	用来判断用户输入的值是否在某一特定范围内。可以检查数字对、字母对和日期对限制的范围
模式匹配	RegularExpressionValidator	用来检查输入的内容是否与正则表达式定义的模式匹配。可以用来检查可预知的字符序列，如电子邮件、身份证号码、电话号码、邮政编码等
用户定义	CustomValidator	使用用户自己编写的验证逻辑检查用户输入。该控件可检查运行时派生的值。在运行客户端 JavaScript 或 VBScript 函数时，可以使用此控件
验证汇总	ValidationSummary	显示所有当前验证错误的信息

6 个验证控件有一些共有的属性，如表 6-22 所示。

表 6-22　ASP.NET 验证控件共有属性

属　　性	说　　明
ControlToValidate	指定要验证的控件名
Enabled	指定是否进行验证，属性值为"True|False"，默认值为 True
IsValid	指示验证是否通过，只在编程时使用。属性值为"True|False"，通过为 True，不通过为 False
ErrorMessage	验证失败时，由 ValidationSummary 控件来显示的错误信息
Text	验证失败时，显示在该验证控件上的错误信息
Display	指定验证控件的内容显示方式。可取值如下： Dynamic：没有错误时，验证控件的内容不占据页面空间； Static：验证控件的内容一直占据页面空间； None：验证控件的内容不在控件的位置显示，错误信息在 ValidationSummary 控件显示

6.4.1　RequiredFieldValidator 控件

RequiredFieldValidator(必选项验证)控件用于使输入控件成为一个必选字段。此控件可以对文本框，单选按钮或多选框等控件输入的数据进行验证，检查用户是否输入了必须输入的数据(输入控件包含的值仍为初始值而未更改)，则验证失败，显示提示信息。默认情况下，初始值是空字符串("")。

在执行验证之前要移除输入值前后的多余空格。这样可防止在输入控件中输入的空格通过验证。

当输入控件具有默认值(如该默认值是对列表中选择项的说明)，不希望用户选择此默认值，而希望用户选择其他值时，可以通过设置 InitialValue 属性，将这一默认值设置为初始值。这样当用户选择此初始值，RequiredFieldValidator 控件将显示它的错误信息。

RequiredFieldValidator 控件语法如下：

```
<asp:RequiredFieldValidator ID="控件名称" ControlToValidate="被验证的控件的名称"
    ErrorMessage="错误发生时的提示信息"
    Display="Dynamic|Static|None" runat="server" />
```

RequiredFieldValidator 控件特殊属性如下：

InitialValue 属性规定输入控件的初始值(开始值)。默认是空字符串，当此属性设置为空字符串，则为非空验证，否则检测是否改变了输入值。

6.4.2　CompareValidator 控件

CompareValidator(比较验证)控件用于将用户输入的数据与已有数据进行比较，从而确保输入的值与指定值匹配。此控件可以用指定的比较运算符("＞"、"＜"、"="、"＜＞"、"＞="、"＜="等)将一个输入控件的值和另一个输入控件的值或常量值进行比较。也可以使用 CompareValidator 控件来判断用户输入的值是否可以转换为其 Type 属性所指定的数据类型。

CompareValidator 控件语法如下：

```
<asp:CompareValidator ID="控件名称"
    ControlToValidate="第一个被验证的控件的名称"
    ControlToCompare="第二个被验证的控件的名称"
    ValueToCompare="指定的数据值"
    Type="String|Integer|Date|Currency|Double"
    Operator="Equal|NotEqual|GreaterThan|GreaterThanEqual|LessThan|
LessThanEqual"
    ErrorMessage="错误发生时的提示信息"
    Display="Dynamic|Static|None" runat="server"/>
```

CompareValidator 控件特殊属性如下：

(1) ControlToValidate：要验证的控件 ID。

(2) ControlToCompare：要用来比较的控件 ID。

(3) ValueToCompare：要比较的值，优先级低于 ControlToCompare。

(4) Operator：比较操作符，见表 6-23 所示。

(5) Type：比较数据类型，主要有 Currency、Date、Integer、Double、String 等。

表 6-23   比较操作符

操作符	说　　明
DataTypeCheck	类型比较，判断是否与 Type 属性指定的类型匹配
Equal	等于
GreaterThan	大于
GreaterThanEqual	大于或等于
LessThan	小于
LessThanEqual	小于或等于
NotEqual	不等于

6.4.3　RangeValidator 控件

RangeValidator(范围验证)控件用来验证输入控件的值是否在指定的范围内。范围由最大值和最小值决定，最大值和最小值可以是常量，也可以是另一个控件的值。

RangeValidator 控件语法如下：

```
<asp:RangeValidator ID="控件名称" ControlToValidate="被验证的控件的名称"
    MinimumValue="最小值" MaximumValue="最大值"
    Type="String|Integer|Date|Currency|Double"
    ErrorMessage="错误发生时的提示信息"
    Display="Dynamic|Static|None" runat="server" />
```

RangeValidator 控件特殊属性如下：

(1) MaximumControl：验证范围最大值的控件 ID。

(2) MinimumControl：验证范围最小值的控件 ID。

(3) MaximumValue：指定输入控件的最大值。

(4) MinimumValue：指定输入控件的最小值。

(5) Type：指定比较之前将所比较的值转换到的数据类型。共有 5 个属性值：Currency、Date、Double、Integer、String。

注意：RangeValidator 控件只验证输入控件中的值，对于空输入并不处理，如果输入值范围和空输入都需要验证，则必须对一个输入控件同时使用 RangeValidator 控件和 RequiredFieldValidator 控件进行双重验证。

6.4.4 RegularExpressionValidator 控件

RegularExpressionValidator(正则表达式验证)控件可以对复杂的文本值进行验证。RegularExpressionValidator 控件用于验证指定输入控件的输入是否匹配正则表达式指定的模式。这类验证允许用户检查可预知的字符序列，例如，身份证号码、电子邮件地址、电话号码、邮政编码等字符序列。除了浏览器不支持客户端验证，或者已经明确禁止客户端验证(将 EnableClientScript 属性设置为 False)这两种情况，RegularExpressionValidator 控件将同时执行服务器端验证和客户端验证。

正则表达式(RegularExpression)就是由普通字符(如字符 a～z)以及特殊字符(称为元字符)组成的文字模式。该模式描述在查找文字主体时待匹配的一个或多个字符串。正则表达式作为一个模板，将某个字符模式与所搜索的字符串进行匹配。客户端的正则表达式验证实现与服务器端的略有不同。在客户端，使用的是 JScript 正则表达式语法。

在书写正则表达式的模式时，常用的符号如表 6-24 所示。

表 6-24 正则表达式模式常用符号

符　号	说　明
[.]	匹配括号中的任何一个字符。例如，"[ab]" 匹配"day"中的"a"，又如"[a-z]"匹配"a"与"z"之间的任何一个小写字母字符
[^]	匹配不在括号中的任何一个字符。例如，"[ab]"可以匹配"day"中的"d"，又如"[n-z]"与不在"n"到"z"之间的任何字符匹配
{n,m}	最少匹配前面表达式 n 次，最大为 m 次，m 和 n 为非负的整数。例如，"o{1,3}" 匹配"wooood"中前 3 个 o，"o{0,1}"等价于"o?"
{n,}	最少匹配前面表达式 n 次，n 为非负的整数。例如，"o{2,}"不匹配" boy "中的"o"，但是匹配"wooood"中所有的 o，"o{1,}"等价于"o+"，"o{0,}"等价于"o*"
{n}	恰恰匹配前面表达式 n 次，n 为非负的整数。例如，"o{2}" 不能与 "boy" 中的 "o" 匹配，但是可以与"wooood"中的前两个 "o" 匹配
\	转义符，将下一个字符标记为特殊字符或字面值。例如，"\n"与换行符匹配
?	零次或一次匹配前面的字符或子表达式。等效于 {0,1}。例如，"n?pl?"可以匹配"apple"中的"pl"
.	匹配换行符以外的任何字符
+	一次或多次匹配前面的字符或子表达式，等效于 {1,}。例如，"to+"可以匹配"too"，但不匹配"t"
*	零次或多次匹配前面的字符或子表达式，等效于 {0,}。例如，"to*"可以匹配"t"、"too"
		匹配前面表达式或后面表达式。例如，"A|B"，可以匹配"A"或"B"

续表

符　号	说　明
(?:)	用于判断用户输入是否符合其括号中指定的字符串，常与"|"格式符号结合使用。例如，"stor(?:y|ies)"与"story| stories"等价
( )	用于分组，标记一个子表达式的开始和结束位置
^	匹配字符串的开头或取补集。例如，[^a]表示除了 a 之外的字符集，当^位于[]之中才做此用途；^abc 表示希望匹配的字符串以 abc 开头
$	匹配字符串的结尾
\f	与分页符匹配
\n	与换行符匹配
\r	与回车符匹配
\t	与制表符匹配
\v	与垂直制表符匹配
\w	与任何单词字符匹配，包括下划线，等价于"[A-Za-z0-9_]"
\W	与任何非单词字符匹配，等价于"[^A-Za-z0-9_]"
\s	匹配任何一个空白字符，包括空格、制表符、分页符等，等价于"[\f\n\r\t\v]"
\S	与任何非空白的字符匹配，等价于"[^ \f\n\r\t\v]"
\d	与一个数字字符匹配，等价于[0-9]
\D	与非数字的字符匹配。等价于[^0-9]
\b	匹配字符边界，即单词与空格之间的位置。例如，"er\b"与"ever"中的"er"匹配，但是不匹配"very"中的"er"
\B	匹配非字符边界的某个位置。例如，"ea*r\B"与"never early"中的"ear"匹配

在实际应用中，正则表达式中的字符一般结合使用，例如：

[A-Za-z0-9]{6,20}表示必须输入 6～20 个数字或大小写英文字符；

[^0-9]{4,6}表示必须输入 4～6 个除 0～9 之外的字符；

[0-9]+表示至少输入一个 0～9 数字；

[0-9]*表示可以不输入或者输入多个 0～9 数字。

Visual Studio 2010 为用户提供了一些常用的正则表达式，在 Visual Studio 2010 中，右击 RegularExpressionValidator 控件，选择【属性】选项，单击【ValidationExpression】属性空白处，弹出…按钮，单击后弹出如图 6.10 所示的【正则表达式编辑器】对话框。

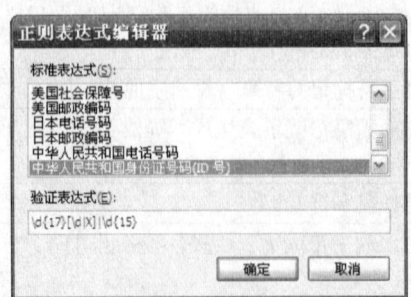

图 6.10　使用正则表达式编辑器来设置 ValidationExpression 属性

从列表中单击某一项,则在后面的验证表达式中会自动显示验证所需要的正则表达式,单击【确定】按钮,就设置好了【ValidationExpression】属性。通过这种方式能够进行设置的有 Internet URL、Internet 电子邮件地址、德国电话号码、德国邮政编码、法国电话号码、法国邮政编码、美国电话号码、美国社会保障号、美国邮政编码、日本电话号码、日本邮政编码、中华人民共和国电话号码、中华人民共和国身份证号码(ID 号)、中华人民共和国邮政编码。

RegularExpressionValidator 控件语法如下:

```
<asp:RegularExpressionValidator ID="控件名称" ControlToValidate="被验证的控件的名称" ValidationExpression="正则表达式"
    ErrorMessage="错误发生时的提示信息"
    Display="Dynamic|Static|None" runat="server"/>
```

RegularExpressionValidator 控件特殊属性如下:

(1) ControlToValidate:要验证的控件的 ID。

(2) ValidationExpression:规定验证输入控件的正则表达式。在客户端和服务器上,表达式的语法是不同的。

注意:如果输入控件为空,验证将失败。请使用 RequiredFieldValidator 控件,使字段成为必选字段。

6.4.5　CustomValidator 控件

CustomValidator(用户定义验证)控件可对输入控件执行用户定义的验证。当 ASP.NET 所提供的验证控件无法对所输入数据进行验证时,用户可以通过 CustomValidator 控件用自定义的验证代码进行验证。该控件可在客户机端或服务器端完成验证。

CustomValidator 控件语法如下:

```
<asp:CustomValidator ID="控件名称" runat="Server"
    ControlToValidate="要验证的控件名称"
    OnServerValidate="自定义的验证程序"
    ErrorMessage="所要显示的错误信息"
    Text="未通过验证时所显示的信息"/>
```

CustomValidator 控件特殊属性如下:

(1) OnServerValidate:规定被执行的服务器端验证脚本函数的名称。

(2) ClientValidationFunction:规定用于验证的自定义客户端脚本函数的名称。

注意:脚本必须用浏览器支持的语言编写,如 VBScript 或 JScript。

使用 VBScript,函数必须位于表单中:

```
Sub FunctionName (source, arguments)
```

使用 JScript,函数必须位于表单中:

```
Function FunctionName(source,arguments)
```

6.4.6　ValidationSummary 控件

ValidationSummary(验证汇总)控件用来集中显示页面其他验证控件产生的错误信息(由每个验证控件的 ErrorMessage 属性定义的值)，并在页面中用列表、项目符号或单个段落的形式来显示这些错误信息，也可以使验证信息不在页面中显示，而只显示在浏览器的一个 Alert 对话框中。

ValidationSummary 控件语法如下：

```
<asp:ValidationSummary ID="控件名称" HeaderText="标题文字"
    DisplayMode="List|ButtetList|SingleParagraph " runat="server" />
```

ValidationSummary 控件特殊属性如下：

(1) HeaderText：显示在验证摘要顶部的文本标题。

(2) ShowSummary：指定验证摘要是否直接插入页面显示，默认为 true。

(3) ShowMessageBox：指定是否弹出消息框显示，默认为 false。

(4) DisplayMode：验证摘要的显示模式。

6.5　导　航　控　件

网站的用户如果从一个页面导航到另一个页面，可以通过 HTML 超链接(或 HyperLink 控件)来实现；如果在某个事件的响应中执行页面导航功能，可以使用 Response.Redirect( ) 方法或 Server.Transfer( )方法来实现。但对于一个大型的企业级网站，可能拥有成百上千个网页，这样就需要一个更加强大的导航系统，使用户可以方便地浏览不同的网页。ASP.NET 提供了网站导航系统，大大地减少了网站开发人员编程的工作量。ASP.NET 的导航系统主要由下面 3 个组件组成：

一个用以定义网站导航结构的方法，该组件是 XML 格式的站点地图。

一个便捷的方法，从站点地图文件中读取信息，并将其转换为一个对象模型。该组件的功能由 SiteMapDataSouce 控件和 XmlSiteMapProvider 类提供。

一个显示网站地图信息的方法，用以显示用户在站点地图中的当前位置，并使用户能够轻松地从一个页面跳转到另一个页面。该组件的功能由绑定到 SiteMapDataSource 控件的 ASP.NET 导航控件来实现。这些导航控件包括 SiteMapPath、Menu 和 TreeView。

6.5.1　站点地图

站点地图(SiteMap)主要为站点导航控件提供站点层次结构信息，它的扩展名是.sitemap，默认名为 Web.sitemap。只有保持默认名称的站点地图才能被自动加载，而且必须出现在网站根目录中。站点地图描述站点的逻辑结构。当需要添加或移除页面时，只需要修改站点地图，而不需要修改所有网页的超链接就能够改变页面导航。

如果所设计的是一个简单站点，可以将站点地图放在应用的根目录。利用文本编辑器就可以很容易地创建该文件。如果使用 Visual Studio 2010，可以通过右击网站，选择【添加新项】选项，选择模板中的【Visual C#】→【站点地图】来创建站点地图。

XmlSiteMapProivder 类称为站点地图提供者的提供者类，它将查找位于应用程序根目录中的 Web.sitemap 文件，提取该文件中的站点地图数据并创建相应的 SiteMap 对象。SiteMapDataSouce 使用这些 SiteMap 对象向导航控件提供导航信息。由此可知，Web.sitemap 不能改为其他的名字，且必须位于应用程序的根目录下，如果想要具有其他命名或想从其他位置获取站点地图数据，可以创建自定义的站点地图提供者类。将导航控件的 DataSourceID 属性设置为相应 SiteMapDataSource 的名称就可以将一个导航控件连接到 SiteMapDataSource。

站点地图必须遵循的原则：①必须以一个<sitemap>元素开始；②每一个 Web 页面使用一个<siteMapNode>元素来表示，并且站点地图必须包含在一个<siteMapNode>根元素中；③在一个<siteMapNode>元素中可以包含多个<siteMapNode>元素；④不允许出现重复的 URL。

<siteMapNode>元素的属性如表 6-25 所示。

表 6-25　<siteMapNode>元素的属性

属　　性	说　　明
title	提供链接的文本描述
description	首先说明该链接的作用，其次还用于链接上的 ToolTip 属性。该属性是客户端用户把光标停留在链接上几秒后显示的信息
url	描述文件在网站中的位置。如果文件在根目录下，使用文件名，如"~/Default.aspx"；如果文件位于子文件夹下，则在此属性值中包含该文件夹，如"stu/stu.aspx"

6.5.2　SiteMapPath 控件

SiteMapPath 控件提供一个面包条(Breadcrumb)，它是一行文本，显示用户当前在网站结构中的位置。该控件显示了站点地图中从根节点到当前页面的节点的完整路径。与其他导航控件的不同之处是，SiteMapPath 控件仅对向上返回到上一层级有用。

SiteMapPath 控件直接使用站点地图数据。只有在站点地图中列出的页面才能在 SiteMapPath 控件中显示导航数据。另外，只有将 SiteMapPath 控件放置在站点地图列出的页面上，SiteMapPath 控件才能显示出相应的页面，如果将 SiteMapPath 控件放置在站点地图未列出的页面上，SiteMapPath 控件不会向客户端显示任何信息。

SiteMapPath 控件的使用分两步：①添加站点地图 Web.sitemap；②向 Web.sitemap 列出的页面中拖入一个 SiteMapPath 控件。

SiteMapPath 控件常用属性如表 6-26 所示。

表 6-26　SiteMapPath 控件常用属性

属　　性	说　　明
PathSeparator	获取或设置一个字符串，该字符串在呈现的导航路径中分隔 SiteMapPath 节点。默认值是">"
PathDirection	获取或设置导航路径节点的呈现顺序，有 RootToCurrent 和 CurrentToRoot 两个属性值
ParentLevelsDisplayed	获取或设置控件显示的相对于当前显示节点的父节点级别数。默认值是 -1，表示没有限制

【例 6.6】要求利用站点地图和 SiteMapPath 控件实现导航，具体要求为创建如图 6.11 所示的站点地图，并利用 SiteMapPath 控件实现自动导航。

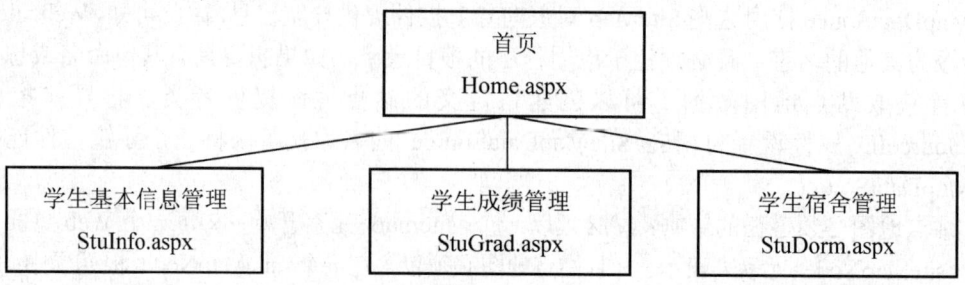

图 6.11　学生管理系统网站的逻辑结构

设计步骤如下：

(1) 建立名称为"WebSiteNavigation"的网站。

(2) 建立站点地图。右击网站"WebSiteNavigation"，选择【添加新项】选项，选择模板中的【Visual C#】→【站点地图】，【名称】为"Web.sitemap"，单击【添加】按钮，则建立"Web.sitemap"站点地图。

"Web.sitemap"的代码如下：

```xml
<?xml version="1.0" encoding="utf-8" ?>
<siteMap xmlns="http://schemas.microsoft.com/AspNet/SiteMap-File-1.0" >
    <siteMapNode url="" title="" description="">
      <siteMapNode url="" title="" description="" />
      <siteMapNode url="" title="" description="" />
    </siteMapNode>
</siteMap>
```

将"Web.sitemap"的代码修改为：

```xml
<?xml version="1.0" encoding="utf-8" ?>
<siteMap xmlns="http://schemas.microsoft.com/AspNet/SiteMap-File-1.0" >
  <siteMapNode url="~/Home.aspx" title="首页" description="Home">
    <siteMapNode url="~/StuInfo.aspx" title="学生基本信息管理"
      description="单击此链接到学生基本信息管理">
      <siteMapNode url="~/StuGrad.aspx" title="学生成绩管理"
      description="单击此链接到学生成绩管理">
      <siteMapNode url="~/StuDorm.aspx" title="学生宿舍管理"
      description="单击此链接到学生宿舍管理"/>
      </siteMapNode>
    </siteMapNode>
  </siteMapNode>
</siteMap>
```

保存文件，则站点地图就建立好了。

　　注意： 在 "Web.sitemap" 代码中，url 的值中 "~/" 表示当前 Web 应用程序的根目录，url="~/Home.aspx"表示位于网站根目录中的 Home.aspx，采用 "~/" 不是必需的，但是建议使用。因为如果在 Web 应用程序中有多个 Home.aspx 分别存放在不同的文件夹中，那么写成 url="Home.aspx"，则当用户浏览某个子目录时，单击导航控件中指向 Home.aspx 页面的链接，ASP.NET 将在该子目录中查找 Home.aspx，而不在网站根目录中查找 Home.aspx。因为子目录中不存在 Home.aspx，所以会产生 "404 Not Found" 错误。<siteMapNode>元素以 "/>" 结尾，表示该元素是一个 "空元素"，也就是把元素的开始标记和结束标记写在一个标记中。空元素中不能再包含任何其他元素节点。

　　(3) 建立所用到的各个网页。右击网站 "WebSiteNavigation"，选择【添加新项】，选择模板中的【Visual C#】→【Web 窗体】，【名称】为 "Home.aspx"，勾选【将代码放在单独的文件中】复选框，单击【添加】按钮，则建立 "Home.aspx" 网页。同理，可分别建立 "StuInfo.aspx"、"StuGrad.aspx"、"StuDorm.aspx" 网页。

　　(4) 在建立的各个页面添加 SiteMapPath 控件。

　　双击【解决方案资源管理器】中网站 "WebSiteNavigation" 的 "Home.aspx" 网页，切换到 "Home.aspx" 的【设计】视图，拖动【工具箱】中导航控件中的一个 SiteMapPath 控件到 "Home.aspx" 网页。其设计视图如图 6.12 所示。用同样的方法分别在 "StuInfo.aspx"、"StuGrad.aspx"、"StuDorm.aspx" 拖动一个 "SiteMapPath" 控件，对应的设计视图分别如图 6.13～图 6.15 所示。

　　(5) 右击【解决方案资源管理器】中网站 "WebSiteNavigation"，选择【设为启动项目】选项，再右击 "StuDorm.aspx"，选择【设为起始页】选项，执行【调试】→【开始执行(不调试)】命令，则可看到 "学生管理系统" 的运行界面如图 6.16 所示。

　　在图 6.16 所示的运行界面中，分别单击【首页】、【学生基本信息管理】、【学生成绩管理】可分别打开相应的网页。

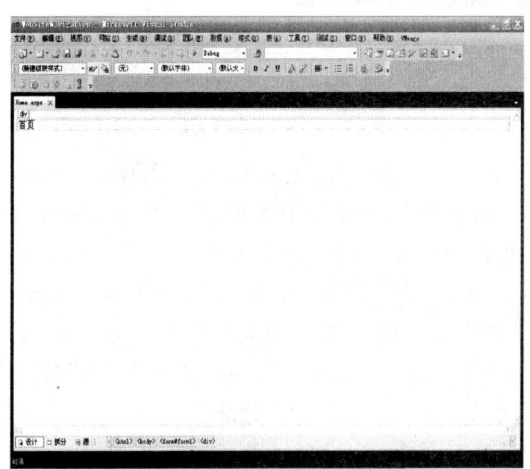

图 6.12　Home.aspx 设计视图

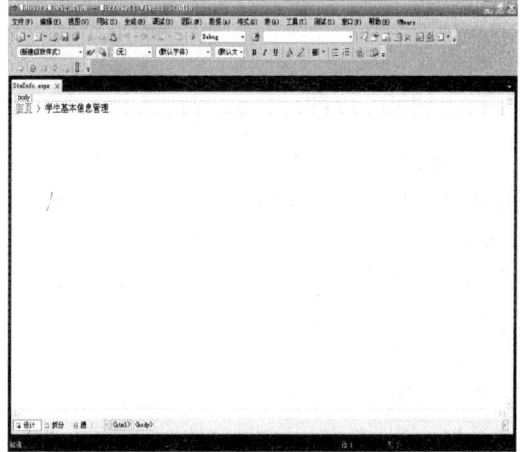

图 6.13　StuInfo.aspx 设计视图

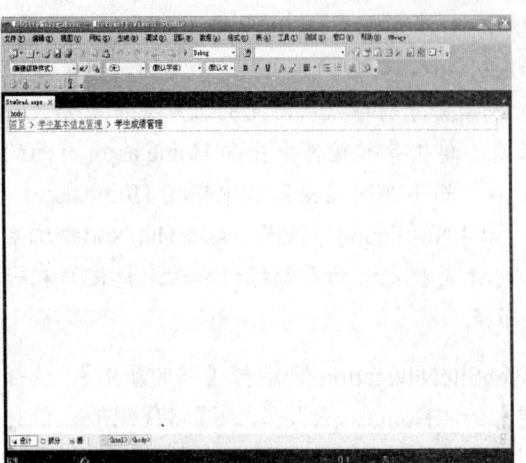 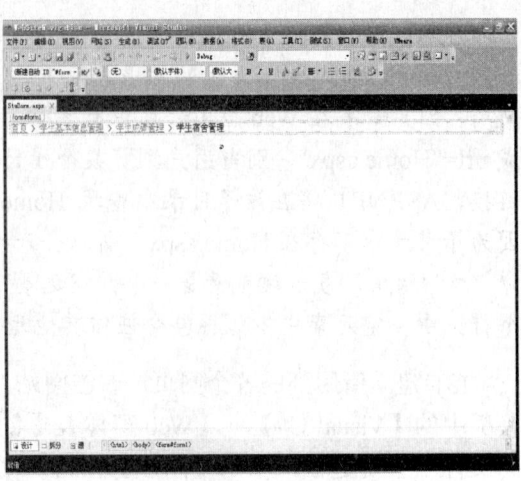

图 6.14　StuGrad.aspx 设计视图　　　　图 6.15　StuDorm.aspx 设计视图

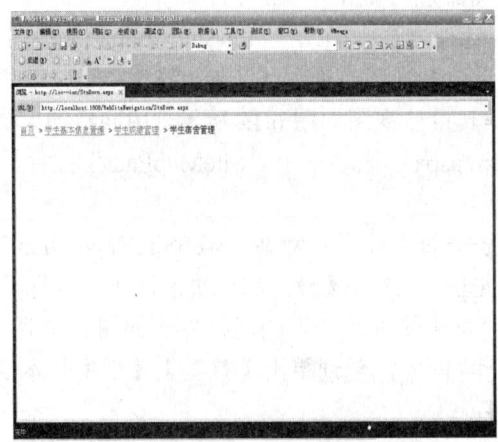

图 6.16　学生管理系统的运行界面

6.5.3　Menu 控件

Menu(菜单)控件是一个支持层次型数据的 Web 控件,它由 MenuItem(菜单项)控件组成,顶级(级别 0)菜单项称为根菜单项,具有父菜单项的菜单项称为子菜单项。通过 Menu 的 Items 属性可以表示内部的每个 MenuItem,通过 ChildItems 属性来表示菜单项下面的子菜单项。每个菜单项都具有 Text 属性和 Value 属性。Text 属性和 Value 属性的值分别是 Menu 控件上显示的值和菜单项的任何其他数据(如传递给与菜单项关联的回发事件的数据)。如果菜单项设置了 NavigateUrl 属性,则单击菜单项时,可以链接到 NavigateUrl 属性指定的网页,否则单击该菜单项时,Menu 控件只是将页提交给服务器进行处理。

Menu 控件可以绑定到某个数据源,也可以用手工方式使用 MenuItem 对象来填充 Menu 控件。可以将 Menu 控件绑定到任意分层数据源和 XmlDocument 对象。常用的分层数据源有站点地图和 XML 文件。可以通过将 Menu 控件的 DataSourceID 属性设置为数据源的 ID 值来实现绑定,例如,当与站点地图一起使用时,可以通过【数据源配置向导】对话框为数据源指定 ID,如果其 ID 为"SiteMapDataSource",将 Menu 控件的 DataSourceID 属性设置为 DataSourceID="SiteMapDataSource"即可。同理，也可以将 Menu 控件绑定到"XML
文件"数据源，可以将 Menu 控件的 DataSource 属性设置为 XmlDocument 对象数据源，然
后调用 DataBind 方法来实现与 XmlDocument 对象的绑定。

1. Menu 控件的语法

下面是只有一个菜单项的 Menu 控件的语法格式：

```
<asp:Menu ID="Menu1" Orientation=="Horizontal|Vertical" runat="server">
    <Items>
        <asp:MenuItem Text="Menu 控件上显示的文本"
            Value="菜单项的任何其他数据">
        </asp:MenuItem>
    </Items>
</asp:Menu>
```

在该语法格式中，若要创建子菜单项，则应在父菜单项的开始和结束标记
<asp:MenuItem>之间嵌套更多<asp:MenuItem>元素。

2. Menu 控件常用属性

Menu 控件的常用属性如表 6-27 所示。

表 6-27　Menu 控件常用属性

属　　性	说　　明
DisappearAfter	获取或设置鼠标指针不再置于菜单上后显示动态菜单的持续时间
Orientation	获取或设置 Menu 控件的呈现方向
StaticDisplayLevels	获取或设置静态菜单的菜单显示级别数
MaximumDynamicDisplayLevels	获取或设置动态菜单的菜单呈现级别数
SelectedValue	获取选择菜单项的值
SelectedItem	获取选择的菜单项

MenuItem 的常用属性如表 6-28 所示。

表 6-28　MenuItem 常用属性

属　　性	说　　明
Text	获取或设置 Menu 控件中显示的菜单项文本
Value	获取或设置一个非显示值，用于存储菜单项的任何其他数据，如用于处理回发事件的数据
NavigateUrl	获取或设置单击菜单项时要导航到的 URL
ImageUrl	获取或设置显示在菜单项文本旁的图像的 URL
PopOutImageUrl	获取或设置显示在菜单项中的图像的 URL，用于指示菜单项具有动态子菜单
Selectable	获取或设置一个值，用来指示 MenuItem 对象是否可选或可单击
Selected	获取或设置一个值，用来指示 Menu 控件的当前菜单项是否已被选中
Target	获取或设置用来显示菜单项的关联网页内容的目标窗口或框架

3. Menu 控件常用事件

Menu 控件提供多个可以对其进行编程的事件。常用的事件如表 6-29 所示。

表 6-29　Menu 控件常用事件

事　　件	说　　明
MenuItemClick	在单击菜单项时发生，通常用于将页上的一个 Menu 控件与另一个控件进行同步
MenuItemDataBound	在菜单项绑定到数据时发生，通常用于在菜单项呈现在 Menu 控件中之前对菜单项进行修改

4. Menu 控件的样式

Menu 控件从 Style 基类派生了自定义类，具有自定义的样式类为 MenuItemStyle 类。

MenuItemStyle 类添加了表示间距的属性，如 ItemSpacing、HorizontalPadding 和 VerticalPadding 属性，但 MenuItemStyle 类中没有 ImageUrl 属性，因此无法设置 Menu 控件菜单项的图片。

Menu 控件有两种显示模式：静态模式和动态模式。静态显示意味着 Menu 控件始终是完全展开的。整个结构都是可视的，用户可以单击任何部位。在动态显示的菜单中，只有指定的部分是静态的，并且只有当用户将鼠标指针移到父节点上时才会显示其子菜单项。Menu 控件的菜单项样式属性如表 6-30 所示。

表 6-30　Menu 控件的菜单项样式属性

菜单项样式属性	说　　明
StaticMenuStyle	设置整个静态菜单的样式，这种样式的菜单项都显示在页面上
StaticMenuItemStyle	单个静态菜单项的样式设置
StaticHoverStyle	静态菜单项在鼠标指针置于其上时的样式设置
StaticSelectedStyle	当前选择的静态菜单项的样式设置
DynamicMenuStyle	设置整个动态菜单的样式设置，这种样式的菜单开始不显示，只有当把鼠标指针移到菜单中某个区域时，才以弹出方式显示
DynamicMenuItemStyle	单个动态菜单项的样式设置
DynamicHoverStyle	动态菜单项在鼠标指针置于其上时的样式设置
DynamicSelectedStyle	当前选定的动态菜单项的样式设置

Menu 控件的菜单项级别样式集合如表 6-31 所示。表中，LevelMenuItemStyles 用于普通的菜单项，LevelSelectedStyles 用于被选择的菜单项，LevelSubMenuStyles 用于具有子菜单的菜单项。

表 6-31　Menu 控件的菜单项级别样式集合

级别样式集合	说　　明
LevelMenuItemStyles	获取 MenuItemStyleCollection 对象，该对象包含的样式是根据菜单项的级别应用于菜单项的

续表

级别样式集合	说　明
LevelSelectedStyles	获取 MenuItemStyleCollection 对象，该对象包含的样式是根据所选菜单项的级别应用于该菜单项的
LevelSubMenuStyles	获取 MenuItemStyleCollection 对象，该对象包含的样式是根据静态的子菜单项的级别应用于子菜单项的

　　除了能够设置菜单的动态菜单项样式和静态菜单项样式外，还可以用于定义静态显示和动态显示的菜单的层数。利用 Menu 控件的 StaticDisplayLevels 属性可以设置静态显示菜单的层数，如 StaticDisplayLevels="2"，则展开显示其前两层菜单(根菜单和其下一级菜单)。静态显示的最小层数为 1，如果将该值设置为 0 或负数，该控件将会引发异常；利用 Menu 控件的 MaximumDynamicDisplayLevels 属性指定在静态显示层后应显示的动态显示菜单节点层数。例如，在设置 StaticDisplayLevels="2"的基础上，再设置二层静态显示、后三层动态显示。MaximumDynamicDisplayLevels="3"，则菜单有 2 个静态层和 3 个动态层，如果将 MaximumDynamicDisplayLevels 设置为 0，则不会动态显示任何菜单节点。如果将 MaximumDynamicDisplayLevels 设置为负数，则会引发异常。

　　5．Menu 控件的模板

　　利用 Menu 控件的模板属性，可以为 Menu 控件自定义模板。该控件的模板属性如表 6-32 所示。Menu 控件模板决定了每一个菜单项的 HTML 呈现。

表 6-32　Menu 控件的模板属性

模板属性	说　明
StaticItemTemplate	包含静态菜单项的自定义呈现内容的模板
DynamicItemTemplate	包含动态菜单项的自定义呈现内容的模板

　　利用 StaticItemTemplate 创建模板后，Menu 控件的所有静态菜单项都按用户设计的静态模板显示；利用 DynamicItemTemplate 创建模板后，Menu 控件的动态菜单项都按用户设计的动态模板显示。

　　用户可以采取交互的方式来设计模板，也可以直接在 Menu 控件开始标记<asp:Menu>和结束标记</asp:Menu>之间编写代码来实现，在 Menu 控件的开始和结束标记之间放置<StaticTemplate>或<DynamicItemTemplate>标记。然后可以在开始和结束<StaticTemplate>或<DynamicItemTemplate>标记之间列出模板的内容。

　　利用交互方式设计模板步骤如下：

　　(1) 在【设计】视图中，右击 Menu 控件，选择【显示常用控制任务】选项。

　　(2) 在弹出的快捷菜单【Menu 任务】上，选择【编辑模板】选项。将 Menu 切换成模板编辑模式。

　　(3) 在【显示】下拉列表中，选择要编辑的模板。

　　(4) 添加文本或控件，或者更改模板。

　　(5) 模板设计完毕后，在【Menu 任务】菜单上，选择【结束模板编辑】选项返回标准的 Menu 设计模式。

　　例如，定义 StaticItemTemplate 模板，用上面的方式定义时，用户在编辑动态模板时，

输入文本"静态模板",则单击【源】标签,可以看到如下代码:

```
<StaticItemTemplate>
    静态模板
</StaticItemTemplate>
```

则添加的 Menu 控件所有静态菜单项,在 Web 页面显示的都是"静态模板"。

同理,添加一个动态模板,在编辑模板时,输入文本"动态模板",则单击【源】标签,可以看到如下代码:

```
<DynamicItemTemplate>
    动态模板
</DynamicItemTemplate>
```

则添加的 Menu 控件所有动态菜单项,在 Web 页面显示的都是"动态模板"。

【例 6.7】利用站点地图和 Menu 控件实现例 6.6 中图 6.11 所示学生管理系统网站的逻辑结构所需要的导航。

在例 6.6 所建立的网站中,新建一个网页"StuMenu.aspx",在其中添加 Menu 控件,单击右上方的 ▷ 按钮,在弹出的快捷菜单【Menu 任务】中,单击【选择数据源】处的 ✓ 按钮,选择【新建数据源】选项,在弹出的对话框中选择【站点地图】选项,则将 Menu 控件的【DataSourceID】属性设置为"SiteMapDataSource1"。右击"WebSiteNavigation",选择【设为启动项目】,将"StuMenu.aspx"设为起始页,执行【调试】→单击【开始执行(不调试)】命令,可看到"学生管理系统"的运行界面如图 6.17 所示。

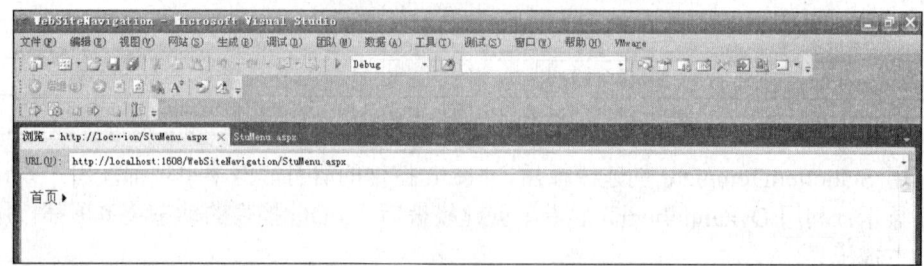

图 6.17　使用 Menu 控件的运行界面

将鼠标在黑色小箭头处移动,则出现如图 6.18 所示的界面。

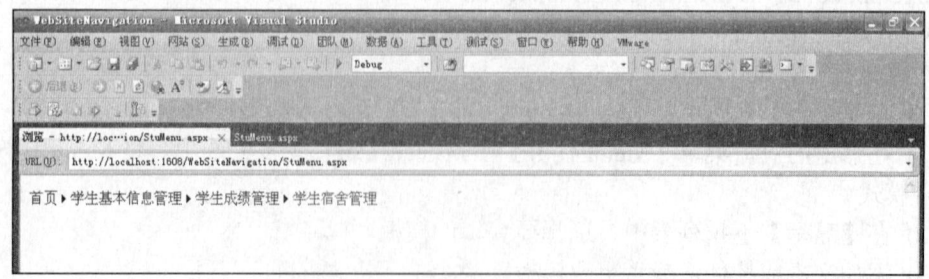

图 6.18　鼠标移动后的运行界面

【例 6.8】本例中要求利用"Menu 控件"实现导航,具体要求为实现如图 6.19 所示的利用 Menu 控件实现的学生管理系统的逻辑结构。

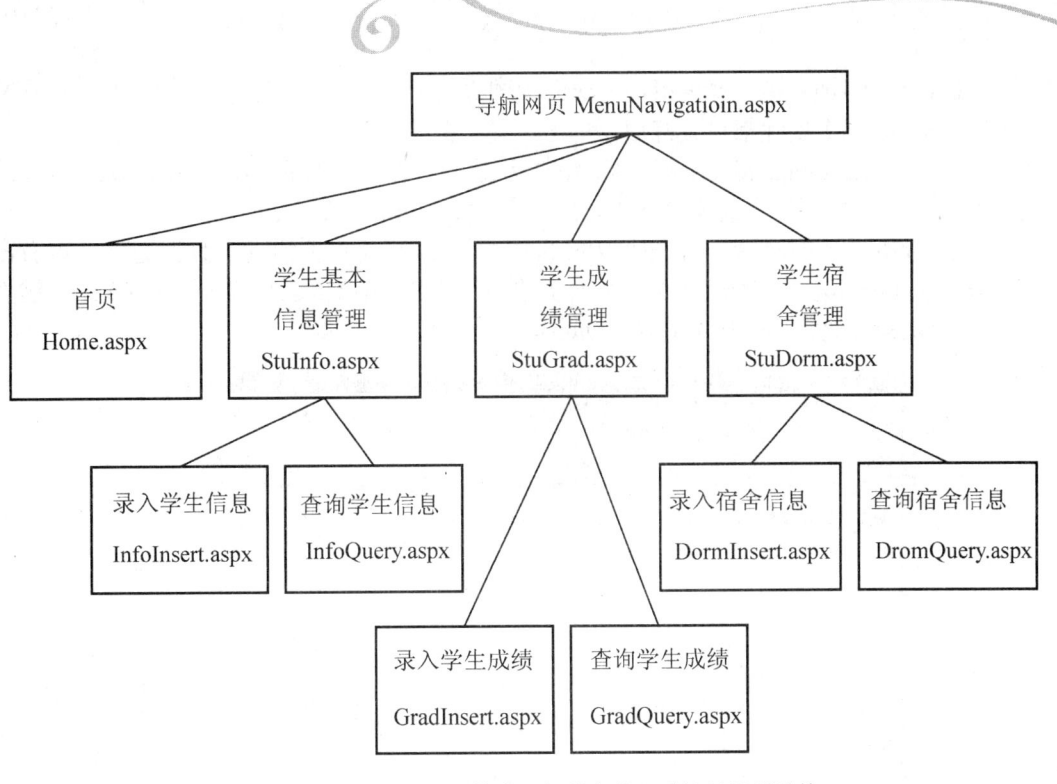

图 6.19　利用 Menu 控件实现的学生管理系统的逻辑结构

设计步骤如下：

(1) 建立一个名为"WebSiteMenu"的网站。

(2) 建立所用到的各个网页。右击网站"WebSiteMenu"，选择【添加新项】，选择模板中的【Visual C#】→【Web 窗体】，【名称】为"MenuNavigation.aspx"，勾选【将代码放在单独的文件中】复选框，单击【添加】按钮，则建立"MenuNavigation.aspx"网页。

同理，可分别建立"Home.aspx"、"StuInfo.aspx"、"StuGrad.aspx"、"StuDorm.aspx"、"InfoInsert.aspx"、"InfoQuery.aspx"、"GradInsert.aspx"、"GradQuery.aspx"、"DormInsert.aspx"、"DromQuery.aspx"网页。为区分各个网页，除了"MenuNavigation.aspx"网页，分别在建立的"Home.aspx"等网页中输入"欢迎进入学生管理系统"、"欢迎来到学生基本信息管理网页"、"欢迎来到学生成绩管理网页"、"欢迎来到学生宿舍管理网页"、"欢迎录入学生基本信息"、"欢迎查询学生基本信息"、"欢迎录入学生成绩"、"欢迎查询学生成绩"、"欢迎录入学生宿舍信息"、"欢迎进行学生宿舍信息查询"。

(3) 添加 Menu 控件。打开"MenuNavigation.aspx"网页，在其【设计】视图中从【工具箱】拖动一个 Menu 控件到其页面，并切换到【源】视图，将其【Orientation】属性设置为"Horizontal"，代码为 Orientation="Horizontal"。

(4) 添加菜单。单击 Menu 控件右上方的小三角符号，选择【编辑菜单项】选项，在弹出的对话框中，通过单击左侧【项(I)：】部分的【添加根项】，在右侧【属性(P)：】部分的【Text】属性中输入"首页"等，添加【首页】、【学生基本信息管理】等菜单，通过选择【学生基本信息管理】菜单，再选择【添加子项】选项，添加【录入学生信息】、【查询学生信息】等菜单项。

(5) 设置各菜单的【NavigateUrl】属性。在【编辑菜单项】对话框中，在右侧【属性(P)：】

部分的【NavigateUrl】属性处单击，出现■■■按钮后单击，选择菜单需要链接的网页，各网页的【NavigateUrl】属性都设置好后，单击【确定】按钮。

(6) 给"MenuNavigation.aspx"网页添加标题。切换到"MenuNavigation.aspx"网页的【源】视图，将其标题设置改为"<title>学生管理系统</title>"。

(7) 运行所设计的网站。右击"WebSiteMenu"选择【设为启动项目】选项，再右击"MenuNavigation.aspx"选择【设为起始页】选项，按 F5 键调试运行或按 Ctrl+F5 组合键直接运行(不调试)，运行界面如图 6.20 所示。

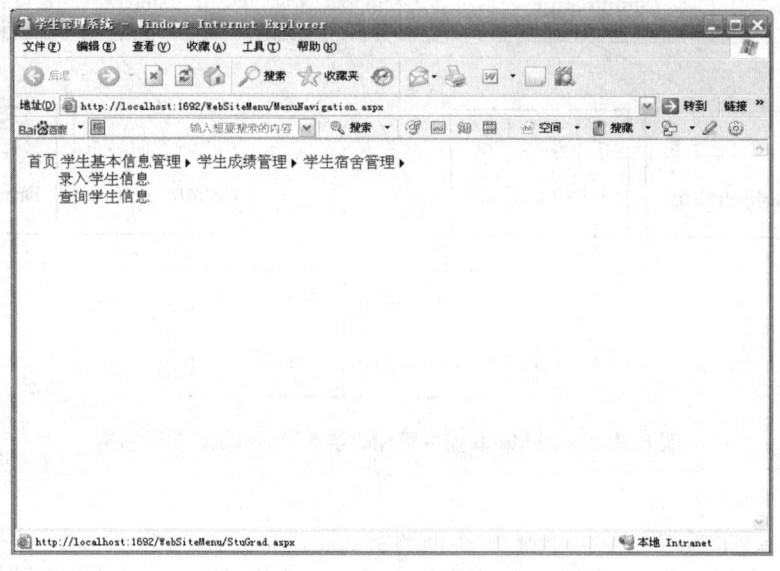

图 6.20　用 Menu 控件所做网站的运行界面

【例 6.9】建立一个网页"MenuDL.aspx"，用直接编写代码的方式实现 Menu 控件，要求使用 Menu 控件的静态和动态两种样式，其中第一、二级菜单采用静态样式，第三级菜单采用动态样式，各级菜单层次结构如图 6.21 所示。

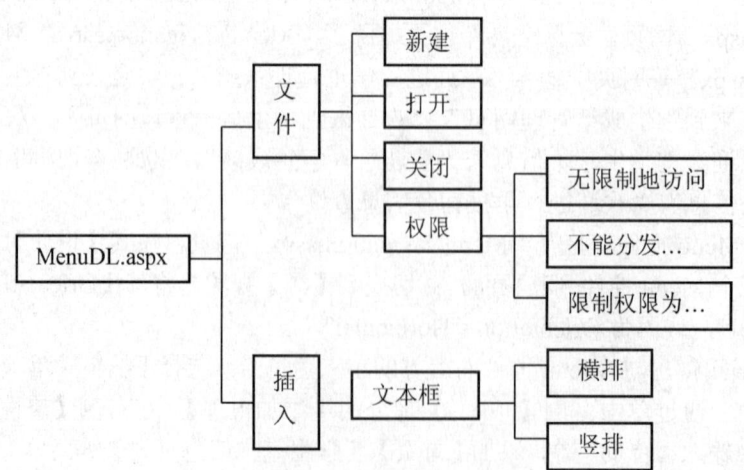

图 6.21　MenuDL.aspx 网页菜单的层次结构

设计步骤如下:

(1) 建立"MenuDL.aspx"网页。右击网站"WebSiteMenu",选择【添加新项】,选择模板中的【Visual C#】→【Web 窗体】,【名称】为"MenuDL.aspx",勾选【将代码放在单独的文件中】复选框,单击【添加】按钮,就建立了一个空的"MenuDL.aspx"网页。

(2) 在网页中编写 Menu 控件代码。

单击【源】标签,在\<div\>和 \</div\>之间添加代码,完成后的代码如下所示。

```
<%@ Page Language="C#" AutoEventWireup="true" CodeFile="MenuDL.aspx.cs" Inherits=
"MenuDL" %>
<!DOCTYPE html PUBLIC "-//W3C//DTD XHTML 1.0 Transitional//EN" "http://
www.w3.org/TR/xhtml1/DTD/xhtml1-transitional.dtd">
<html xmlns="http://www.w3.org/1999/xhtml">
<head runat="server">
    <title></title>
</head>
<body>
    <form id="form1" runat="server">
    <div>
    <asp:Menu ID="Menu1" runat="server" StaticDisplayLevels="2"
MaximumDynamicDisplayLevels="3">
  <Items>
  <asp:MenuItem Text="文件" Value="文件">
      <asp:MenuItem Text="新建" Value="新建"></asp:MenuItem>
      <asp:MenuItem Text="打开" Value="打开"></asp:MenuItem>
      <asp:MenuItem Text="关闭" Value="关闭"></asp:MenuItem>
      <asp:MenuItem Text="权限" Value="权限">
         <asp:MenuItem Text="无限制地访问" Value="无限制访问"></asp: MenuItem>
         <asp:MenuItem Text="不能分发..." Value="不能分发..."></asp:MenuItem>
         <asp:MenuItem Text="限制权限为..." Value="限制权限为..."></asp:MenuItem>
      </asp:MenuItem>
  </asp:MenuItem>
  <asp:MenuItem Text="插入" Value="插入" >
    <asp:MenuItem Text="文本框" Value="文本框">
       <asp:MenuItem Text="横排" Value="横排"></asp:MenuItem>
       <asp:MenuItem Text="竖排" Value="横排"></asp:MenuItem>
    </asp:MenuItem>
  </asp:MenuItem>
  </Items>
</asp:Menu>
    </div>
    </form>
</body>
</html>
```

设计好的"MenuDL.aspx"设计视图如图 6.22 所示。

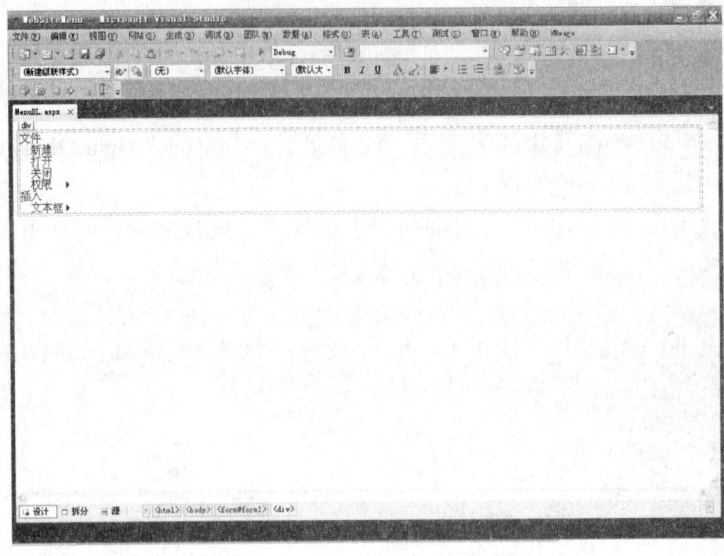

图 6.22　MenuDL.aspx 设计视图

(3) 在【解决方案资源管理器】中，右击"MenuDL.aspx"，选择【在浏览器中查看】选项，则可看到如图 6.23 所示的"MenuDL.aspx"运行界面。

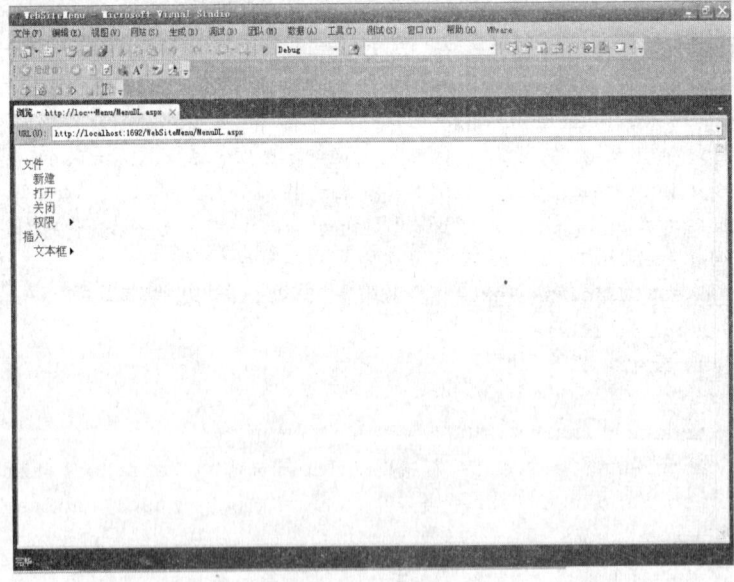

图 6.23　MenuDL.aspx 运行界面

6.5.4　TreeView 控件

TreeView 控件可按树形结构来显示分层数据，如目录或文件目录。

TreeView 控件用于显示网站的各个部分，它可以显示整个网站地图或者网站地图的一部分。可折叠树的每个项都被称为一个节点(TreeNode)，由 TreeNode 对象表示，该控件由一个或多个节点构成，其中节点类型如表 6-33 所示。

表 6-33　TreeView 控件的节点类型

节点类型	说　　明
根节点	没有父节点，但具有一个或多个子节点的节点
父节点	具有一个父节点，并且有一个或多个子节点的节点
叶节点	没有子节点的节点

一个典型的树结构只有一个根节点，但可以向树结构中添加多个根节点。每个节点都具有一个 Text 属性和一个 Value 属性。Text 属性的值是显示在 TreeView 控件中的文本，Value 属性用于存储有关该节点的任何附加数据(如传递给与节点相关联的回发事件的数据)。当没有设置节点的 NavigateUrl 属性时，单击节点将引发 SelectedNodeChanged 事件，当希望单击节点时不引发选择事件而导航至其他页，可将节点的 NavigateUrl 属性设置为除空字符串之外的值。每个节点还有 SelectAction 属性，该属性可用于确定单击节点时发生的展开节点或折叠节点等特定操作。

注意：绑定到站点地图的节点处于导航模式，因为每个站点地图节点提供一个 URL 信息。

TreeView 控件支持下列功能：

① 站点导航.通过与 SiteMapDataSource 控件集成实现。

② 数据绑定。TreeView 控件通过数据绑定方式，能够使控件节点与 XML、表格、关系型数据等建立联系。

③ 节点文本可以显示为纯文本，也可以显示为超链接。

④ 能够在每个节点旁显示复选框。

⑤ 通过编程访问 TreeView 对象模型，可以动态创建树、填充节点和设置属性等。

⑥ 通过客户端到服务器的回调填充节点(在受支持的浏览器中)。

⑦ 可以通过主题、用户定义的图像和样式来自定义外观。

(1) TreeView 控件包含很多属性，常用属性如表 6-34 所示。

表 6-34　TreeView 控件的常用属性

属　　性	说　　明
CollapseImageUrl	节点折叠后显示的图像。默认用带方框的 "+" 作为可展开指示图像
ExpandImageUrl	节点展开后显示的图像。默认用带方框的 "−" 作为可折叠指示图像
NoExpandImageUrl	没有子节点而不能展开的节点的图片
EnableClientScript	指定是否可以在客户端处理节点的展开和折叠事件，默认值为 true
ExpandDepth	第一次显示 TreeView 控件时，树的展开层次数。默认值为 FullyExpand，即−1，表示全部展开该节点，如果 ExpandDepth 是 2，只能看到起始节点下的 2 层
Nodes	设置 TreeView 控件的各级节点及其属性
ShowExpandCollapse	是否显示折叠、展开图像，默认值为 True
ShowLines	是否显示连接子节点和父节点之间的连线，默认值为 False
ShowCheckBoxes	指示在哪些类型节点的文本前显示复选框。有 Node(所有节点均不显示)、Root(仅在根节点前显示)、Parent(仅在父节点前显示)、Leaf(仅在叶节点前显示)、All(所有节点前均显示)5 个属性值

(2) TreeView 控件提供多个可以对其进行编程的事件。TreeView 控件常用事件如表 6-35 所示。

表 6-35　TreeView 控件的常用事件

事　　件	说　　明
TreeNodeCheckChanged	当 TreeView 控件的复选框在向服务器的两次发送过程之间，状态有所更改时发生
SelectedNodeChanged	当选择 TreeView 控件中的节点时发生
TreeNodeExpanded	当扩展 TreeView 控件中的节点时发生
TreeNodeCollapsed	当折叠 TreeView 控件中的节点时发生
TreeNodePopulate	当其 PopulateOnDemand 属性设置为 True 的节点在 TreeView 控件中展开时发生
TreeNodeDataBound	当数据项绑定到 TreeView 控件中的节点时发生

1．TreeView 控件数据绑定

TreeView 控件可以使用两种方法绑定到适当的数据源类型。①绑定实现 IHierarchical-DataSource 接口的任意数据源控件，如 XmlDataSource 控件或 SiteMapDataSource 控件，此时，将 TreeView 控件的 DataSourceID 属性设置为数据源控件的 ID 值，就可以将 TreeView 控件自动绑定到指定的数据源控件，这是 TreeView 控件实现数据绑定的首选方法。②自动绑定到 XmlDocument 对象或包含关系的 DataSet 对象，将 TreeView 控件的 DataSource 属性设置为该数据源，然后调用 DataBind 方法即可实现。

2．TreeView 控件动态填充节点

如果需要在 TreeView 控件填充大量的数据或者要显示的数据取决于在运行时用户所获取的信息，这时，静态定义树结构将不可行，而必须使用 TreeView 控件的动态填充节点功能。TreeView 控件的这一功能，可以在节点打开时填充树的分支，而且可以随时填充树的选择部分。必须将某节点的 PopulateOnDemand 属性设为 True，才能在运行时填充该节点。若要动态填充某节点，用户必须定义一个事件处理方法，它包含 TreeNodePopulate 事件所用的填充节点的逻辑，当用户展开这个节点时，会引发 TreeNodePopulate 事件，在此事件中可以加入下一层节点。

TreeView 支持两种动态填入节点的技术(客户端回调或页面回发)。

当 TreeView.PopulateNodesFromClient 属性为 True 时(默认)，TreeView 执行一个客户端的回调从事件获得它需要的节点，而并不需要回发整个页面。

当 TreeView.PopulateNodesFromClient 属性为 False，或者为 True，但浏览器不支持客户端回调时，TreeView 会触发一次正常的回发以获得相同的结果。唯一的区别是整个页面的刷新产生了一个略微不平滑的界面。

3．自定义 TreeView 控件外观

可以通过自定义 TreeView 控件的样式、自定义显示在 TreeView 控件中的图像、在节点旁显示一个复选框等方法来自定义 TreeView 控件外观。

(1) TreeView 控件的样式由 TreeNodeStyle 类来表示，它是 Style 类的子类。TreeView 控件常用节点的样式属性如表 6-36 所示。

表 6-36　TreeView 控件常用节点样式属性

节点样式属性	说　　明
NodeStyle	节点的默认样式设置，应用于所有节点。其他样式属性的设置可以部分或全部覆盖此样式中的设置
RootNodeStyle	仅应用于根节点的样式设置
ParentNodeStyle	应用于所有父节点的样式设置，此属性不能用于根节点的设置
LeafNodeStyle	叶节点的样式设置
SelectedNodeStyle	选择节点的样式设置
HoverNodeStyle	鼠标指针停在节点上时，该节点的样式设置。这些样式设置仅应用于支持所需动态脚本的高级客户端

节点的样式属性按照从通用属性到特定属性的顺序列出。例如，SelectedNodeStyle 的样式属性的设置，可以覆盖与它冲突的 RootNodeStyle 样式设置。如果不希望某个节点可以被选中，将此节点的 SelectAction 属性设置为 TreeNode.SelectAction.None 即可。

TreeView 控件可以根据节点类型来应用不同的样式，也可以根据节点的不同层次来应用不同的样式，TreeView 控件使用 LevelStyles 集合来控制树中特定深度的节点样式。集合中的第一种样式对应于树中第一级节点(即根节点)的样式。集合中的第二种样式对应于树中第二级节点的样式。需要注意的是，必须严格按照层次顺序来定义 LevelStyles 集合的项，LevelStyles 集合中的样式才能正常工作，如果不想改变中间某一层级的样式设置，则必须在 LevelStyles 集合中包含一个相应的空样式占位符。

注意：使用 LevelStyles 集合为某个深度级别定义了样式后，该样式会重写该深度的节点的所有根节点、父节点或叶节点的样式设置。

(2) 自定义显示在 TreeView 控件中的图像。通过设置 TreeView 控件节点的图像属性可以为控件的不同部分定义自定义图像集。节点的图像属性如表 6-37 所示。

表 6-37　TreeView 控件常用节点图像属性

图像属性	说　　明
CollapseImageUrl	可折叠节点的指示符所显示图像的 URL，此图像通常为一个减号(-)
ExpandImageUrl	可展开节点的指示符所显示图像的 URL，此图像通常为一个加号(+)
LineImagesFolder	包含用于连接父节点和子节点的线条图像的文件夹的 URL。ShowLines 属性必须设置为 True，该属性才能有效
NoExpandImageUrl	不可展开节点的指示符所显示图像的 URL

注意：如果没有显式设置图像属性，则使用内置的默认图像。

(3) 在节点旁显示一个复选框

只要将 ShowCheckBoxes 属性设置为 TreeNodeTypes.None 以外的值时，就会在指定类型的节点旁显示复选框。每次将页面发送到服务器时，选择的节点会自动填充到 CheckedNodes 集合中。如果显示了复选框，每当复选框状态在两次向服务器发送之间更改

时，可以使用 TreeNodeCheckChanged 事件运行自定义例程。

另外，为了能更简单地对 TreeView 控件的外观进行设置，Microsoft 为开发者提供了很多 TreeView 控件外观设计，选择 TreeView 控件的自动套用格式功能就可以引用 Microsoft 提供的这些外观设计。

【例 6.10】利用站点地图和 TreeView 控件实现例 6.6 中图 6.11 所示学生管理系统网站的逻辑结构所需要的导航。

在例 6.6 所建立的"WebSiteNavigation"网站中，新建一个网页"StuTreeView.aspx"，在其中添加 TreeView 控件，单击右上方的 ▶ 按钮，在弹出的【TreeView 任务】对话框中，单击【选择数据源】处的 ▼ 按钮，选择【新建数据源】，在弹出的对话框中选择【站点地图】，将 TreeView 控件的【DataSourceID】属性设置为"SiteMapDataSource1"。右击"WebSiteNavigation"，选择【设为启动项目】，"将"StuTreeView.aspx"设为起始页，单击【开始执行(不调试)】子菜单，则可看到"学生管理系统"的运行界面如图 6.24 所示。

图 6.24　使用 TreeView 控件的运行界面

【例 6.11】本例中要求利用 TreeView 控件实现导航，具体要求为实现如图 6.25 所示的利用 TreeView 控件的小学生学习网站的逻辑结构。

设计步骤如下：

(1) 建立名为"WebSiteTreeView"的网站。

(2) 建立所用到的各个网页。右击网站"WebSiteTreeView"，选择【添加新项】，选择模板中的【Visual C#】→【Web 窗体】，【名称】为"TreeViewNavigation.aspx"，勾选【将代码放在单独的文件中】复选框，单击【添加】按钮，则建立"TreeViewNavigation.aspx"网页。

同理，可分别建立"StuMath.aspx"、"StuChinese.aspx"、"StuEnglish.aspx"、"MathBasic.aspx"、"MathExercises.aspx"、"MathTests.aspx"、"ChineseBasic.aspx"、"ChineseExercises.aspx"、"ChineseTests.aspx"、"EnglishBasic.aspx"、"EnglishExercises.aspx"、"EnglishTests.aspx"网页。为区分各个网页，除了"TreeViewNavigation.aspx"网页，分别在建立的"StuMath.aspx"等网页中输入"欢迎进入数学学习网页"、"欢迎进入语文学习网页"、"欢迎进入英语学习网页"、"欢迎学习数学基础知识"、"欢迎进行数学练习"、"欢迎进行数学测验"、"欢迎学习语文基础知识"、"欢迎进行语文练习"、"欢迎进行语文测验"、"欢迎学习英语基础知识"、"欢迎进行英语练习"、"欢迎进行英语测验"。

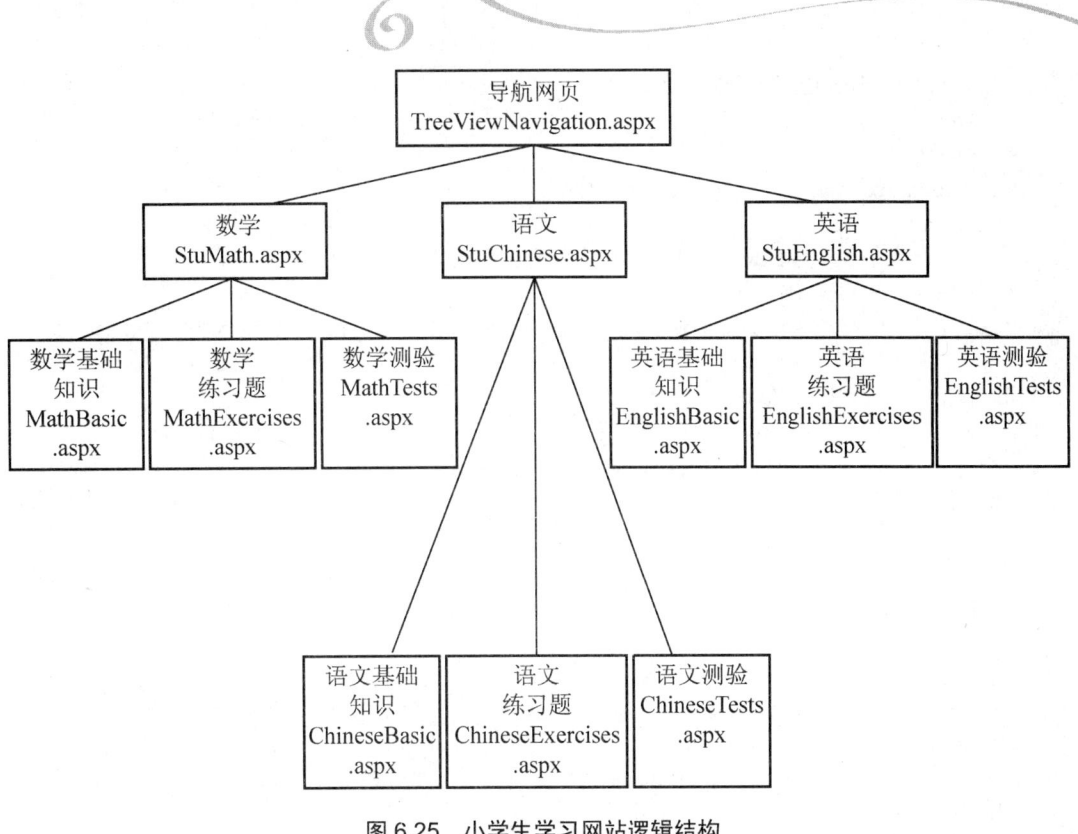

图 6.25　小学生学习网站逻辑结构

（3）添加 TreeView 控件。打开"TreeViewNavigation.aspx"网页，在其【设计】视图中从【工具箱】拖动一个 TreeView 控件到此页面。

（4）添加可折叠树菜单。单击 TreeView 控件右上方的小三角符号，选择【编辑节点】选项，在弹出的【TreeView 节点编辑器】对话框中，通过单击左侧【节点(N)：】部分的【添加根节点】，在右侧【属性(P)：】部分的【Text】属性中输入"数学"等，添加【数学】等菜单，通过执行【数学】→【添加子节点】命令，添加【数学基础知识】、【数学练习题】、【数学测验】等子菜单。

（5）设置各菜单的【NavigateUrl】属性。在【TreeView 节点编辑器】对话框中，在右侧【属性(P)：】部分的【NavigateUrl】属性处单击，出现 按钮后，单击此图标，选择菜单需要链接的网页，各网页的【NavigateUrl】属性都设置好后，单击【确定】按钮。

（6）给"TreeViewNavigation.aspx"网页添加标题。切换到"TreeViewNavigatiion.aspx"网页的【源】视图，将其标题设置改为" <title>小学生学习网站</title> "。完成的"TreeViewNavigatiion.aspx"网页的源代码如下：

```
<%@ Page Language="C#" AutoEventWireup="true" CodeFile="TreeViewNavigation.
aspx.cs" Inherits="TreeViewNavigation" %>

<!DOCTYPE html PUBLIC "-//W3C//DTD XHTML 1.0 Transitional//EN" "http://www.
w3.org/TR/xhtml1/DTD/xhtml1-transitional.dtd">

<html xmlns="http://www.w3.org/1999/xhtml">
<head id="Head1" runat="server">
```

```
        <title>小学生学习网站</title>
    </head>
<body>
    <form id="form1" runat="server">
    <div>
        <asp:TreeView ID="TreeView1" runat="server">
            <Nodes>
                <asp:TreeNode NavigateUrl="~/StuMath.aspx" Text="数学" Value="数学">
                    <asp:TreeNode NavigateUrl="~/MathBasic.aspx" Text="数学基
础知识" Value="数学基础知识">
                    </asp:TreeNode>
                    <asp:TreeNode NavigateUrl="~/MathExercises.aspx" Text=
"数学练习题" Value="数学练习题">
                    </asp:TreeNode>
                    <asp:TreeNode NavigateUrl="~/MathTests.aspx" Text="数学测
验" Value="数学测验">
                    </asp:TreeNode>
                </asp:TreeNode>
                <asp:TreeNode NavigateUrl="~/StuChinese.aspx" Text="语文"
Value="语文">
                    <asp:TreeNode NavigateUrl="~/ChineseBasic.aspx" Text="语
文基础知识" Value="语文基础知识">
                    </asp:TreeNode>
                    <asp:TreeNode NavigateUrl="~/ChineseExercises.aspx" Text=
"语文练习题" Value="语文练习题">
                    </asp:TreeNode>
                    <asp:TreeNode NavigateUrl="~/chineseTests.aspx" Text="语
文测验" Value="语文测验">
                    </asp:TreeNode>
                </asp:TreeNode>
                <asp:TreeNode NavigateUrl="~/StuEnglish.aspx" Text="英语"
Value="英语">
                    <asp:TreeNode NavigateUrl="~/EnglishBasic.aspx" Text="英
语基础知识" Value="英语基础知识">
                    </asp:TreeNode>
                    <asp:TreeNode NavigateUrl="~/EnglishExercises.aspx" Text=
"英语练习题" Value="英语练习题">
                    </asp:TreeNode>
                    <asp:TreeNode NavigateUrl="~/EnglishTests.aspx" Text="英
语测验" Value="英语测验">
                    </asp:TreeNode>
                </asp:TreeNode>
            </Nodes>
        </asp:TreeView>
    </div>
    </form>
```

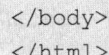

```
</body>
</html>
```

(7) 运行所设计的网页。右击"WebSiteTreeView"选择【设为启动项目】选项，再右击"TreeViewNavigation.aspx"选择【设为起始页】选项，按 F5 键调试运行或按 Ctrl+F5 组合键直接运行(不调试)，运行界面如图 6.26 所示。

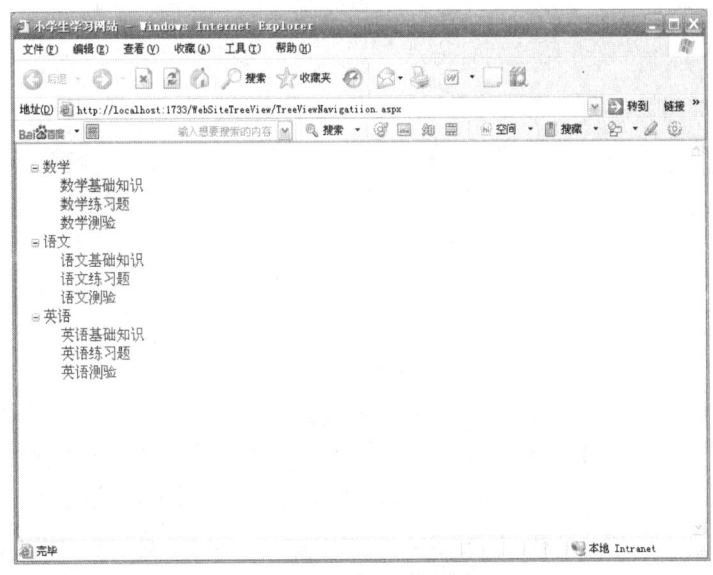

图 6.26　小学生学习网站运行界面

6.6　用　户　控　件

在 ASP.NET 中，系统自带的控件大大提高了应用程序的开发效率，但是当在 Web 应用程序开发中，有些重复使用的功能就没有必要重复地写类似的代码，ASP.NET 让开发者自己可以通过使用用户控件和自定义控件来实现代码的复用。

6.6.1　用户控件概述

用户控件是能够在其中放置标记和服务器控件的容器。它的外观与 Web 窗体非常类似，都有一个标记代码文件和一个可选的后置代码文件。创建用户控件的技术与创建 Web 窗体的技术相同，可以在创建的用户控件中添加所需的标记和子控件，用户控件可以像 Web 窗体一样包含对其内容进行操作的代码，例如，可有执行数据绑定等任务的代码。用户控件与 Web 窗体的不同之处是：

标记代码文件的文件扩展名为.ascx，而 Web 窗体标记代码文件的文件扩展名为.aspx；在用户控件的.ascx 文件中，以<%@Control%>指令开始，而在.aspx 文件中，以页面指令<%@Page%>开始；用户控件不能作为独立文件运行，即不能直接被 Web 浏览器请求访问，必须嵌入到另一个 Web 页面之中；用户控件中没有<html>、<head>、<body>、<form>元素，这些元素必须位于宿主页(Web 窗体)中。

可以在用户控件上使用与在 Web 窗体上所用相同的 HTML 元素(<html>、<head>、<body>、<form>元素除外)和 Web 控件。

注意： 用户不能直接访问.ascx 文件，但可以通过一些常用工具来下载.ascx 文件。

6.6.2 用户控件的创建

可以通过两种方法来创建用户控件：①直接创建用户控件；②将一个 Web 窗体转换为一个用户控件。下面分别介绍这两种方法。

1. 直接创建用户控件

下面通过举例来熟悉直接创建用户控件的过程。

【例 6.12】 建立两个用户控件，每个用户控件中有一个 Label 控件，分别将 Label 控件的 Text 属性进行设置，以便使两个用户控件能在 Web 控件中分别产生"页眉"和"页脚"的效果。另外，创建一个 Web 窗体，将设计好的两个用户控件嵌入到 Web 窗体中。

(1) 建立名称为"WebSiteControl"的网站。

(2) 建立"WebSiteControl.aspx"网页。在【解决方案资源管理器】中，右击"WebSiteControl"网站，在弹出的快捷菜单中选择【添加新项】选项，弹出【添加新项】对话框，选择【Web 窗体】模板，并勾选【将代码放在单独的文件中】复选框，【名称】为"WebSiteControl.aspx"。单击【添加】按钮，进入网页设计界面，代码如下：

```
<%@ Page Language="C#" AutoEventWireup="true" CodeFile="WebSiteControl.
aspx.cs" Inherits="_Default" %>
<!DOCTYPE html PUBLIC "-//W3C//DTD XHTML 1.0 Transitional//EN" "http://www.
w3.org/TR/xhtml1/DTD/xhtml1-transitional.dtd">
<html xmlns="http://www.w3.org/1999/xhtml">
<head runat="server">
    <title></title>
</head>
<body>
    <form id="form1" runat="server">
        <h1>
        一个简单的含有用户控件的网站</h1>
        </form>
</body>
</html>
```

(3) 创建用户控件。右击"WebSiteControl"网站，选择【添加新项…】选项，在弹出的对话框中选择【Visual C#】→【Web 用户控件】，使用名称"WebUserControlHeader.ascx"勾选【将代码放在单独的文件中】复选框，单击【添加】按钮。同理，创建【名称】为"WebUserControlFooter.ascx"的用户控件。

(4) 在【设计】视图对用户控件进行设计。

① 添加各控件，并设置各个控件的属性。在工具箱中双击 Label 控件，则用户控件中将出现一个 Label 控件，对控件的各个属性值进行设置，单击【源】标签切换到代码视图，

"WebUserControlHeader.ascx" 代码如下：

```
<%@ Control Language="C#" AutoEventWireup="true" CodeFile="WebUserControlHeader.
ascx.cs" Inherits="WebUserControlHeader" %>
<asp:Label ID="LabelHeader" runat="server" Text="Label"></asp:Label>
```

② 编写 "WebUserControlHeader.ascx.cs" 文件代码。

在 "WebUserControlHeader.ascx" 的【设计】视图中双击，切换到 "WebUserControl Header.ascx.cs" 文件视图，定义所需的变量，并且为相应的事件编写代码。完成的代码如下：

```
using System;
using System.Collections.Generic;
using System.Linq;
using System.Web;
using System.Web.UI;
using System.Web.UI.WebControls;
public partial class WebUserControlHeader : System.Web.UI.UserControl
{
    protected void Page_Load(object sender, EventArgs e)
    {
        LabelHeader.Text = "欢迎您访问本网站!";
    }
}
```

这样，用于显示页眉的用户控件就设计好了。

同理，对用于显示页脚的用户控件 "WebUserControlFooter.ascx" 进行设计。

① 在 "WebUserControlFooter.ascx" 中双击 Label 控件，添加一个 Label 控件，对其属性进行设计，单击【源】标签切换到代码视图，代码如下：

```
<%@ Control Language="C#" AutoEventWireup="true" CodeFile="WebUserControlFooter.
ascx.cs" Inherits="WebUserControl" %>
<asp:Label ID="LabelFooter" runat="server" Text="Label"></asp:Label>
```

② 在 "WebUserControlFooter.ascx" 的【设计】视图中双击，切换到 WebUserControl Footer.ascx.cs" 文件视图，定义所需的变量，并且为相应的事件编写代码。编写代码如下：

```
using System;
using System.Collections.Generic;
using System.Linq;
using System.Web;
using System.Web.UI;
using System.Web.UI.WebControls;

public partial class WebUserControl : System.Web.UI.UserControl
{
    protected void Page_Load(object sender, EventArgs e)
    {
        LabelFooter.Text = "本网站所载内容未经同意不允许转载! ";
    }
```

```
}
```

(5) 将用户控件嵌入到要使用用户控件的 Web 窗体中。

打开要使用的 Web 窗体,在【解决方案资源管理器】中找到要嵌入用户控件所对应的.ascx 文件,将此文件从【解决方案资源管理器】中拖动到 Web 窗体的设计视图区域(而不是源代码视图区域)就可以了。

将前面设计的两个用户控件的.ascx 文件拖动到"WebSiteControl.aspx"的设计视图区域即可。最终代码如下:

```
<%@ Page Language="C#" AutoEventWireup="true" CodeFile="WebSiteControl.
aspx.cs" Inherits="_Default" %>

<%@ Register src="WebUserControlHeader.ascx" tagname="WebUserControlHeader"
tagprefix="uc1" %>

<%@ Register src="WebUserControlFooter.ascx" tagname="WebUserControlFooter"
tagprefix="uc2" %>

<!DOCTYPE html PUBLIC "-//W3C//DTD XHTML 1.0 Transitional//EN" "http://www.w3.
org/TR/xhtml1/DTD/xhtml1-transitional.dtd">

<html xmlns="http://www.w3.org/1999/xhtml">
<head runat="server">
    <title></title>
</head>
<body>
    <form id="form1" runat="server">
        <h5>
            <uc1:WebUserControlHeader ID="WebUserControlHeader1" runat="server" />
        </h5>

        <h1>
            一个简单的含有用户控件的网站</h1>

        <h5>
            <uc2:WebUserControlFooter ID="WebUserControlFooter1"
                runat="server" />
        </h5>

    </form>
</body>
</html>
```

(6) 运行网站。在【解决方案资源管理器】中右击网站"WebSiteControl",选择【设为启动项目】,执行【调试】→【开始执行(不调试)】命令,执行结果如图 6.27 所示。

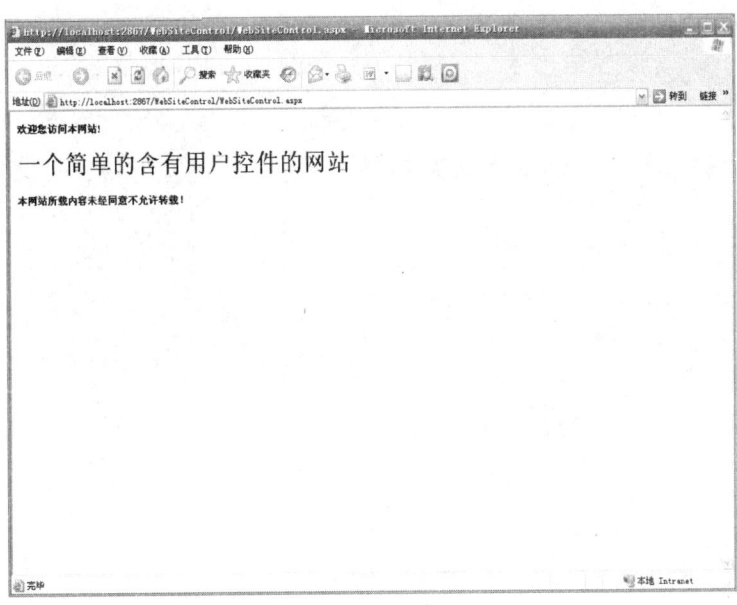

图 6.27　使用用户控件的网页运行界面

2. 将 Web 窗体转换为用户控件

根据 Web 窗体和用户控件的区别,会很容易地得到将 Web 窗体转化为用户控件的步骤。

(1) 将.aspx.cs 文件中的代码隐藏基类从 Page 更改为 UserControl。

(2) 从.aspx 文件中删除<html>、<head>、<body>和<form>标记。

(3) 将 ASP.NET 指令类型从@Page 更改为@Control。

(4) 更改 CodeFile 属性来引用控件的代码隐藏类文件(ascx.vb 或 ascx.cs)。

(5) 将.aspx 文件扩展名更改为.ascx。

【例 6.13】首先建立一个能链接邮箱登录界面的 Web 窗体,然后将此窗体转换为一个用户控件。步骤如下:

(1) 建立名称为"WebSiteControl1"的网站。

(2) 创建"WebSiteControl1.aspx"。

(3) 设计"WebSiteControl1.aspx",通过设计得到如图 6.28 所示的设计视图。

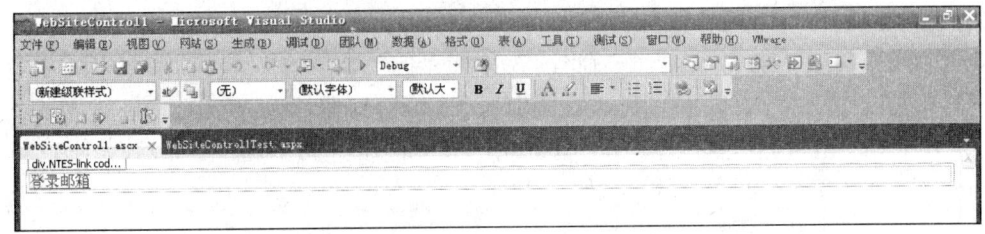

图 6.28　能链接邮箱登录界面的 Web 窗体

代码如下:

```
<%@ Page Language="C#" AutoEventWireup="true" CodeFile="WebSiteControl1.
aspx.cs" Inherits="WebSiteControl1" %>
```

177

```
<!DOCTYPE html PUBLIC "-//W3C//DTD XHTML 1.0 Transitional//EN"

"http://www.w3.org/TR/xhtml1/DTD/xhtml1-transitional.dtd">

<html xmlns="http://www.w3.org/1999/xhtml">
<head id="Head1" runat="server">
<title></title>
</head><body>
    <form id="form1" runat="server">
     <div class="NTES-link code-num">
       <span class="left"><a href="http://email.163.com/">登录邮箱</a></span></div>
    </form>
</body>
</html>
```

(4) 将图 6.28 所示的 Web 窗体转换为一个用户控件。

转换过程如下：

① 将"WebSiteControl1.aspx.cs"的代码"public partial class WebSiteControl1：System.Web.UI.Page"改为"public partial class WebSiteControl1：System.Web.UI.UserControl"。

② 单击设计器的【源】标签进入"WebSiteControl1.aspx"代码视图，从.aspx 文件中删除<html>、<head>、<body>、<form>标记。

③ 将@Page 更改为@Control。

则"WebSiteControl1.aspx"源代码变为：

```
<%@ Control Language="C#" AutoEventWireup="true" CodeFile="WebSiteControl1.
ascx.cs" Inherits="WebSiteControl1" %>

<!DOCTYPE html PUBLIC "-//W3C//DTD XHTML 1.0 Transitional//EN" "http://www.w3.
org/TR/xhtml1/DTD/xhtml1-transitional.dtd">
    <div class="NTES-link code-num">
      <span  class="left"><a  href="http://email.163.com/"> 登 录 邮 箱 </a>
</span></div>
```

④ 关闭"WebSiteControl1.aspx"和"WebSiteControl1.aspx.cs"文件，右击【解决方案资源管理器】中的"WebSiteControl1.aspx"文件，选择【重命名】选项，将此文件重命名为"WebSiteControl1.ascx"。至此，就将图 6.28 所示的 Web 窗体转换成了一个用户控件。

(5) 将用户控件嵌入到"WebSiteControl1Test.aspx"窗体。

新建一个 Web 窗体"WebSiteControl1Test.aspx"，将转换的用户控件嵌入到"WebSiteControl1Test.aspx"窗体。代码如下：

```
<%@ Page Language="C#" AutoEventWireup="true" CodeFile="WebSiteControl1Test.
aspx.cs" Inherits="WebSiteControl1Test" %>
    <%@ Register src="WebSiteControl1.ascx" tagname="WebSiteControl1" tagprefix="uc1" %>
    <!DOCTYPE html PUBLIC "-//W3C//DTD XHTML 1.0 Transitional//EN" "http://www.
w3.org/TR/xhtml1/DTD/xhtml1-transitional.dtd">
```

```
<html xmlns="http://www.w3.org/1999/xhtml">
<head runat="server">
    <title></title>
</head>
<body>
    <form id="form1" runat="server">
    <div>
    <uc1:WebSiteControl1 ID="WebSiteControl11" runat="server" />
    <h2>Web 窗体转换为用户控件</h2>
    </div>
    </form>
</body>
</html>
```

(6) 运行网页。右击【解决方案资源管理器】中的"WebSiteControl1Test.aspx",选择
【设为起始页】选项,按 Ctrl+F5 组合键,运行结果如图 6.29 所示。

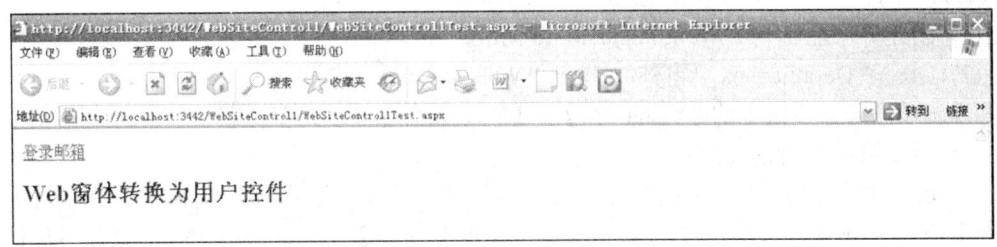

图 6.29 用户控件运行界面

6.7 自定义控件

用户控件通常都是将现有的控件进行组合,并编写事件来实现一些常用功能(如将文本
框、密码框、验证框和按钮组合来实现登录功能)。但是,有些复杂功能无法由用户控件来
实现,这时就需要用到自定义控件。

6.7.1 自定义控件概述

自定义控件是已编译的服务器端控件,和标准的 ASP.NET 控件相比,除了二者绑定一
个不同的标记前缀,并且必须进行显式注册和部署外没什么不同。

自定义控件是一个继承自某个控件基类的类,拥有自己的对象模型,支持 Microsoft
Visual Studio 的设计时特性,能够触发事件。

自定义控件与用户控件不同,它能够和服务器控件一样,添加到工具箱中,可以像工
具箱中其他控件一样使用,用户控件只能在一个应用程序中使用。

6.7.2 自定义控件的创建和使用

可以通过两种方法来创建自定义控件,一种是继承自工具箱中现有的控件类。当某个

工具箱中现有控件只能满足用户所需要的部分要求时,可以从该控件类中派生出一个新类,通过修改新类的代码来满足用户的需要;另一种是从 Control 类或 WebControl 类中派生。现有的服务器控件不能满足用户的要求,这时需要从 System.Web.UI.Control 或 System.Web.UI.WebControls.WebControl 中派生,这两个类都是服务器控件的基类,定义了所有服务器控件共有的属性、方法和事件,WebControl 类继承自 Control 类,添加了某些特征。同时需要重写 Render 方法(若派生自 Control 类)或 RenderContents 方法(若派生自 WebControl 类)。

创建并使用自定义控件的步骤:①创建自定义控件;②编写自定义控件的源代码;③编译自定义控件;④使用自定义控件。使用自定义控件,分两步来完成:第一步,在要使用自定义控件的网站中添加引用;第二步,在要使用自定义控件的网页的设计视图中,将新添加到工具箱中的自定义控件拖动到网页,设置自定义控件的属性。

【例 6.14】实现一个简单的自定义控件,要求制作两个自定义控件,一个自定义控件为系统自建的继承自"WebControl"的控件,在此控件中添加一个 CustomString 属性,并且使网页上能显示这个控件的 Text 和 CustomString 属性值;另一个自定义控件为继承自"TextBox"的控件,在此控件中显示一个默认值。制作步骤如下:

(1) 创建一个名称为"WebSiteCustomControl"的网站。

(2) 创建"Default.aspx"窗体。右击"WebSiteCustomControl",选择【添加新项】→【模板】选项,选择模板中的【Visual C#】→【Web 窗体】,【名称】为默认值"Default.aspx"。

(3) 创建第一个自定义控件。

① 右击解决方案"WebSiteCustomControl"选择【添加】选项,选择【新建项目】→【模板】选项,选择模板中的【Visual C#】→【Web 窗体】,选择【ASP.NET 服务器控件】选项,【名称】为"MyServerControl1",单击【确定】按钮,就创建了一个自定义控件,在【解决方案资源管理器】中可以看到在"MyServerControl1"中有一个"ServerControl1.cs",这就是刚刚创建的自定义控件,"MyServerControl1"是一个组件,用户可以在"MyServerControl1"中创建多个自定义控件。

在【解决方案资源管理器】中双击"ServerControl1.cs"可以看到系统提供的"ServerControl1.cs",对"ServerControl1.cs"源代码进行修改。添加 ServerControl1 控件的一个属性"CustomString"。

添加 CustomString 属性的代码如下:

```
public string CustomString
    {
        get
        {
            return (String)ViewState["CustomString"];
        }
        set
        {
            ViewState["CustomString"] = value;
        }
    }
```

② 重写 RenderContents 方法。

重写后的 RenderContents 方法代码如下：

```
protected override void RenderContents(HtmlTextWriter output)
    {
        string outText = Text + ", " + CustomString;
        output.Write(outText);
    }
```

修改后的"ServerControl1.cs"源代码如下：

```
using System;
using System.Collections.Generic;
using System.ComponentModel;
using System.Linq;
using System.Text;
using System.Web;
using System.Web.UI;
using System.Web.UI.WebControls;
namespace MyServerControl1
{
    [DefaultProperty("Text")]                //声明属性
    [ToolboxData("<{0}:ServerControl1 runat=server></{0}:ServerControl1>")]
  //设置控件格式
    public class ServerControl1 : WebControl
    {
    [Bindable(true)]                        //设置是否支持绑定
    [Category("Appearance")]                //设置类别
    [DefaultValue("")]                      //设置默认值
    [Localizable(true)]                     //设置是否支持本地化操作
    public string Text                      //设置 Text 属性
        {
            get
            {
                String s = (String)ViewState["Text"];
                return ((s == null) ? "[" + this.ID + "]" : s);
            }

            set
            {
                ViewState["Text"] = value;
            }
        }
        public string CustomString          // 编写属性

        {
            get
            {
                return (String)ViewState["CustomString "];
```

```
        }                                    //获取属性
        set
        {
            ViewState["CustomString "] = value;
        }                                    //设置属性
    }

    protected override void RenderContents(HtmlTextWriter output) //页面呈现
    {
        string outText = Text + ", " + CustomString;
        output.Write(outText);
    }
}
}
```

(4) 创建第二个自定义控件。

在【解决方案资源管理器】中右击"MyServerControl1",选择【添加】选项,选择【新建项】→【模板】选项,选择模板中的【Visual C#】→【Web 窗体】,选择【ASP.NET 服务器控件】选项,【名称】为"MyTextBox.cs",单击【确定】按钮,就创建了另一个自定义控件"MyTextBox.cs"。

本例的目的是添加一个自定义的文本框,所以,这个类应该继承"TextBox"类。因此,将"MyTextBox.cs"源代码中的"public class MyTextBox: WebControl"处的"WebControl"改为"TextBox",即"public class MyTextBox: TextBox",并添加一个构造函数来设置"MyTextBox"控件的默认值,添加的构造函数如下:

```
public MyTextBox()
        {
            this.Text = "请输入用户名";
        }
```

修改后的"MyTextBox.cs"源代码如下:

```
using System;
using System.Collections.Generic;
using System.ComponentModel;
using System.Linq;
using System.Text;
using System.Web;
using System.Web.UI;
using System.Web.UI.WebControls;

namespace MyServerControl1
{
    [DefaultProperty("Text")]
    [ToolboxData("<{0}:MyTextBox runat=server></{0}:MyTextBox>")]
    public class MyTextBox : TextBox
    {
        [Bindable(true)]
```

```
[Category("Appearance")]
[DefaultValue("")]
[Localizable(true)]
public MyTextBox()
{
    this.Text = "请输入用户名";
}
public string Text
{
    get
    {
        String s = (String)ViewState["Text"];
        return ((s == null) ? String.Empty : s);
    }
    set
    {
        ViewState["Text"] = value;
    }
}
protected override void RenderContents(HtmlTextWriter output)
{
    output.Write(Text);   //输出流
}
}
}
```

(5) 编译自定义控件。右击"ServerControl1",选择【生成】选项,这样就对自定义控件进行了编译。

(6) 使用自定义控件。

① 添加引用。右击"WebsiteCustomControl",选择【添加引用】选项,弹出如图 6.30 所示的对话框,单击【确定】按钮。

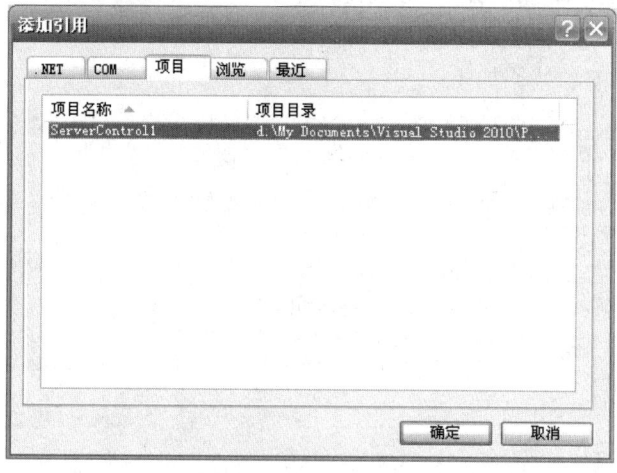

图 6.30　在 WebsiteCustomControl 网站添加引用

　　注意：当自定义控件编写完毕后，要使用该控件，需要在使用该控件的项目中添加引用，右击某网站，选择【添加引用】选项。在添加引用时，如果自定义控件和项目在同一个解决方案中，则在【添加引用】对话框中的【项目】选项卡中选择默认的控件即可，如果二者不在同一个解决方案中，则选择【浏览】选项卡，选中相应的.dll文件。单击【确定】按钮，就完成了【添加引用】的操作。这时，就可以在该项目中使用自定义控件了。

　　切换到"Default.aspx"设计视图，则在【工具箱】中可以看到制作的"MyServerControl1"组件已经添加在【工具箱】中了，如图6.31所示。

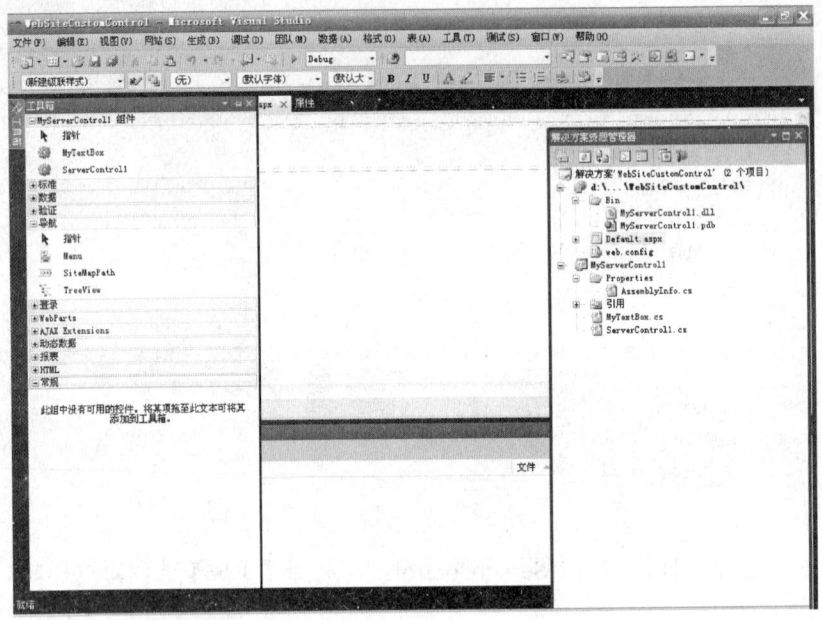

图 6.31　添加了 MyServerControl1 组件的工具箱

　　② 将自定义控件拖动到要使用的网页中，并设置其属性。将新建立的两个自定义控件拖动到"Default.aspx"页面，设置 ServerControl1 的 Text 和 CustomString 属性分别为"自定义控件"和"自定义属性"，如图6.32所示。

　　"Default.aspx"的源代码如下：

```
<%@ Page Language="C#" AutoEventWireup="true" CodeFile="Default.aspx.cs"
Inherits="_Default" %>
<%@ Register assembly="MyServerControl1" namespace="MyServerControl1" tagprefix=
"cc1" %>
<!DOCTYPE html PUBLIC "-//W3C//DTD XHTML 1.0 Transitional//EN" "http://www.w3.
org/TR/xhtml1/DTD/xhtml1-transitional.dtd">
<html xmlns="http://www.w3.org/1999/xhtml">
<head runat="server">
    <title></title>
</head>
<body>
    <form id="form1" runat="server">
```

```
    <div>
        <cc1:MyTextBox ID="MyTextBox1" runat="server"></cc1:MyTextBox>
        <br />
        <cc1:ServerControl1 ID="ServerControl11" runat="server"
CustomString="自定义属性"　Text="自定义控件" />
    </div>
    </form>
</body>
</html>
```

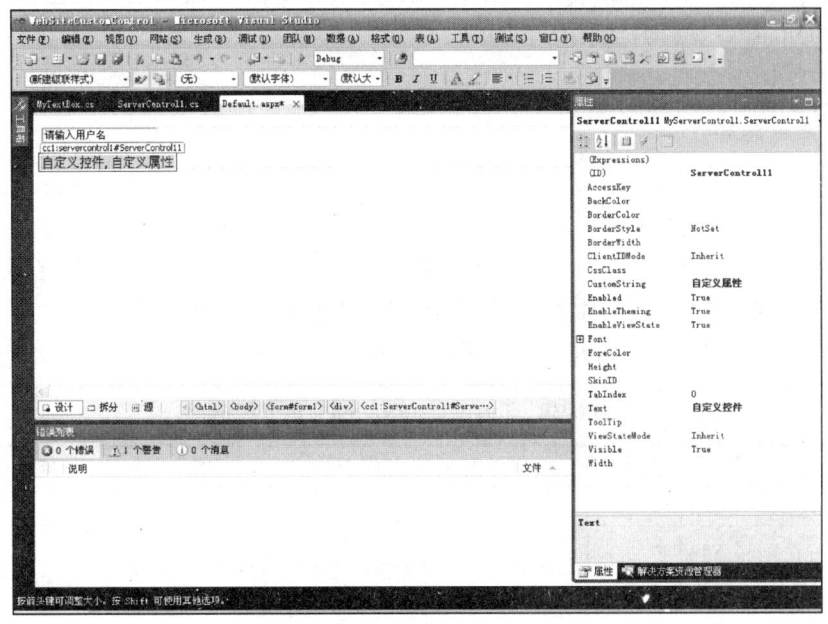

图 6.32　设置 ServerControl1 属性

注意：<%@ Register assembly="MyServerControl1" namespace="MyServerControl1"tagprefix="cc1" %>用来声明自定义控件，需要放在页面源代码的头部。@Register 指令可以将别名与命名空间和类名关联起来。其中，assembly 用于指定程序集，namespace 用于指定命名空间，tagprefix 用于指定与命名空间关联的别名。其中 assembly 的值是在步骤(3)创建第一个自定义控件中创建新项目中创建的项目 "MyServerControl1"；namespace 的值是自定义控件的命名空间的值，即自定义控件源代码中 "namespace MyServerControl1" 中的 "MyServerControl1"；tagprefix 值是一个自定义的值，是与命名空间关联的别名。这个别名可以在 "Default.aspx" 的源代码：<cc1:MyTextBox ID="MyTextBox1" runat="server"></cc1:MyTextBox>和<cc1:ServerControl1 ID="ServerControl11" runat="server" CustomString="自定义属性" Text="自定义控件" />中看到。"cc1" 是 "MyServerControl1" 程序集的 "MyServerControl1" 命名空间的别名。为了使此别名易读且规范，可以修改 tagprefix 值，方法是在 "ServerControl1.cs" 中 "namespace MyServerControl1" 代码的上方添加一段代码：

```
[assembly: TagPrefix("MyServerControl1", "CustomControls")]
```

保存代码，右击【解决方案资源管理器】中的 "MyServerControl1"，选择【生成】或【重

新生成】选项，再右击 "WebSiteCustomControl" 中的【Bin】，选择【添加现有项】选项，添加其中的文件，删除原来的 "Default.aspx"，在其设计视图重新将自定义控件拖动到页面并设置属性，可以看到 "Default.aspx" 源代码中涉及 "cc1" 的位置都变成了 "CustomControls"。

6.8 综合应用实例

【例 6.15】创建一个注册网页，如图 6.1 所示。该注册网页，填入正确信息后，单击【提交】按钮，则注册成功，同时将注册信息写入数据库，当单击【取消】按钮时，返回注册前的 "Default.aspx" 网页。制作步骤如下：

制作步骤如下：

1. 建立数据库

(1) 创建数据库 "UserDB"。首先，通过执行【开始】→【程序】→【Microsoft SQL Server 2008】→【SQL Server Management Studio】命令，打开 "SQL Server Management Studio"。然后右击【对象资源管理器】中的【数据库】，选择【新建数据库】选项，在【数据库名称】中输入 "UserDB"，单击【确定】按钮，则创建了数据库 "UserDB"。

(2) 建立表 "Table_UserRegister"，其结构如表 6-38 所示。

表 6-38 Table_UserRegister 的表结构

字　　段	数据类型	数据长度	允许 Null 值	键	说　　明
UserID	varchar	20	否	主键	用户名
UserPsd	varchar	10	否		密码
VeriUserPsd	varchar	10	否		确认密码
UserName	varchar	50	否		姓名
UserSex	varchar	4	否		性别
UserBirth	date		否		出生日期
UserProvince	varchar	50	否		所属省份
UserQQ	varchar	50			QQ 号
UserEmail	varchar	50	否		电子邮箱
UserHobby	varchar	40			个人爱好

新建一位登录用户：user1；密码：0，并对数据库进行相应的配置。

2. 建立网站

(1) 创建名为 "WebChar6" 的网站。

(2) 添加 "Default.aspx" 窗体。向窗体添加一个 Button 控件。编写源代码，完成的源代码如下：

```
<%@ Page Language="C#" AutoEventWireup="true" CodeFile="Default.aspx.cs"
Inherits="_Default" %>
<!DOCTYPE html PUBLIC "-//W3C//DTD XHTML 1.0 Transitional//EN" "http://www.
```

```
w3.org/TR/xhtml1/DTD/xhtml1-transitional.dtd">
<html xmlns="http://www.w3.org/1999/xhtml">
<head id="Head1" runat="server">
    <title></title>
</head>
<body>
    <form id="form1" runat="server">
    <div>
    <asp:Button ID="Button1" runat="server" onclick="Button1_Click" Text="注册" />
        </div>
    </form>
</body>
</html>
```

"Default.aspx.cs" 的核心代码如下：

```
public partial class _Default : System.Web.UI.Page
{
    protected void Button1_Click(object sender, EventArgs e)
    {
        Response.Redirect("Register.aspx");
    }
}
```

(3) 新建"Register.aspx"窗体。按照图 6.33 所示设计视图。

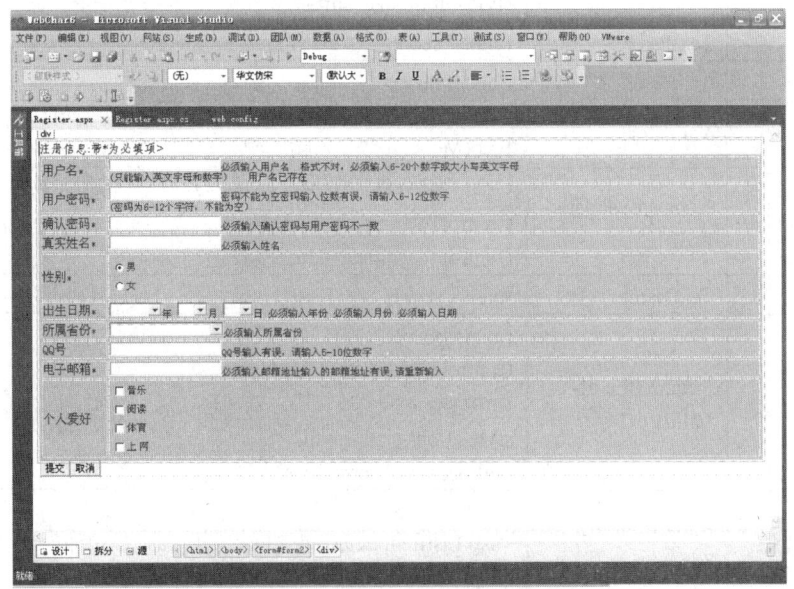

图 6.33　Register.aspx 的设计视图

首先输入一行文字"注册信息：带*为必填项"，然后插入一个 9 行 2 列的表格。在表格左侧一列分别输入文字"用户名*、用户密码*、确认密码*、性别*、出生日期*、所属省份*、QQ 号、电子邮箱*、个人爱好"。在表格的第 2 列，从工具箱中拖动相应的控件到"Register.aspx"。各控件属性如表 6-39 所示。

表 6-39   Register.aspx 页面的控件

控件类型	控件 ID	属　　性
TextBox	TextID	runat="server" Height="16px"　TextMode=SingleLine
RequiredField-Validator	RequiredField-ValidatorName	runat="server" ControlToValidate="TextID" ErrorMessage="必须输入用户名" style="font size: small"
RegularExpression-Validator	RegularExpression-ValidatorName	runat="server"　ControlToValidate="TextID"　ErrorMessage= "格式不对，必须输入 6～20 个数字或大小写英文字母" ValidationExpression ="[a-zA-Z0-9]{6,20}"　Display="Dynamic"
CustomValidator	CustomValidator-Name	runat="server" ControlToValidate="TextID" EnableClientScript="True" ErrorMessage= "用户名已存在" onservervalidate="CustomValidatorName_ServerValidate"
TextBox	TextPsd	runat="server" TextMode="Password" Width="148px"
RequiredField-Validator	RequiredField-ValidatorPsd	runat="server" ControlToValidate="TextPsd" ErrorMessage="密码不能为空" style="font-size: small"
RegularExpression-Validator	RegularExpression-ValidatorPsd	runat="server" ControlToValidate="TextPsd" EnableClientScript="True" ErrorMessage="密码输入位数有误,请输入 6～12 位数字" ValidationExpression="\d{6,12}" style="font-size: small"
TextBox	TextPsd2	runat="server"　TextMode="Password"
RequiredField-Validator	RequiredField-Validator1	runat="server" ControlToValidate="TextPsd2" ErrorMessage="必须输入确认密码" style="font-size: small"
CompareValidator	CompareValidator-Psd2	runat="server" ErrorMessage="与用户密码不一致" ControlToCompare="TextPsd" ControlToValidate="TextPsd2"
TextBox	TextName	runat="server"
RequiredField-Validator	RequiredField-Validator2	runat="server" ControlToValidate="TextName" ErrorMessage="必须输入姓名" style="font-size: small" SetFocusOnError="True"
RadioButtonList	RadioButtonList-Sex	runat="server" <asp:ListItem Selected="True">男</asp:ListItem> <asp:ListItem>女</asp:ListItem>
DropDownList	DropDownList-Year	runat="server" Height="16px" Width="70px" <asp:ListItem></asp:ListItem> <asp:ListItem>1988</asp:ListItem>…//注: 此处省略了其他年份,请参照源码 <asp:ListItem>2000</asp:ListItem>

控件类型	控件 ID	属　　性
DropDownList	DropDownList-Month	runat="server" <asp:ListItem></asp:ListItem> <asp:ListItem>01</asp:ListItem> …//注：此处省略了其他月份，请参照源码 <asp:ListItem>12</asp:ListItem>
DropDownList	DropDownListDay	runat="server" Height="16px" <asp:ListItem></asp:ListItem> <asp:ListItem>01</asp:ListItem> …//注：此处省略了其他日期，请参照源码 <asp:ListItem>31</asp:ListItem>
RequiredField-Validator	RequiredField-Validator6	runat="server" ControlToValidate="DropDownListYear" ErrorMessage="必须输入年份"
RequiredField-Validator	RequiredField-Validator7	runat="server" ControlToValidate="DropDownListMonth" ErrorMessage="必须输入月份"
RequiredField-Validator	RequiredField-Validator8	runat="server" ControlToValidate="DropDownListDay" ErrorMessage="必须输入日期"
DropDownList	DropDownList-Province	runat="server" <asp:ListItem></asp:ListItem> <asp:ListItem>北京市</asp:ListItem> …//注：此处省略了其他省份，请参照源码 <asp:ListItem>澳门特别行政区</asp:ListItem>
RequiredField-Validator	RequiredField-Validator4	runat="server" ControlToValidate="DropDownListProvince" ErrorMessage="必须输入所属省份" style="font-size: small"
TextBox	TextBoxQQ	runat="server" Height="19px"
RegularExpression-Validator	RegularExpression-ValidatorQQ	runat="server" ControlToValidate="TextBoxQQ"EnableClientScript="True" ErrorMessage="QQ 号输入有误，请输入 5～10 位数字" ValidationExpression="\d{5,10}" style="font-size: small"
TextBox	TextBoxEmail	runat="server"
RequiredField-Validator	RequiredField-Validator5	runat="server ControlToValidate="TextBoxEmail" ErrorMessage="必须输入邮箱地址" style="font-size: small"
RegularExpression-Validator	RegularExpression-ValidatorEmail	runat="server" ControlToValidate="TextBoxEmail" ErrorMessage="输入的邮箱地址有误，请重新输入" ValidationExpression="\w+([-+.']\w+)*@\w+([-.]\w+)*\.\w+([-.]\w+)*" Display="Dynamic"

续表

控件类型	控件 ID	属　性
CheckBoxList	CheckBoxList-Hobby	runat="server" AutoPostBack="False" onselectedindexchanged="CheckBoxListHobby_SelectedIndexChanged" Width="150px"> <asp:ListItem>音乐</asp:ListItem> <asp:ListItem>阅读</asp:ListItem> <asp:ListItem>体育</asp:ListItem> <asp:ListItem>上网</asp:ListItem>
Button	ButtonSubmit	runat="server" onclick="ButtonSubmit_Click" Text="提交"
Button	ButtonCancel	runat="server" Text="取消"　onclick="ButtonCancel_Click"

Register.aspx 对应的 HTML 代码如下：

```
<%@ Page Language="C#" AutoEventWireup="true" CodeFile="Register.aspx.cs"
Inherits="Register" %>
<!DOCTYPE html PUBLIC "-//W3C//DTD XHTML 1.0 Transitional//EN" "http://www.
w3.org/TR/xhtml1/DTD/xhtml1-transitional.dtd">
<html xmlns="http://www.w3.org/1999/xhtml">
<head runat="server">

    <style type="text/css">
        .style1
        {
            width: 100%;
            border-style: solid;
            border-width: 1px;
            background-color: #66CCFF;
        }
        .style2
        {            width: 84px;            }
        .style3
        {
            width: 84px;            height: 23px;            }
        .style4
        {
            height: 23px;            text-align: left;            }
        .style6
        {
            text-align: left;            font-size: small;            }
        .新建样式 3
        {
            font-family: 华文仿宋;
        }
        .style7
        {            font-size: small;            }
```

```
            .style8
            {          width: 84px;              height: 60px;             }
            .style9
            { text-align: left;      font-size: small;       height: 60px;        }
            .style10
            {        width: 84px;            height: 69px;              }
            .style11
            { text-align: left;     font-size: small;      height: 69px;          }
    </style>
    <title></title>
    </head>
    <body style="height: 235px">
      <form id="form2" runat="server">
        <div style="text-align: left">
            <span class="新建样式 3">注册信息：带*为必填项> </span>
            <br />
            <table class="style1">
                <tr>
                    <td class="style2">
                    用户名<span class="style7">*</span></td>
                    <td class="style6">
                        <asp:TextBox ID="TextID" runat="server" Height="16px" >
                                              TextMode=SingleLine>
                        </asp:TextBox>
                        <asp:RequiredFieldValidator ID="RequiredFieldValidatorName"
runat="server"
                        ControlToValidate="TextID" ErrorMessage="必须输入用户
名" style="font-size: small">
                        </asp:RequiredFieldValidator> 

  <asp:RegularExpressionValidator ID="RegularExpressionValidatorName" runat="server"
        ControlToValidate="TextID"  ErrorMessage="格式不对，必须输入 6～20 个数
字或大小写英文字母"
          ValidationExpression="[a-zA-Z0-9]{6,20}"  Display="Dynamic">
  </asp:RegularExpressionValidator>
        <br /><span class="fontgray">(只能输入英文字母和数字)</span>  
  <asp:CustomValidator ID="CustomValidatorName" runat="server"
          ControlToValidate="TextID" EnableClientScript="True"
          ErrorMessage="用户名已存在"
        onservervalidate="CustomValidatorName_ServerValidate"></asp:
CustomValidator>
                    </td>
                </tr>
                <tr>
                    <td class="style2">
                    用户密码<span class="style7">*</span></td>
                    <td class="style6">
```

```
            <asp:TextBox ID="TextPsd" runat="server" TextMode="Password" Width="148px">
        </asp:TextBox>
      <asp:RequiredFieldValidator ID="RequiredFieldValidatorPsd" runat="server"
                ControlToValidate="TextPsd" ErrorMessage="密码不能为空" style=
"font-size: small">
        </asp:RequiredFieldValidator>
        <asp:RegularExpressionValidator ID="RegularExpressionValidatorPsd" runat=
"server" ControlToValidate="TextPsd"
            EnableClientScript="True" ErrorMessage="密码输入位数有误,请输入 6～12 位数字"
    ValidationExpression="\d{6,12}" style="font-size: small" >
        </asp:RegularExpressionValidator>
                        <br /><span class="fontgray">(密码为 6～12 个字符,不能为空)</span>
                    </td>
                </tr>
                <tr>
                    <td class="style2">
                    确认密码<span class="style7">*</span></td>
                    <td class="style6">
        <asp:TextBox ID="TextPsd2" runat="server"  TextMode="Password">
    </asp:TextBox>
        <asp:RequiredFieldValidator ID="RequiredFieldValidator1" runat="server"
            ControlToValidate="TextPsd2" ErrorMessage="必须输入确认密码" style="font-
size: small">
    </asp:RequiredFieldValidator>
        <asp:CompareValidator ID="CompareValidatorPsd2" runat="server"
            ErrorMessage="与用户密码不一致" ControlToCompare="TextPsd"
            ControlToValidate="TextPsd2"></asp:CompareValidator>
                        <br />
                    </td>
                </tr>
                <tr>
                    <td class="style2">
                    真实姓名<span class="style7">*</span></td>
                    <td class="style6">
        <asp:TextBox ID="TextName" runat="server"></asp:TextBox>
      <asp:RequiredFieldValidator ID="RequiredFieldValidator2" runat="server"
            ControlToValidate="TextName" ErrorMessage="必须输入姓名" style="font-
size: small" SetFocusOnError="True">
        </asp:RequiredFieldValidator>
                    </td>
                </tr>
                <tr>
                    <td class="style8">
                    性别<span class="style7">*</span></td>
                    <td class="style9">
        <asp:RadioButtonList ID="RadioButtonListSex" runat="server">
```

```
                                    <asp:ListItem Selected="True">男</asp:ListItem>
                                    <asp:ListItem>女</asp:ListItem>
        </asp:RadioButtonList>
                    </td>
                </tr>
                <tr>
                    <td class="style2">
                    出生日期<span class="style7">*</span></td>
                    <td class="style6">

        <asp:DropDownList ID="DropDownListYear" runat="server" Height="16px"
                            Width="70px">
                        <asp:ListItem></asp:ListItem>
                        <asp:ListItem>1988</asp:ListItem>
                        <asp:ListItem>1989</asp:ListItem>
                        ...//此处省略了其他年份
                        <asp:ListItem>1999</asp:ListItem>
                        <asp:ListItem>2000</asp:ListItem>
                    </asp:DropDownList>年
        <asp:DropDownList ID="DropDownListMonth" runat="server">
                        <asp:ListItem></asp:ListItem>
                        <asp:ListItem>01</asp:ListItem>
                        <asp:ListItem>02</asp:ListItem>
                        ...//此处省略了其他月份
                        <asp:ListItem>11</asp:ListItem>
                        <asp:ListItem>12</asp:ListItem>
                    </asp:DropDownList>月
        <asp:DropDownList ID="DropDownListDay" runat="server" Height="16px">
                        <asp:ListItem></asp:ListItem>
                        <asp:ListItem>01</asp:ListItem>
                        <asp:ListItem>02</asp:ListItem>
                        <asp:ListItem>03</asp:ListItem>
                        <asp:ListItem>04</asp:ListItem>
                        <asp:ListItem>05</asp:ListItem>
                        ...//此处省略了其他日期
                        <asp:ListItem>26</asp:ListItem>
                        <asp:ListItem>27</asp:ListItem>
                        <asp:ListItem>28</asp:ListItem>
                        <asp:ListItem>29</asp:ListItem>
                        <asp:ListItem>30</asp:ListItem>
                        <asp:ListItem>31</asp:ListItem>
                    </asp:DropDownList>日
    <asp:RequiredFieldValidator ID="RequiredFieldValidator6" runat="server"
    ControlToValidate="DropDownListYear" ErrorMessage="必须输入年份"></asp: Required
FieldValidator>
     <asp:RequiredFieldValidator ID="RequiredFieldValidator7" runat="server"
ControlToValidate="DropDownListMonth"
```

```
                ErrorMessage="必须输入月份"></asp:RequiredFieldValidator>
         <asp:RequiredFieldValidator ID="RequiredFieldValidator8" runat="server"
            ControlToValidate="DropDownListDay" ErrorMessage="必须输入日期"></asp:
RequiredFieldValidator>
                        </td>
                    </tr>
                    <tr>
                        <td class="style2">
                        所属省份<span class="style7">*</span></td>
                        <td class="style6" scope="colgroup">
        <asp:DropDownList ID="DropDownListProvince"
                    runat="server" >
                        <asp:ListItem></asp:ListItem>
                        <asp:ListItem>北京市</asp:ListItem>
                        <asp:ListItem>天津市</asp:ListItem>
                        <asp:ListItem>上海市</asp:ListItem>
                        <asp:ListItem>重庆市</asp:ListItem>
                        <asp:ListItem>河北省</asp:ListItem>
                        ...//此处省略了其他省份
                        <asp:ListItem>宁夏回族自治区</asp:ListItem>
                        <asp:ListItem>新疆维吾尔自治区</asp:ListItem>
                        <asp:ListItem>香港特别行政区</asp:ListItem>
                        <asp:ListItem>澳门特别行政区</asp:ListItem>
        </asp:DropDownList>
    <asp:RequiredFieldValidator ID="RequiredFieldValidator4" runat="server"
        ControlToValidate="DropDownListProvince" ErrorMessage="必须输入所属省份
" style="font-size: small">
    </asp:RequiredFieldValidator>
                        </td>
                    </tr>
                    <tr>
                        <td class="style3">
                        <span lang="EN-US" style="font-family:宋体;">QQ 号 </span>
                         </td>
                        <td class="style4">
    <asp:TextBox ID="TextBoxQQ" runat="server" Height="19px"></asp:TextBox>
     <asp:RegularExpressionValidator ID="RegularExpressionValidatorQQ"
        runat="server" ControlToValidate="TextBoxQQ" EnableClientScript="True"
            ErrorMessage="QQ输入有误,请输入 5~10 位数字"ValidationExpression= "\d{5,10}"
style="font-size: small"></asp:RegularExpressionValidator>
                        </td>
                    </tr>
                    <tr>
                        <td class="style2">
                            <span style="font-family:宋体;">电子邮箱<span class=
"style7">*</span></span></td>
```

```
                    <td class="style6">
        <asp:TextBox ID="TextBoxEmail" runat="server" ></asp:TextBox>
        <asp:RequiredFieldValidator ID="RequiredFieldValidator5" runat="server"
            ControlToValidate="TextBoxEmail" ErrorMessage="必须输入邮箱地址" style="font-
size: small">
        </asp:RequiredFieldValidator>
        <asp:RegularExpressionValidator ID="RegularExpressionValidatorEmail"
            runat="server" ControlToValidate="TextBoxEmail"
            ErrorMessage="输入的邮箱地址有误，请重新输入"
        ValidationExpression="\w+([-+.']\w+)*@\w+([-.]\w+)*\.\w+([-.]\w+)*"
                Display="Dynamic" >
        </asp:RegularExpressionValidator>
                    </td>
                </tr>
                <tr>
                    <td class="style10">
                        <span style="font-family:宋体; ">个人爱好</span></td>
                    <td class="style11">
        <asp:CheckBoxList ID="CheckBoxListHobby" runat="server" AutoPostBack="False"
onselectedindexchanged="CheckBoxListHobby_SelectedIndexChanged" Width="150px">
                        <asp:ListItem>音乐</asp:ListItem>
                        <asp:ListItem>阅读</asp:ListItem>
                        <asp:ListItem>体育</asp:ListItem>
                        <asp:ListItem>上网</asp:ListItem>
                    </asp:CheckBoxList>
                    </td>
                </tr>
            </table>
        </div>
        <div>
        <asp:Button ID="ButtonSubmit" runat="server" onclick="ButtonSubmit_Click"
        Text="提交" />
        <asp:Button ID="ButtonCancel" runat="server" Text="取消"  onclick="ButtonCancel_
Click" />
        </div>
        </form>
</body>
</html>
```

(4) 编写"Web.config"代码。完成的"Web.config"的代码如下：

```
<?xml version="1.0"?>
<configuration>
  <connectionStrings>
    <add name="UserDBConnectionString" connectionString="Data Source=
.\SQLEXPRESS;Initial Catalog=UserDB; User ID=user1;Password=0"
    providerName="System.Data.SqlClient" />
```

```
    </connectionStrings>
</configuration>
```

（5）编写"Register.aspx.cs"代码如下：

```
using System;
using System.Collections.Generic;
using System.Linq;
using System.Web;
using System.Web.UI;
using System.Web.UI.WebControls;
using System.Data.SqlClient;
using System.Configuration;
using System.Data;
public partial class Register : System.Web.UI.Page
{
    bool userFlag;
    string hobby = "";
    //连接数据库
    string sqlconnstr = ConfigurationManager.ConnectionStrings
["UserDBConnectionString"].ConnectionString;
    protected void Page_Load(object sender, EventArgs e)
    {   }
    protected void CustomValidatorName_ServerValidate(object source,
ServerValidateEventArgs args)
    {
        //打开数据库
        SqlConnection sqlconn = new SqlConnection(sqlconnstr);
        sqlconn.Open();
        string cmd = "select UserID from Table_UserRegister";
        SqlCommand com = new SqlCommand(cmd, sqlconn);
        SqlDataReader readerUser = com.ExecuteReader();
        while (readerUser.Read())
        {
            if (TextID.Text == readerUser["UserID"].ToString().Trim())
            {
                Response.Write("<script>alert('用户名已存在，请重新输入')</script>");
                userFlag = true;
                return;
            }
        }
    }
    protected void CheckBoxListHobby_SelectedIndexChanged(object sender, EventArgs e)
    {
        for (int i = 0; i < this.CheckBoxListHobby.Items.Count; i++)
        {
            if (this.CheckBoxListHobby.Items[i].Selected == true)
```

```
            {
                hobby += this.CheckBoxListHobby.Items[i].Value + " ";
            .}
        }
    }
    protected void ButtonSubmit_Click(object sender, EventArgs e)
    {
        string id = TextID.Text.Trim();
        string psd = TextPsd.Text.Trim();
        string psd2 = TextPsd2.Text.Trim();
        string name = TextName.Text.Trim();
        string sex = RadioButtonListSex.SelectedValue.ToString();
        string birthYear = DropDownListYear.SelectedValue.ToString();
        string birthMonth = DropDownListMonth.SelectedValue.ToString();
        string birthDay = DropDownListDay.SelectedValue.ToString();
        string birthdate = birthYear + birthMonth + birthDay;

        if (birthdate == "")
            Response.Write("出生日期不能为空! ");
        string province = DropDownListProvince.SelectedValue.ToString();
        if (province == "")
            Response.Write("省份不能为空! ");
        string qq = TextBoxQQ.Text.Trim();
        string email = TextBoxEmail.Text.Trim();
        try
        {
            if (userFlag == false)
            {
                SqlConnection sqlconn = new SqlConnection(sqlconnstr);
                sqlconn.Open();
                //将新添加的用户信息加入到数据库
                string str = "insert into Table_UserRegister values('" + id +
"','" + psd + "','" + psd2 + "','" + name + "','" + sex + "','"
                    + birthdate + "','" + province + "','" + qq + "','" +
email + "','"+ hobby + "')";
                SqlCommand cmd = new SqlCommand(str, sqlconn);
                cmd.ExecuteNonQuery();
                Response.Write("<script>alert('注册成功')</script>");
                return;
            }
        }
        catch
        {
          Response.Write("<script>alert('注册不成功,请检查输入信息')</script>");
        }
    }
    protected void ButtonCancel_Click(object sender, EventArgs e)
```

```
    {
        Response.Redirect("Default.aspx");
    }
}
```

(6) 运行所设计的网页，如图 6.1 所示。

习 题 6

一、填空题

1. 在网页上看到的单选按钮、文本框、复选框等都是_____。

2. ASP.NET 服务器控件是在 HTML 普通控件的标记中加上_____的属性项，并且可以通过其 ID 属性而被引用。

3. _____控件在 Web 页上显示文本框。

4. HTML 服务器控件基本对应了传统的_____标记。

5. _____控件是一个支持层次型数据的 Web 控件，它由 MenuItem 控件组成。

6. Web 服务器控件属于 System.Web.UI.WebControls 命名空间，它们不是必须和_____标记一一对应。

7. _____控件将在 Web 页上显示复选框。

二、简答题

1. 按照功能区分，Web 服务器可以包含哪些控件类型？

2. ASP.NET 验证控件有哪几种？并简要说明每种验证控件能够实现的功能。

3. ASP.NET 的导航系统由哪几个组件组成？并对每个组件进行简要介绍。

4. 简述创建用户控件的方法。

5. 简述创建自定义控件的方法。

三、操作题

1. 设计实现一个多用户根据用户权限进行登录的登录界面。

2. 设计实现一个用户修改密码界面。

第 7 章

ASP.NET 母版页和主题

- 了解 ASP.NET 中母版页的作用
- 掌握 ASP.NET 中母版页的设计与应用方法
- 了解 ASP.NET 中主题与皮肤的作用
- 掌握 ASP.NET 中主题的创建与使用方法

案例介绍

在 Web 应用程序开发中，一个良好的 Web 应用程序界面能够让网站的访问者耳目一新，当用户访问 Web 应用时，网站的界面和布局能够提升访问者对网站的兴趣，从而继续浏览该网页。ASP.NET 提供了模板页和主题、皮肤的功能，增强了网页布局和界面优化的功能，这样即可轻松地实现对网站开发中界面的控制。

本章案例是一个常用的 WEB 信息管理系统的页面布局，如图 7.1 所示。该网页分上、中、下 3 部分：header、mainBody、footer。header 部分包含了 Banner 和导航栏；mainBody 部分包含了左右 2 栏，左侧为树形导航菜单，右侧为内容区，实现具体的管理操作；Footer 部分为版权所有等信息。利用母版页进行总体页面布局，用主题修饰内容页的外观样式。

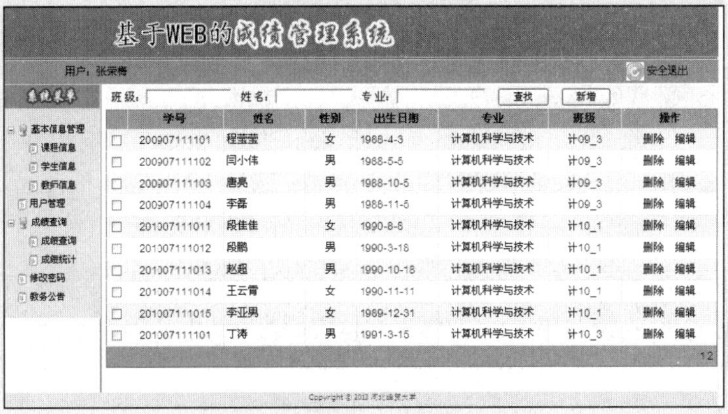

图 7.1　母版页与主题设计的网站

7.1 母 版 页

一个网站的多个页面通常有相同或相似的页面布局，如导航栏、网站的 LOGO、页面的页头和页脚等内容。为了解决多个页面的相同布局这个问题，可以使用母版页。

母版页(Master Page)是 Visual Studio 2005 中新引入的一个概念，母版就是模板，用来设置页面外观，使用它可以快速地建立具有相同页面布局不同内部内容的网页，一个网站可以有多个母版。母版页是一种特殊的 ASP.NET 网页文件，扩展名是.master，它不能被浏览器直接查看，必须在被其他页面(被称为内容页)使用后才能进行显示。母版页中，页面被分成公共区和可编辑区，公共区的设计方法与普通页面相同，可以在其中放置文件或者图形、HTML 控件和 Web 控件、后置代码等；可编辑区用 ContentPlaceHolder 控件预留出来。

页面母版页有两种作用，一是提高代码的复用(把相同的代码抽出来)，二是使整个网站保持一致的风格和样式。

7.1.1 创建母版页

下面通过一个示例，介绍母版页的创建方法，具体步骤如下：

(1) 打开 Visual Studio 2010，新建一个空的 ASP.NET 网站 "MasterPageTest"。

(2) 右击【解决方案资源管理器】中的项目 "MasterPageTest"，选择【添加新项】→【母版页 Visual C#】，输入母版页名称 "AdminMasterPage.master"，勾选【将代码放在单独的文件中】复选框，单击【添加】按钮即可创建母版页，如图 7.2 所示。

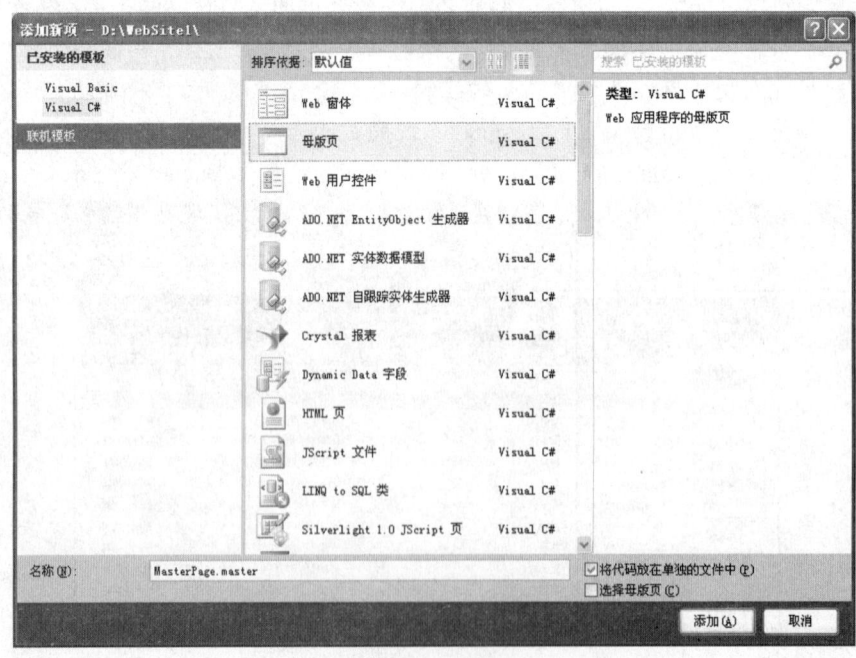

图 7.2 添加母版页

母版页同 Web 窗体在结构上基本相同，不同的是母版页的扩展名是.master。母版页由特殊的@ Master 指令标识，该指令替换了用于普通.aspx 页的@ Page 指令。

创建的母版页的示例代码如下：

```
<%@ Master Language="C#" AutoEventWireup="true"
CodeFile="AdminMasterPage. master.cs" Inherits="AdminMasterPage" %>
<!DOCTYPE html PUBLIC "-//W3C//DTD XHTML 1.0 Transitional//EN"
"http://www .w3.org/TR/xhtml1/DTD/xhtml1-transitional.dtd">
<html xmlns="http://www.w3.org/1999/xhtml">
<head runat="server">
    <title></title>
    <asp:ContentPlaceHolder id="head" runat="server">
    </asp:ContentPlaceHolder>
</head>
<body>
    <form id="form1" runat="server">
    <div>
        <asp:ContentPlaceHolder id="ContentPlaceHolder1" runat="server">
        </asp:ContentPlaceHolder>
    </div>
    </form>
</body>
</html>
```

在新建的母版页中会发现自动生成了两个 ContentPlaceHolder 控件，其中一个在 head 区，ID 是 "head"；另一个在 body 区，默认 ID 是 "ContentPlaceHolder1"，用户可以根据需要自己来命名。这是两个占位符控件，占位符控件定义可替换内容出现的区域，将来各个内容页中定义可替换内容，即内容页具体的代码就出现在占位符所限制的区域内。

(3) 在母版页中添加一些元素，进行母版布局。编写母版页的方法比较简单，只需要像编写 HTML 页面一样编写母版页。在编写网站页面时，首先需要确定通用的网页布局，确定需要使用的控件或 CSS 样式，对于本章案例，网页布局如图 7.3 所示。

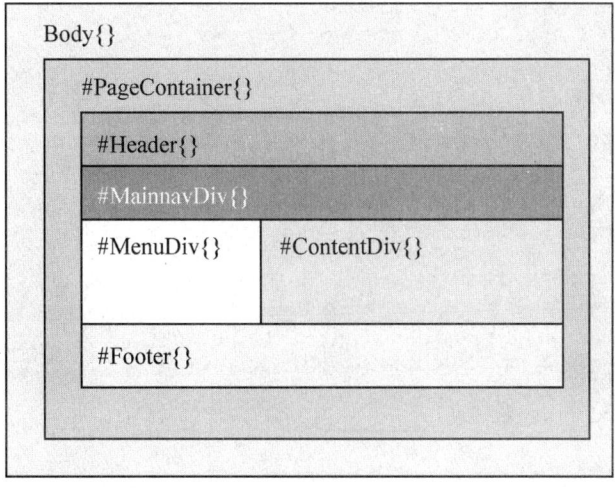

图 7.3　母版页页面布局

在确定了母版页布局的通用结构后，就可以编写母版页了。这里使用 DIV+CSS 进行布局，在布局前，首先需要定义若干样式，示例代码如下所示，存放在 AdminStyleSheet.css 文件中。

```css
Body
{
  margin: 0;
  padding: 0;
  font-family: Arial, Helvetica, Verdana, Sans-serif;
  font-size: 14px;
  background: #ffffff;
}
a:link{text-decoration:none;color:black;}
a:visited{text-decoration:none;color:#000;}
a:hover{text-decoration:none;color:#f00;}

#PageContainer {
width: 960px;
margin: auto;
border-right:1px solid #EAEAEA;
}
#Header
{
 margin-top:2px;
 margin-bottom:0px;
height: 69px;
background: #db6d16  url(../images/adminbg2.jpg);
}
#MainnavDiv
{
 margin-top:1px;
background: #1e9fef;
height: 30px;
font-size: 14px;
color:Black;
padding-top:0px;
padding-left:80px;
}
#MenuDiv {
background:#C6E2FF;
float: left;
width:128px;
line-height: 18px;
border: 1px solid #efefef;
padding: 0px;
}
```

```
#MenuDiv p
{ padding-left:1px;
  margin-left:4px;
  margin-top:1px;
}
#ContentDiv {
margin-left: 129px;
padding-left:6px;
padding-top:3px;
width:822px;
border-left:2px solid #1e90ef;
}
#Footer {
clear: both;
height:18px;
margin-right: 0px;
font-family: Tahoma, Arial, Helvetica, Sans-serif;
font-size: 10px;
color: blue;
background-color:#C6E2ED;
text-align:center
}
```

上述代码对页面进行了布局，并定位了头部、中部和底部 3 个部分，而中部又分为左侧、右侧两个部分，左侧为导航菜单，右侧为内容部分。通过编写 HTML 进行母版页的布局，嵌入控件，编写母版页。本章案例母版页编写完成后效果如图 7.4 所示。

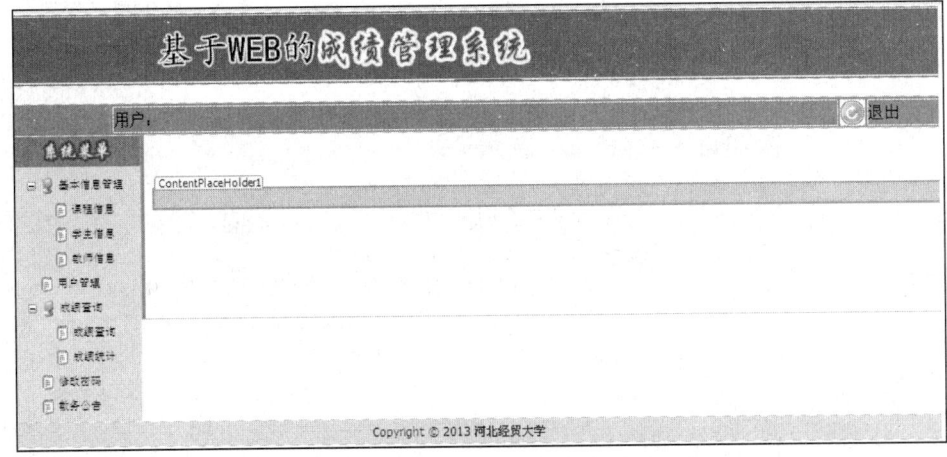

图 7.4　母版页布局

最终的母版页 HTML 代码如下：

```
<%@ Master Language="C#" AutoEventWireup="true"
CodeFile="AdminMasterPage. master.cs" Inherits="MasterPage" %>
<!DOCTYPE html PUBLIC "-//W3C//DTD XHTML 1.0 Transitional//EN"
"http://www. w3.org/TR/xhtml1/DTD/xhtml1-transitional.dtd">
```

```
<html xmlns="http://www.w3.org/1999/xhtml">
<head runat="server">
    <title>成绩管理系统</title>
    <link href="CSS/AdminStyleSheet.css" rel="stylesheet" type="text/css" />
</head>
<body>
 <div id="PageContainer">
        <!--banner 部分-->
    <div id="Header"></div>
    <form id="form1" runat="server">
        <!--提示信息部分-->
    <div id="MainnavDiv">
        <table style="height:24px;width:100%">
          <tr>
          <td style="height:24px;width:800px">用户: <%=Session["Name"].ToString() %>
  </td>
            <td style="height:24px;">
                <asp:ImageButton ID="ImageButton1" runat="server"
ImageUrl= "~/images/exit1.jpg"  onclick="ImageButton1_Click" />
</td>
            <td style="height:24px;width:100px"> 安全退出 </td>
            </tr>
          </table>
    </div>
        <!--左侧菜单部分-->
    <div id="MenuDiv">
        <img src="images/menu1.jpg" style="width: 128px"/>
        <p>
        <asp:TreeView ID="TreeView1" runat="server" ImageSet="XPFileExplorer"
                NodeIndent="15" >
        <HoverNodeStyle Font-Underline="false" ForeColor="#6666AA" />
        <Nodes>
        <asp:TreeNode Text="基本信息管理" Value="基本信息管理" Expanded="True">
           <asp:TreeNode NavigateUrl="~/admin/kechengxinxi.aspx"
                        Text="课程信息"   Value="课程信息"></asp:TreeNode>
           <asp:TreeNode NavigateUrl="~/admin/xueshengxinxi.aspx" Text="学生信息"
             Value="学生信息"></asp:TreeNode>
           <asp:TreeNode NavigateUrl="~/admin/jiaoshixinxi.aspx"
                        Text="教师信息"  Value="教师信息"></asp:TreeNode>
         </asp:TreeNode>
         <asp:TreeNode Text="用户管理" Value="用户管理"
                 NavigateUrl="~/admin/yonghuguanli.aspx">
         </asp:TreeNode>
         <asp:TreeNode Text="成绩查询" Value="成绩查询">
            <asp:TreeNode NavigateUrl="~/admin/chengjichaxun.aspx" Text="成绩查询"
               Value="成绩查询"></asp:TreeNode>
```

```
                <asp:TreeNode NavigateUrl="~/admin/chengjitongji.aspx" Text="成绩统计"
    Value="成绩统计"></asp:TreeNode>
            </asp:TreeNode>
            <asp:TreeNode Text="修改密码" Value="修改密码"
                    NavigateUrl="~/admin/xiugaimima.aspx"></asp:TreeNode>
            <asp:TreeNode NavigateUrl="~/admin/jiaowugonggao.aspx" Text="教务公告"
                Value="教务公告"  >
            </asp:TreeNode>
        </Nodes>
        <NodeStyle Font-Names="Tahoma" Font-Size="9pt" ForeColor="Black"
            HorizontalPadding="2px" NodeSpacing="0px" VerticalPadding="3px" />
        <ParentNodeStyle Font-Bold="False" />
        <SelectedNodeStyle Font-Underline="False"
            HorizontalPadding="0px" VerticalPadding="0px" BackColor="#B5B5B5" />
    </asp:TreeView>
  </p>
</div>
        <!--主体内容-->
    <div id="ContentDiv">
        <asp:ContentPlaceHolder id="ContentPlaceHolder1" runat="server">
        </asp:ContentPlaceHolder>
    </div>
    <!--页脚-->
    <div id="Footer">
        Copyright © 2013  河北经贸大学
    </div>
    </form>
  </div>
</body>
</html>
```

这样，母版页就创建好了，接下来就可以使用模板页，创建布局相同的内容页面了。

说明：

(1) 母版页可以集中地处理页面的通用功能，包括布局和控件定义。母版页能够将页面布局集中到一个或若干个页面中，这样无需在其他页面中过多的关心页面布局。

(2) 在编写母版页时，如果需要在某一区域允许内容窗体能够新增内容，就必须使用 ContentPlaceHolder 控件作占位，在母版页中，其代码如下：

```
<asp:ContentPlaceHolder ID="ContentPlaceHolder1" runat="server">
</asp:ContentPlaceHolder>
```

(3) 一般说来，在母版页中使用元素时，建议使用服务器控件，即使是对不需要服务器代码的元素也是如此。因为 ASP.NET 无法修改不是服务器控件的元素上的 URL。例如，如果在母版页上使用一个 img 元素并将其 src 特性设置为一个 URL，则 ASP.NET 不会修改该 URL。在这种情况下，URL 会在内容页的上下文中进行解析并创建相应的 URL。而使用 Image 服务器控件，ASP.NET 就可以正确解析 URL。

7.1.2 创建内容页

使用母版页的页面被称作内容页。通过创建各个内容页来定义母版页的占位符控件的内容，这些内容页为绑定到特定母版页的 ASP.NET 页。通过包含指向要使用的母版页的 MasterPageFile 特性，在内容页的 @ Page 指令中建立绑定。当用户请求内容页时，内容页将与母版页合并，并且将母版页的布局和内容页的布局组合在一起呈现到浏览器。

创建内容页的方法基本同 Web 窗体一样，在 Visual Studio 2010 中创建 Web 窗体时，必须勾选【选择母版页】复选框，如图 7.5 所示，单击【添加】按钮，系统会提示选择相应的母版页，如图 7.6 所示，选择相应的母版页后，单击【确定】按钮即可创建内容窗体。

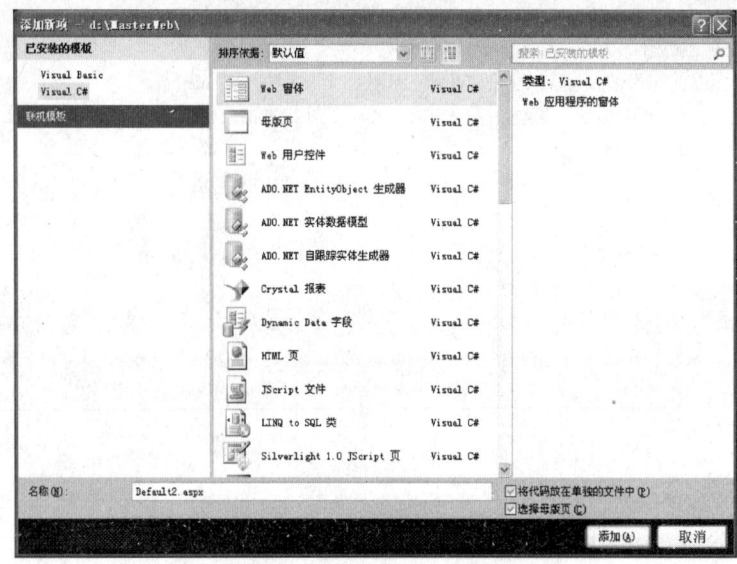

图 7.5 创建 Web 内容窗体

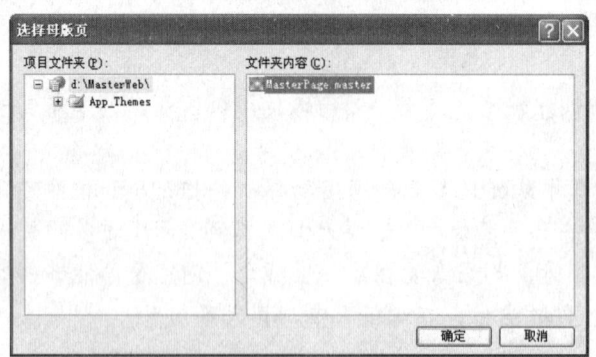

图 7.6 选择母版页

新建的内容窗体 index1.aspx 代码如下：

```
<%@ Page Title="" Language="C#" MasterPageFile="~/AdminMasterPage.master"
AutoEventWireup="true" CodeFile="index1.aspx.cs" Inherits="index1" %>
<asp:Content ID="Content1" ContentPlaceHolderID="ContentPlaceHolder1" Runat="Server">
</asp:Content>
```

与母版页中的 ContentPlaceHolder 控件相对应,在内容窗体中添加了一个 Content 控件。编辑此控件,按照图 7.1 所示,添加相关内容或控件,最后内容页代码如下:

```
<asp:Content ID="Content1" ContentPlaceHolderID="ContentPlaceHolder1" Runat="Server">
    <div style="Height:30px;background:#f0f0f0;">   班 级:
     <asp:TextBox ID="TxtClass" runat="server" Font-Size="12px" Height="14px"
            BorderStyle="Inset"  style="margin-top:4px" Width= "110px" >
    </asp:TextBox>   姓 名:
     <asp:TextBox ID="TxtName" runat="server"  Font- Size="12px"
     BorderStyle="Inset" Height="14px" style="margin-top:4px" Width="100px">
     </asp:TextBox>   专 业:
     <asp:TextBox ID="TxtSpecial" runat="server" Font-Size="12px"
     BorderStyle="Inset" Height="14px" style="margin-top:4px" Width="110px">
     </asp:TextBox>   
      <asp:Button ID="BtnSearch" runat="server" Text="查找" Width="70px"
                             onclick="BtnSearch_Click" />   
     <asp:Button ID="BtnAdd" runat="server" Text="新增"
        onclick="BtnAdd_Click" Width="70px" />
</div>
 <asp:GridView ID="GridView1" runat="server" AllowPaging="True"
     ForeColor="#333333" AutoGenerateColumns="False"
                         DataSourceID= "SqlDataSource1" DataKeyNames="Sno">
 <HeaderStyle BackColor="#006699" Font-Bold="True" ForeColor="White" />
 <FooterStyle BackColor="#990000" Font-Bold="True" ForeColor="White" />
 <Columns>
     <asp:TemplateField >
       <ItemTemplate>
        <asp:CheckBox ID="CheckBox1" runat="server"  />
       </ItemTemplate>
     </asp:TemplateField>
     <asp:TemplateField HeaderText="学号" SortExpression="Sno">
       <EditItemTemplate>
        <asp:Label ID="Label1" runat="server"Text='<%# Eval("Sno")%>'>
         </asp:Label>
       </EditItemTemplate>
       <ItemTemplate>
         <asp:Label ID="Label1" runat="server" Text='<%# Bind("Sno") %>'>
         </asp:Label>
       </ItemTemplate>
       <ItemStyle Width="120px" HorizontalAlign="Center" />
       </asp:TemplateField>
     <asp:TemplateField HeaderText="姓名" SortExpression="Sname">
        <EditItemTemplate>
        <asp:TextBox ID="TextBox1" runat="server" Text='<%# Bind("Sname") %>'>
        </asp:TextBox>
        </EditItemTemplate>
        <ItemTemplate>
```

```
            <asp:Label ID="Label2" runat="server" Text='<%# Bind("Sname") %>'>
            </asp:Label>
        </ItemTemplate>
        <ItemStyle Width="100px" />
    </asp:TemplateField>
    <asp:TemplateField HeaderText="性别" SortExpression="Ssex">
        <EditItemTemplate>
        <asp:TextBox ID="TextBox2" Width="90px" runat="server"
                        Text='<%# Bind("Ssex") %>'> </asp:TextBox>
        </EditItemTemplate>
        <ItemTemplate>
            <asp:Label ID="Label3" runat="server"
                        Text='<%# Bind("Ssex") %>'></asp:Label>
        </ItemTemplate>
        <ItemStyle Width="60px"  HorizontalAlign="Center" />
    </asp:TemplateField>
    <asp:TemplateField HeaderText="出生日期" SortExpression="SbirthDate">
        <EditItemTemplate>
        <asp:TextBox ID="TextBox3" runat="server"
                        Text='<%# Bind("SbirthDate") %>'></asp:TextBox>
        </EditItemTemplate>
        <ItemTemplate>
            <asp:Label ID="Label4" runat="server" Text='<%# Bind("SbirthDate",
                                        "{0:d}") %>'></asp:Label>
        </ItemTemplate>
        <ItemStyle Width="100px" />
    </asp:TemplateField>
    <asp:TemplateField HeaderText="专业" SortExpression="Specialty">
        <EditItemTemplate>
    <asp:TextBox ID="TextBox4" runat="server"
                        Text='<%# Bind("Specialty")%>'></asp:TextBox>
        </EditItemTemplate>
        <ItemTemplate>
            <asp:Label ID="Label5" runat="server" Text='<%# Bind("Specialty") %>'>
            </asp:Label>
        </ItemTemplate>
        <ItemStyle Width="140px" HorizontalAlign="Center" />
    </asp:TemplateField>
    <asp:TemplateField HeaderText="班级" SortExpression="Sclass">
        <EditItemTemplate>
            <asp:TextBox ID="TextBox5" runat="server"
                        Text='<%# Bind("Sclass") %>'></asp:TextBox>
        </EditItemTemplate>
        <ItemTemplate>
    <asp:Label ID="Label6" runat="server"
                        Text='<%# Bind("Sclass") %>'></asp:Label>
        </ItemTemplate>
```

```
            <ItemStyle Width="90px" HorizontalAlign="Center" />
        </asp:TemplateField>
        <asp:TemplateField HeaderText="操作">
            <ItemTemplate>
                <asp:LinkButton runat="server">删除</asp:LinkButton>   
                <asp:LinkButton ID="LinkButton1" runat="server">编辑
                </asp: LinkButton>
            </ItemTemplate>
            <ItemStyle Width="122px" HorizontalAlign="Center" />
        </asp:TemplateField>
    </Columns>
 <SelectedRowStyle BackColor="#666666" Font-Bold="True" ForeColor="White" />
 <PagerStyle BackColor="White" ForeColor="#000066" HorizontalAlign="Right" />
 </asp:GridView>
 <asp:SqlDataSource ID="SqlDataSource1" runat="server"
    ConnectionString= "<%$ ConnectionStrings:DB_StudentConnectionString %>"
                        SelectCommand="SELECT * FROM [T_Students]">
  </asp:SqlDataSource>
  <br />
</asp:Content>
```

内容窗体无需进行页面布局，也无法进行页面布局，否则会抛出异常。在内容窗体中，只需向 Content 控件中，进行控件的拖动和设置即可。

说明：

(1) 内容页与母版页的映射关系。在内容页中，通过添加 Content 控件并将这些控件映射到母版页上的 ContentPlaceHolder 控件来创建内容。例如，母版页可能包含名为 Main 和 Footer 的内容占位符。在内容页中，可以创建两个 Content 控件，一个映射到 ContentPlace-Holder 控件 Main，而另一个映射到 ContentPlaceHolder 控件 Footer，如图 7.7 所示。

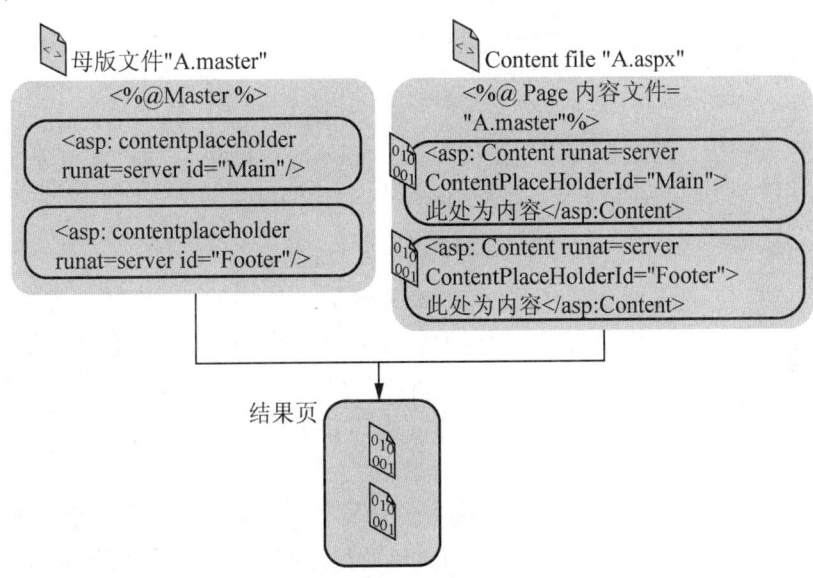

图 7.7　母版页与内容页之间的映射关系

(2) 替换占位符。在内容页创建 Content 控件后,向这些控件添加文本和控件,来替换占位符的内容。在内容页中,Content 控件外的任何内容(除服务器代码的脚本块外)都将导致错误。在 ASP.NET 页中所执行的所有任务都可以在内容页中执行。例如,可以使用服务器控件、数据库查询或使用其他动态机制来生成 Content 控件的内容。

7.1.3　母版页的运行方法

在使用母版页时,母版页和内容页通常是一起协调运作的。在母版页运行后,内容窗体中 Content 控件会被映射到母版页的 ContentPlaceHolder 控件,并向母版页中的 ContentPlaceHolder 控件填充自定义控件。运行后,母版页和内容窗体将会整合形成结果页面,然后呈现给用户的浏览器。母版页运行的具体步骤如下:

(1) 通过 URL 指令加载内容页面。

(2) 页面指令被处理。

(3) 将更新过内容的母版页合并到内容页中。

(4) 内容页的 Content 控件中的内容被合并到相对的母版页的 ContentPlaceHolder 中。

(5) 合并的页面被加载并显示给浏览器。

从浏览者的角度来说,母版页和内容窗体的运行并没有什么本质的区别,因为在运行的过程中,其 URL 是唯一的。而从开发人员的角度来说,实现的方法不同,母版页和内容窗体分别是单独而离散的页面,分别进行各自的工作,在运行后合并生成相应的结果页面呈现给用户。在内容页中使用,母版页无须存放在特殊的目录中,只需放在普通的目录中即可,内容页需要使用母版页时,只需要使用 MasterPageFile 属性即可。使用 MasterPageFile 属性能够声明母版,Page 指令中的 MasterPageFile 属性会解析为一个.master 页面,在运行时,就能够将母版页和内容窗体合并为一个 Web 窗体并呈现给浏览器。

7.1.4　限定母版页的范围

可以在 3 种级别上将内容页附加到母版页:

(1) 页级。可以在每个内容页中使用页指令来将内容页绑定到一个母版页,代码如下:

```
<%@ Page Language="C#" MasterPageFile="MySite.Master" %>
```

(2) 应用程序级。通过在应用程序的配置文件 Web.config 的 pages 元素中进行设置,可以指定应用程序中的所有 ASP.NET 页(.aspx 文件)都自动绑定到一个母版页,代码如下:

```
<pages masterPageFile="MySite.Master" />
```

(3) 文件夹级。此策略类似于应用程序级的绑定,不同的是只需在一个文件夹中的一个 Web.config 文件中进行设置。然后母版页绑定会应用于该文件夹中的 ASP.NET 页。

7.2　主题与皮肤

维护和更换网站的主题风格是一件非常繁重的工作,它涉及了很多细致的工作,如对图片、样式、字体等风格的修改,主题的出现使得这些工作变得容易起来。主题(Theme)

和皮肤(Skin)是 ASP.NET 所提供的一种确保 UI 风格一致性的技术，提供了统一 CSS 与 Web 控件外观属性的解决方案。

7.2.1 创建主题和皮肤

作为在各个控件上指定样式的补充，ASP.NET 2.0 引入了"主题"的概念，主题本质上是属性设置的集合，通过使用主题的设置能够定义页面和控件的样式，然后在某个 Web 应用程序中应用到所有的页面，以及页面上的控件，以简化样式控制。主题是一种特殊的文件夹，其中可以包含 CSS 样式文件、皮肤文件及其他资源文件，包括图片、Flash 等。使用主题甚至可方便地替换整个网站的外观。主题文件夹存放在特殊目录 App_Themes 下，以便这些文件能够在页面中被全局访问。

主题的优势在于，用户在设计站点的时候不用考虑它的样式，在将来应用样式的时候，不必更新页面或应用程序代码。用户还可以从外部获取定制的主题，然后应用到自己的应用程序上。由于样式设置都存储在一个单独的位置，它的维护与应用程序是分离的，便于修改、阅读和复用。

创建主题文件如图 7.8 所示。选择【添加新项】→【外观文件】，输入主题名称"theme1.skin"，单击【添加】按钮后 Visual Studio 会提示是否将文件存放到特殊目录，如图 7.9 所示。

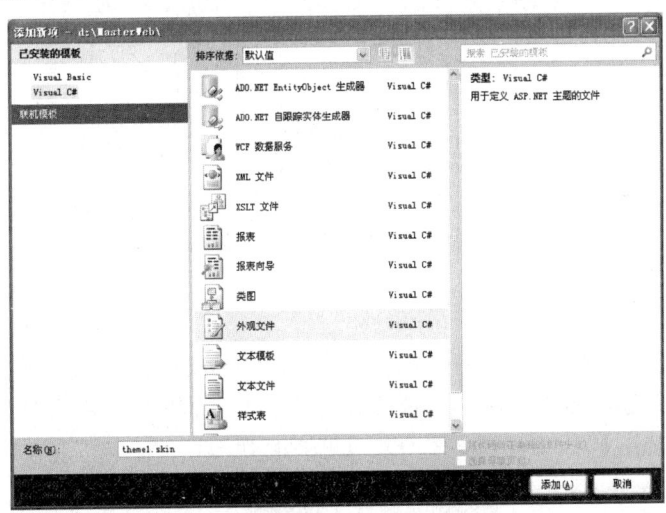

图 7.8　添加外观文件

图 7.9　存放到 App_Themes 文件夹

单击【是】按钮后主题文件夹 theme1 会存放到 App_Themes 文件夹中。接下来就可以在主题文件夹 theme1 中编写皮肤文件 theme1.skin 的代码，设置控件的样式。

下面分别添加 Button 控件和 GridView 控件的样式设置，示例代码如下：

```
<asp:button runat="server" BackColor="White" BorderColor="Blue" BorderStyle=
"Solid"  SkinID="blue" Width="100px" height="25px">
```

```
    </asp:button>
    <asp:button runat="server" BackColor="Orange" BorderColor="red" BorderStyle=
"Solid" SkinID="Orange"  Width="100px" height="25px" >
    </asp:button>
```

上述代码创建了 Button 控件的两种样式,这两个按钮控件的主题分别为 SkinID="blue" 和 SkinID= "orange"。由于示例代码是对 Button 控件的设置,所以将皮肤文件 theme1.skin 名改为 button.skin。

同样 GridView 控件的样式设置在 GridView.skin 文件中,代码如下:

```
<asp:GridView  runat="server" SkinID="lightblue"
         CellPadding="4"  ForeColor="Black" BorderColor="#6990C9">
        <AlternatingRowStyle BackColor="White"  />
        <EditRowStyle BackColor="#2461BF"  />
        <HeaderStyle BackColor="#6990C9" Font-Bold="True" ForeColor="BLACK" />
        <PagerStyle BackColor="#6990C9" ForeColor="black" HorizontalAlign="Right" />
        <RowStyle BackColor="#E6ECFB"  />
        <SelectedRowStyle BackColor="#D1DDF1" ForeColor="#333333" Font-Bold="True" />
    </asp:GridView>
    <asp:GridView runat="server"  SkinId="black" BackColor="White" BorderStyle=
"solid"  BorderColor="#999999"  BorderWidth="1px"  CellPadding="3"  ForeColor=
"Black" GridLines="Both">
        <FooterStyle BackColor="#cccccc"/>
        <SelectedRowStyle BackColor="#000099" ForeColor="White" font-Bold="true" />
        <PagerStyle BackColor="#999999" ForeColor="Black" HorizontalAlign="Center" />
        <HeaderStyle BackColor="black" ForeColor="White" font-Bold="true"/>
        <AlternatingRowStyle BackColor="#cccccc" />
    </asp:GridView>
```

说明:

(1) 默认主题。如果在定义控件的皮肤时,省略 SkinID,则该主题为默认主题。也就是说,若指定的主题为其所在主题文件,只要网页上有该控件,就会应用该皮肤。例如,对上面的 button .skin 的 button 的第 1 种皮肤代码修改如下:

```
    <asp:button runat="server" BackColor="White" BorderColor="Blue" BorderStyle=
"Solid"  Width="100px" height="25px">
    </asp:button>
```

则该皮肤为默认皮肤。

(2) SkinID 属性在皮肤文件中对同一种控件的样式设置必须是唯一的,因为这样才可以在相应页面中为控件配置所需要使用的主题。

(3) 主题还可以包括级联样式表(.css 文件),将.css 放置在主题目录中,样式表则会自动应用为主题的一部分,不仅如此,主题还可以包括图片和其他资源。

7.2.2　应用主题

在使用主题的页面,必须在 Page 命令中声明主题(Themes 或 App_Themes 目录下的文件夹名称),如果不声明主题,则页面无法找到页面中控件需要使用的主题。例如,在页面

Default.aspx 中声明主题的代码如下：

```
<%@ Page Language="C#" AutoEventWireup="true" CodeFile="Default.aspx.cs"
Inherits="_Default" Theme="theme1" %>
```

或者使用 StyleSheetTheme 属性进行页面主题的设置，示例代码如下：

```
<%@ Page Language="C#" AutoEventWireup="true" CodeFile=" Default.aspx.cs"
Inherits="_ Default" StylesheetTheme ="theme1" %>
```

在页面声明主题后，控件就能够通过 SkinID 属性，使用.skin 文件中的主题，示例代码如下：

```
<asp:Button ID="button1" runat="server" Text="确定"  SkinID="blue" />
<asp:Button ID="button2" runat="server" Text="取消" SkinID="Orange" />
```

运行效果如图 7.10 所示。

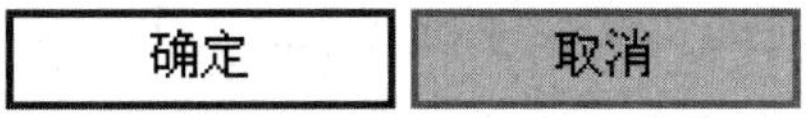

确定　　取消

图 7.10　Button 控件不同的主题皮肤

下面在内容页 Index1.aspx 中使用主题，设置 GridView 控件的皮肤。首先在 Page 命令中声明主题，代码如下：

```
<%@ Page Title="" Language="C#" MasterPageFile="~/AdminMasterPage.master"
AutoEventWireup="true" CodeFile="index1.aspx.cs" Inherits="index1"Theme="theme1" %>
```

然后设置 GridView 控件的 SkinId 属性，并将 GridView 控件中的样式属性的设置代码删除，代码如下：

```
<asp:GridView ID="GridView1" runat="server" AllowPaging="True"
  AutoGenerateColumns="False" DataSourceID="SqlDataSource1" DataKeyNames= "Sno"
                                                        SkinID="lightblue"

    <Columns>
      …
    </Columns>
  </asp:GridView>
```

说明：

(1) 默认皮肤。如果在主题文件中有默认主题，则可以省略控件的 ShinID 属性，此时使用该类控件的默认皮肤。

(2) 一个页面只能应用一个主题，但是该主题中的多个皮肤文件可以用于设置页面上的控件的样式信息。

(3) 母版页不能应用主题；应该在内容页上或配置文件中设置主题。

(4) 页面主题。用户可以为每个页面设置主题，这种情况被称为"页面主题"。页面主题是一个主题文件夹，其中包括控件的主题、层叠样式表、图形文件和其他资源文件，这个文件夹是作为网站中的"\App_Themes"文件夹和子文件夹创建的。每个主题都是"\App_Themes"文件夹的一个子文件夹。

(5) 全局主题。在 Web.config 文件的 < pages theme="..."/ > 部分中指定应用在 Web 程序的所有页面上的主题，称为全局主题。

```
<configuration xmlns="http://schemas.microsoft.com/.NetConfiguration/v2.0">
    <system.web>
        <pages theme="Theme1"/>
    </system.web>
</configuration>
```

一般全局主题存放在服务器上的公共文件夹中，这个文件夹通常命名为 Themes。服务器上的任何 Web 应用程序都能够使用 Themes 文件夹中的主题。

(6) 如果需要取消某个特定页面的主题，需要把该页面指令的主题属性设置为空字符串("")。

(7) 动态加载主题。在 c#代码文件的 protected override void OnPreInit(EventArgs e)中，可以实现主题的动态加载。对于页面，代码为 this.Theme = " Theme1"，或 Page. Theme = " Theme1"; 对于控件，可以通过更改控件的 SkinID 属性来对控件的主题进行更改，如 Button1.SkinID = "blue"。

(8) 禁用主题。对于页面，可以用声明的方法进行禁用，代码如下：

```
<%@ Page Language="C#" AutoEventWireup="true" EnableTheming="false" %>
```

当页面需要某个主题的属性描述，而又希望单个控件不被主题描述时，同样可以通过控件的 EnableTheming 属性进行主题禁止，示例代码如下：

```
<asp:Button  ID="button1" runat="server" EnableTheming="False"> </asp:Button>
```

这样就可以保证该控件不会被主题描述和控制，而页面和页面的其他元素可以使用主题描述中的相应属性。如果没有默认主题，可以取消该控件的 SkinID 属性即可。

(9) 主题和.css 文件区别。主题和.css 文件一样可以进行页面布局和控件样式控制，但是主题和.css 文件的描述不同，所能够完成的功能也不同，其主要区别如下：

① 主题可以定义控件的样式，不仅能够定义样式属性，还能够定义其他样式，包括模板。这样减少了相同类型的控件的模板编写操作。

② 主题可以包括图形等其他主题元素文件。

③ 主题的层叠方式与.css 文件的层叠方式不同。

④ 一个页面只能应用于一个主题，但能够应用多个.css 文件。

⑤ 主题在样式控制上还有很多不够强大的地方，而.css 页面布局的能力比主题更加强大，样式控制更加友好。

(10) 主题与 StyleSheetTheme(样式表主题)的优先级。

① 如果页面单独使用 stylesheettheme 属性指定主题，那么内容页内定义的控件属性将覆盖 stylesheettheme 定义的控件属性。

② 如果页面单独使用 theme 属性，那么只执行 theme 属性所定义的主题，内容页内定义的属性将不起作用！

③ 如果页面内同时定义 stylesheettheme 和 theme 属性指定主题，那么优先级是：
theme >内容页内定义的属性> stylesheettheme。

7.2.3　皮肤文件的分类

　　由于主题可以包含多个皮肤文件，根据控件类型对皮肤文件进行分组，使每个皮肤文件包含特定控件的一组皮肤定义。例如，在 theme1 中分别定义 button、Calendar 和 GridView 控件的一组皮肤定义。

　　也可以把命名皮肤分割到单个文件中，使每个皮肤文件包含相同 SkinID 的多个控件定义。例如，在 theme2 中，有 3 个皮肤文件，它们分别与特定的 SkinID 值对应。blue.skin 对 button、Calendea 和 GridView 控件设置一个 SkinID，其值均为 blue，如图 7.11 所示。

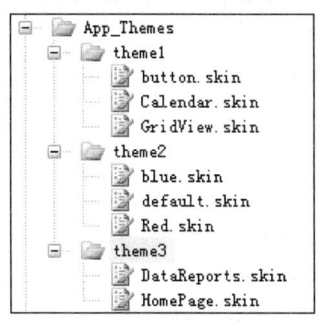

图 7.11　皮肤文件的分类

　　还可以根据站点的不同区域来分割皮肤文件。例如，在 theme3 中，HomePage.skin 和 DataReports.skin 分别对主页和数据显示部分设置样式。

　　另外，在一个主题目录下存放多个皮肤文件的能力使用户能够灵活地组织它们，能够轻易地与他人共享皮肤定义，或者把皮肤定义从一个主题复制到另一个主题，而不需要编辑主题中的皮肤文件。

习　题　7

　　一、填空题

　　1．母版页是布局相同的一组网页的模板，其扩展名为(　　　)。

　　　　A．.aspx　　　　B．.html　　　　C．.skin　　　　D．.master

　　2．主题是有关控件属性设置的集合，是一组皮肤文件的集合，皮肤文件的扩展名为(　　　)。

　　　　A．.aspx　　　　B．.html　　　　C．.skin　　　　D．.master

　　二、简答题

　　1．简述创建与使用母版页的过程。

　　2．简述创建与使用主题的步骤。

　　3．主题和.css 文件都能进行页面布局，请简述二者的区别。

　　三、操作题

　　模拟本章案例，设计自己开发系统的母版页和外观的布局。

第 8 章

数据库基础

教学目标

- 掌握创建数据库、表的 SQL 语句
- 掌握常用的查询 SQL 语句
- 掌握创建视图和存储过程的 SQL 语句
- 了解数据库安全性管理的 SQL 语句
- 了解在 SQL Server 2008 中数据导入与导出的方法

案例介绍

本章案例是我们比较熟悉的教学系统中的学生成绩管理系统的数据库 DB_Student，包含 4 张表：学生信息表、课程表、教师信息表、学生成绩表。分 3 类用户：管理员、教师、学生，管理员创建、维护数据库及 4 张表，有管理各种用户的权限；教师可以修改个人信息，录入本学期所任课程的学生成绩，查看个人的教学任务；学生可以修改个人信息，查看个人成绩等。通过该案例，将了解并掌握 SQL Server 2008 中用 SQL 语句创建和维护数据库、表的常用 SQL 语句和方法。各表见表 8-1～表 8-4。

表 8-1　学生信息表

学号	姓名	性别	出生年月	专业	班级
200907141002	宋光耀	男	1990-12-26	网络工程	网络 09_1
201007111002	李雨欣	女	1991-08-15	软件工程	软工 10_1
201007111004	田甜	女	1991-10-1	计算机科学与技术	计 10_1

表 8-2　课程表

课程代码	课程名	开课学年	学期	学时	学分	课程性质	专业	年级
07300123	C++程序设计	2011-2012	2	68	4	必修	计算机科学与技术	2011
07400823	数据库原理	2011-2012	2	63	3.5	必修	计算机科学与技术	2010
07401713	软件工程	2011-2012	2	34	2	必修	软件工程	2010

表 8-3　教师信息表

教师号	教师名	性别	出生日期	学院	职称
88101	赵宝琴	女	1974-10-05	信息技术学院	讲师
88102	赵彦霞	女	1975-05-15	信息技术学院	讲师
88103	张荣梅	女	1968-11-08	信息技术学院	教授

表 8-4　成绩表

学号	课程号	教师号	平时成绩	期末成绩	总评成绩	备注
200807111184	07400823	88101	90	85	86	NULL
201007111004	07300123	88102	95	70	75	NULL
201007111004	07400823	88101	90	85	86	NULL
201007111002	07401713	88103	85	70	73	NULL

8.1　数据库简介

数据库(Database，DB)是长期储存在计算机内、有组织的、可共享的大量数据的集合。数据库中的数据按一定的数据模型组织、描述和存储。数据模型主要有网状模型、层次模型、关系模型等，计算机厂商新推出的数据库管理系统几乎都支持关系模型。关系模型中数据的逻辑结构是一张二维表，它由行和列组成。一个关系对应一张表，表中的一行即为一个元组，表中的一列即为一个属性，给每一个属性起一个名称即属性名。码是表中的某个属性组，它可以唯一确定一个元组。

数据库管理系统(Database Management System，DBMS)是科学地组织和存储数据、高效地获取和维护数据的一个大型复杂的基础软件，是位于用户与操作系统之间的一层数据管理软件。目前 ASP.NET 应用程序开发中使用的大型关系数据库常采用 Microsoft SQL Server，它包括电子商务、数据仓库和业务流解决方案，对数据库中的数据提供有效的管理，并采用有效的措施实现数据的完整性和数据的安全性。

结构化查询语言 SQL 是关系数据库操作的标准语言。SQL 具有数据定义、查询、更新和控制等多种功能，它使用方便、功能丰富、简单易学。Microsoft SQL Server 等均支持 SQL 语言。SQL 语言由以下 3 部分组成：

(1) 数据定义语言(Data Definition Language，DDL)，用于数据库定义，对数据库以及数据库中的各种对象进行创建、删除、修改等，主要指令有 3 个：CREATE、ALTER 和 DROP。

(2) 数据操纵语言(Data Manipulation Language，DML)，用于操纵数据，主要指令有 4 个：SELECT、INSERT、UPDATE 和 DELETE。

(3) 数据控制语言(Data Control Language，DCL)，提供数据库的安全保护。主要指令有 4 个：GRANT、REVOKE、COMMIT 和 ROLLBACK。

8.2 创建数据库、表

本节主要介绍在 SQL Server 2008 中用 SQL 语句创建和维护数据库、表的方法。以学生成绩数据库、表创建为例加以介绍，学生数据库名 DB_Student，包含 4 张表：学生基本信息表 T_Students、课程表 T_Courses、教师信息表 T_Teachers 和学生成绩表 T_Scores，各表结构分别列于表 8-5～表 8-8 中。

表 8-5 T_Students 表结构

字段名	数据类型	描述
Sno	char(12)	学号(主键)
Sname	varchar(20)	学生姓名
Ssex	nchar(1)	性别
SbirthDate	date	出生日期
Specialty	varchar(30)	专业
Sclass	varchar(20)	班级(计 10_1)

表 8-6 T_Courses 表结构

字段名	数据类型	描述
Cno	char(10)	课程号(主键)
Cname	varchar(50)	课程名
CYear	varchar(10)	开课学年(2010—2011)
Semester	char(1)	学期(1,2)
Chour	int	课时数
Credit	real	学分
Ckind	char(10)	课程性质(必修、限选、校选)
Specialty	varchar(30)	专业(计算机科学与技术、网络工程)
Grade	char(4)	年级(2009、2010、2011、2012)

表 8-7 T_Teachers 表结构

字段名	数据类型	描述
Tno	char(10)	职工号(主键)
Tname	varchar(20)	教师姓名
Tsex	nchar(1)	性别
TbirthDate	date	出生日期
College	varchar(50)	所在学院
Title	varchar(20)	职称

表 8-8　T_Scores 表结构

字段名	数据类型	描述
Sno	char(12)	学号(主键)
Cno	char(10)	课程号(主键)
Tno	char(10)	教师号(主键)
Usual	int	平时成绩
Final	int	期末成绩
Score	int	总评成绩
Memo	char(10)	备注(缓考、补考、作弊)

8.2.1　创建管理数据库

1. 使用 CREATE DATABASE 创建数据库

CREATE DATABASE 命令用来创建一个新数据库及存储该数据库的文件。其基本语法格式如下：

```
CREATE DATABASE database_name
  [ ON
    { [ PRIMARY ] [ <filespec> [ ,...n ]
    [ , <filegroup> [ ,...n ] ]
  [ LOG ON { <filespec> [ ,...n ] } ] }
  ]
```

其中，<filespec>的格式如下：

```
(
  NAME =logical_file_name,
  FILENAME = 'os_file_name'
[ , SIZE =size [ KB | MB | GB | TB ] ]
    [ , MAXSIZE = { max_size [ KB | MB | GB | TB ] | UNLIMITED } ]
    [ , FILEGROWTH =growth_increment [ KB | MB | GB | TB | % ] ]
) [ ,...n ]

<filegroup> 的格式如下：
FILEGROUP filegroup_name [ CONTAINS FILESTREAM ] [ DEFAULT ]
    <filespec> [ ,...n ]
```

各参数含义如下：

(1) database_name：新建数据库的名称。数据库名称在 SQL Server 的实例中必须唯一，并且必须符合标识符规则。

如果未指定数据文件的名称，则 SQL Server 使用 database_name 作为 logical_file_name 和 os_file_name。默认路径从注册表中获得，默认路径为 c:\Program Files\Microsoft SQL Server\MSSQL10.SQLEXPRESS\MSSQL\DATA。可以使用 Management Studio 中的 "服务器属性" ("数据库设置" 页)更改默认路径。更改默认路径要求重新启动 SQL Server。

如果未指定逻辑日志文件名称，则 SQL Server 将通过向 database_name 追加后缀来为日志生成 logical_file_name 和 os_file_name。

(2) ON：指明用来存储数据库数据部分的磁盘文件(数据文件)。当后面是以逗号分隔的、用于定义主文件组的数据文件的 <filespec> 项列表时，需要使用 ON。主文件组的文件列表可后跟以逗号分隔的、用于定义用户文件组及其文件的 <filegroup> 项列表(可选)。

(3) PRIMARY：指定关联的 <filespec> 列表定义主文件。在主文件组的 <filespec> 项中指定的第一个文件将成为主文件，一个数据库只能有一个主文件。如果没有指定 PRIMARY，那么 CREATE DATABASE 语句中列出的第一个文件将成为主文件。

(4) LOG ON：指明用来存储数据库日志的磁盘文件(日志文件)。LOG ON 后跟以逗号分隔的用以定义日志文件的<filespec>项列表。如果没有指定 LOG ON，将自动创建一个日志文件，其大小为该数据库的所有数据文件大小总和的 25%或 512 KB，取两者之中的较大者。此文件放置于默认的日志文件位置。不能对数据库快照指定 LOG ON。

(5) NAME logical_file_name：指定文件的逻辑名称。logical_file_name 在数据库中必须是唯一的，必须符合标识符规则。名称可以是字符或 Unicode 常量，也可以是常规标识符或分隔标识符。

(6) FILENAME { 'os_file_name' }：指定操作系统(物理)文件名称。'os_file_name'是创建文件时由操作系统使用的路径和文件名。执行 CREATE DATABASE 语句前，指定路径必须存在。

(7) SIZE size：指定文件的大小。size 为文件的初始大小。如果没有为主文件提供 size，则数据库引擎将使用 model 数据库中的主文件的大小。如果指定了辅助数据文件或日志文件，但未指定该文件的 size，则数据库引擎将以 1 MB 作为该文件的大小。为主文件指定的大小至少应与 model 数据库的主文件大小相同。可以使用 KB、MB、GB 或 TB 后缀。默认值为 MB。size 是整数值，对于大于 2147483647 的值，使用更大的单位。

(8) MAXSIZE max_size：指定文件可增大到的最大值。可以使用 KB、MB、GB 和 TB 后缀，默认值为 MB。如果不指定 max_size，则文件将不断增长直至磁盘被占满，max_size 是整数值。对于大于 2147483647 的值，使用更大的单位。

(9) UNLIMITED：指定文件将增长到磁盘充满。在 SQL Server 中，指定为不限制增长的日志文件的最大值为 2TB，而数据文件的最大值为 16TB。

(10) FILEGROWTH growth_increment：指定文件的自动增量。文件的 FILEGROWTH 设置不能超过 MAXSIZE 设置。growth_increment 每次需要新空间时为文件添加的空间量。该值可以 MB、KB、GB、TB 或百分比(%)为单位，默认值为 MB。指定的大小舍入为最接近的 64KB 的倍数。值为 0 时表明自动增长被设置为关闭，不允许增加空间。如果未指定 FILEGROWTH，则数据文件的默认值为 1 MB，日志文件的默认增长比例为 10%，并且最小值为 64KB。

有 3 种类型的文件用来存储数据库：

(1) 主文件包含数据库的启动信息，还可以用来存储数据。每个数据库都包含一个主文件，扩展名为.mdf。

(2) 次要文件保存所有主文件容纳不下的数据，扩展名为.ndf。如果主文件大到足以容纳数据库中的所有数据，就不需要次要数据文件。如果数据库非常大，需要多个次要数据文件，次要文件可以分布在多个独立磁盘上。

(3) 事务日志文件保存用来恢复数据库的日志信息，扩展名为.ldf。每个数据库必须至少有一个事务日志文件。

【例 8.1】创建数据库 DB_Student，其他参数均采用默认值。

```
CREATE DATABASE DB_Student
GO
```

该命令创建了一个数据库 DB_Student，数据文件名为 DB_Student.mdf，日志文件为 DB_Student_log.ldf，存放在默认路径下。

【例 8.2】创建数据库 MYDB，该数据库由一个数据文件和一个事务日志文件组成。数据文件只有主要数据文件，其逻辑名为 MYDB，其物理文件名为 MYDB.mdf，存放在 D:\DATA 文件夹下，初始大小为 10MB，最大值为 50MB，自动增长的递增量为 5MB。事务日志文件的逻辑名为 MYDB_log，物理文件名为 MYDB_log.ldf，存放在 D:\DATA 下，初始大小为 5MB，最大值为 20MB，自动增长的递增量为 2MB。

```
CREATE DATABASE MYDB
ON
( NAME = MYDB,
    FILENAME = 'D:\DATA\ MYDB.mdf',
    SIZE = 10,
    MAXSIZE = 50,
    FILEGROWTH = 5 )
LOG ON
( NAME = MYDB_log,
  FILENAME = 'D:\DATA\ MYDB_log.ldf',
    SIZE = 5MB,
    MAXSIZE = 20MB,
    FILEGROWTH = 2MB ) ;
```

2. 使用 USE 打开数据库

打开并切换数据库的命令为：

```
USE database_name
```

其中，database_name 是要打开的数据库名。使用权限：数据库拥有者(dbo)。

打开 DB_Student 为当前数据库的命令为：

```
USE DB_Student
```

3. 使用 DROP DATABASE 删除数据库

删除数据库的语句格式如下：

```
DROP DATABASE database_name
```

其中，database_name 是要删除的数据库名。不能删除当前正在使用的数据库。

【例 8.3】删除数据库 MYDB。

```
DROP DATABASE MYDB
```

8.2.2 创建管理数据库中的表

1. 使用 CREATE TABLE 创建表

创建表的 SQL 语句格式如下：

```
CREATE  TABLE  <表名>(
<列名> <数据类型>[ <列级完整性约束定义> ]
    [，<列名> <数据类型>[ <列级完整性约束定义>]···]
  [，<表级完整性约束定义> ] )
```

其中，<表名>是要定义的基本表的名字，最多可有 128 个字符；<列名>是表中所含的属性列的名字，<数据类型>指明列的数据类型。

常用完整性约束如下：

(1) 主码约束：PRIMARY KEY。

(2) 唯一性约束：UNIQUE。

(3) 非空值约束：NOT NULL。

(4) 取值范围约束：CHECK。

(5) 默认值约束：DEFAULT。

(6) 参照完整性约束：FOREIGN KEY···REFERENCES···

【例 8.4】创建学生数据库 DB_Student 的 4 张表 T_Students、T_Teachers、T_Course 和 T_Grades。

```
USE DB_Student
GO
Create Table T_Students                    /**学生表**/
(
Sno    char(12)   Primary key,             /**学号**/
Sname  varchar(20)  NOT NULL,              /**学生名**/
Ssex     nchar(1)  ,                       /**学生性别**/
SbirthDate   date,                         /**出生日期**/
Specialty   varchar(30),                   /**专业**/
Sclass  varchar(20)                        /**所在班级**/
)
GO
USE DB_Student
GO
Create Table T_Teachers  /**教师表**/
(
Tno char(10)  Primary key,                 /**教师号**/
Tname   varchar(20),                       /**教师名**/
Tsex nchar(1)  DEFAULT '男',               /**教师性别, 默认"男"**/
```

```
TbirthDate   date,                          /**教师年龄**/
College varchar(50),                        /**教师所在学院**/
Title    varchar(20)                        /**教师职称**/
)
GO
USE DB_Student
GO
Create Table T_Courses                      /**课程表**/
 (
Cno    char(10)  Primary key,               /**课程号**/
Cname    varchar(50),                       /**课程名称**/
CYear   varchar(10),                        /**开课学年**/
Semester    char(1),                        /**开课学期**/
Chour   int,                                /**学时**/
Credit   real,                              /**学分**/
Ckind   char(10),                           /**课程性质**/
Specialty varchar(30),                      /**专业**/
Grade   char(4)                             /**年级**/
)
GO
USE DB_Student
GO
Create Table T_Scores                       /**成绩表**/
  (
Sno char(12) ,                              /**学号**/
Cno  char(10) ,                             /**课程号**/
Tno char(10),                               /**教师号**/
Usual int ,                                 /**平时成绩**/
Final int,                                  /**期末成绩**/
Grade int,                                  /**综评成绩**/
Memo char(10),                              /**缓考，补考，作弊*/
Primary key(Sno,Cno,Tno),
FOREIGN KEY(Sno) REFERENCES  T_Students(Sno),
FOREIGN KEY(Cno) REFERENCES  T_Courses (Cno),
FOREIGN KEY(Tno) REFERENCES  T_Teachers (Tno)
)
GO
```

2. 使用 ALTER TABLE 修改表

修改表的语句格式如下：

```
ALTER TABLE <表名>
[ ADD <新列名> <数据类型> [ 完整性约束 ] ]
    [ ALTER COLUMN <列名> <数据类型> ]
[ DROP COLUMN <列名>]
[ADD 约束定义]
[ DROP <完整性约束名> ]
```

3. 使用 DROP TABLE 删除表

删除表的 SQL 语句格式如下：

```
DROP TABLE  Table_name  [CASCADE]
```

参数 CASCADE 表示删除一个表定义以及该表的所有数据、索引、触发器、约束和指定的权限。任何引用已删除表的视图或存储过程都必须使用 DROP VIEW 或 DROP PROCEDURE 显式删除。

不能使用 DROP TABLE 删除被 FOREIGN KEY 约束引用的表。必须先删除引用 FOREIGN KEY 约束或引用表。

8.2.3 添加、修改、删除数据

1. 使用 INSERT 语句向表中添加数据

向表中添加数据的语法格式如下：

```
INSERT [INTO] tabel_name [(colum_list)] VALUES(data_values)
[SELECT 语句]
```

其中，tabel_name 是将要添加数据的表，colum_list 是用逗号分割的表中的部分列名，data_values 是要向上述列中添加的数据，数据间用逗号分开。

使用 select 语句可以插入多条记录。

【例 8.5】向学生表 T_Students 中插入一条记录。

```
USE DB_Student
GO
INSERT INTO T_Students  VALUES('2010007111011','段佳佳','女','1990-08-08','
计算机科学与技术','计10_1')
```

注意：如果 INTO 子句中没有指定列名，则新添加的记录必须在每个属性列上均有值，且 VALUES 子句中值的排列顺序要与表中各属性列的排列顺序一致。

【例 8.6】向成绩表中插入多条学生选课记录(以班为单位选课)。

```
insert into T_Grades(Tno,Cno,Sno)
select '88101','07300123',sno from T_Students where Sclass='计10_1'
```

【例 8.7】向成绩表中插入一条学生选课记录。

```
insert into T_Grades(Tno,Cno,Sno)values('88101','07300123','200907111104')
```

2. 使用 UPDATE 语句修改表中数据

修改表中数据的语法格式如下：

```
UPDATE <表名> SET <列名=表达式>  [WHERE <条件表达式>]
```

其中，<表名>是需要更新数据的表，SET 后面指明了将要更改哪些列及更改为何值，WHERE 选项指明将对哪些行进行更新。

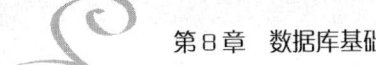

【例8.8】将成绩表中的所有记录的总评成绩修改为平时成绩*20%＋期末成绩*80%。

```
USE DB_Student
GO
UPDATE T_grades SET Grade=(Usual*2+Final*8)/10
```

3. 使用 DELETE 语句删除表中数据

删除表中数据的语法格式如下：

```
DELETE  [FROM] 表名 [WHERE <条件表达式>]
```

【例8.9】删除成绩表中学号为 201007111091 的记录。

```
DELETE FROM T_Grades WHERE Sno='201007111091'
```

【例8.10】删除 08 级各专业的所有课程。

```
DELETE  T_Courses  where Cmemo LIKE  '08%'
```

【例8.11】删除教师表的所有记录。

```
DELETE  FROM T_Teachers
```

8.3　常用 SQL 查询语句

数据查询 select 语句一般格式如下：

```
SELECT [ALL|DISTINCT][TOP N] [WITH TIES ] <目标列表达式> [AS][<别名>]
[,<目标列表达式> [AS][<别名>],…]
[INTO 新表名]
FROM  <表名 1 或视图名 1> [AS] [<别名 1>] [,<表名 2 或视图名 2> [AS] [<别名 2>] , …]
[WHERE  <条件表达式>]
[GROUP BY  <列名 1> [,<列名 2>,…] [HAVING <条件表达式>]
[ORDER BY <排序表达式> [ASC|DESC] ]
```

其中，select 子句指定输出的字段；FROM 子句指定数据源；WHERE 子句指定检索条件；GROUP BY 子句用于对检索到的记录进行分组；HAVING 子句用于指定组的选择条件；ORDER BY 子句用于对查询结果进行排序。

8.3.1　简单查询

仅涉及一个表的查询为简单查询，包括简单条件查询、复合条件查询、模糊查询等。
【例8.12】查询所有学生的基本信息。

```
SELECT * FROM T_Students
```

【例8.13】查询 1990 年出生的学生的学号和姓名。

```
select Sno,Sname from T_Students WHERE YEAR(SbirthDate)=1990
```

【例 8.14】查询年龄前 3 最小的学生学号、年龄(包括并列小)。

```
select top 3 WITH TIES Sno, 2012-YEAR(SbirthDate) FROM T_Students
ORDER BY  2012-YEAR(SbirthDate)
```

【例 8.15】查询姓孙的女教师的基本信息。

```
SELECT * FROM  T_Teachers WHERE Tname LIKE '孙%' AND Tsex='女'
```

说明：常用的通配符有%和_(下划线)，其中%表示 0 个或多个字符；_表示一个字符。

8.3.2　统计查询

统计查询是指在 select 子句中使用了统计函数的查询，常用的统计函数有 AVG、SUM、MAX、MIN、COUNT 等。

【例 8.16】查询学号为 080711211 的学生的平均分。

```
SELECT  AVG(Grade) AS 平均分 FROM T_Grades WHERE Sno=' 080711211'
```

【例 8.17】查询选修教师号为 88101，课程号为 07400823 的学生人数。

```
SELECT COUNT(*) FROM T_Grades WHERE Tno='88101' and Cno='07400823'
```

8.3.3　多表连接查询

若一个查询同时涉及两个或两个以上的表，则称之为连接查询，主要包括内连接、外连接。内连接是如果两个表的相关字段满足连接条件，则从这两个表中提取数据并组合成新的记录。外连接是只限制一张表中的数据必须满足连接条件，而另一张表中的数据可以不满足连接条件，符合连接条件的数据将直接返回到结果集中，对于不符合连接条件的列，将被填上 NULL 值后再返回到结果集中。外连接分为左连接(LEFT OUTER JOIN)、右连接(RIGHT OUTER JOIN)和全连接(FULL JOIN)。

【例 8.18】查询教师号为 88101 的教师所承担的课程号、课程名。

```
Select distinct g.Cno,Cname FROM T_grades AS g,T_Courses AS C
where Tno='88101' and g.Cno=C.Cno         .
```

【例 8.19】统计学号为 201007111009 的学生已修的必修课的学分。

```
SELECT SUM(Credit) FROM T_Grades AS g,T_Course AS c
WHERE Sno='201007111009' AND g.Cno=c.Cno and Grade>=60 and c.Ckind='必修'
```

【例 8.20】查询学生的选课情况，包括已选修课程的学生和未选修课程的学生。

```
SELECT S.Sno, Sname, Cno, Grade
FROM T_Students AS s  LEFT OUTER JOIN T_Grades AS g
ON  s.Sno=g.Sno
```

说明：左连接结果集中包含位于关键字 LEFT OUTER JOIN 左侧的表中的所有行，以及该关键字右侧的表中满足条件的行。右连接结果集中包含位于关键字 RIGHT OUTER JOIN 右侧的表中的所有行，以及该关键字左侧的表中满足条件的行。全连接结果集中包含两个表中的所有行。

8.3.4 在表中存储查询结果

使用 INTO 子句可以将查询结果保存到一张表中。

【例 8.21】查询每位教师所承担的课程，并存储到一张新表 T_TC 中。

```
SELECT DISTINCT Tno,Cno INTO T_TC FROM T_Grades
```

说明：如果该表不存在，则会创建一张新表，新表中的列即为 select 子句中的列。

8.4 视图与存储过程

8.4.1 视图

视图是虚表，其数据不进行存储，而是来自基本表，只在数据库中存储其定义。视图在概念上与基本表等同，用户可以在视图上再定义视图，也可以对视图进行查询、删除与更新等操作。

1. 创建视图

可以使用 CREATE VIEW 创建视图，其语法格式如下：

```
CREATE VIEW   视图名  [(视图列表)]
AS SELECT 语句
[ WITH CHECK OPTION ]
```

说明：

(1) 视图列表为可选项。省略时，视图列将获得与 select 语句中的列相同的名称。仅在下列情况下需要列名：列是从算术表达式、函数或常量派生的；两个或更多的列可能会具有相同的名称(通常是由于连接的原因)；视图中的某个列的指定名称不同于其派生来源列的名称。

在 select 语句中不允许使用 GROUP BY、HAVING 或 DISTINCT 子句。

CHECK OPTION 强制针对视图执行的所有数据修改语句都必须符合在子查询中设置的条件。通过视图修改行时，WITH CHECK OPTION 可确保提交修改后，仍可通过视图观察到数据。

用户可以通过视图修改基表的数据，其方式与使用 UPDATE、INSERT 和 DELETE 语句在表中修改数据一样。但是，任何修改(包括 UPDATE、INSERT 和 DELETE 语句)都只能引用一个基表的列。

(2) 视图中被修改的列必须直接引用表列中的基础数据。

同时指定了 WITH CHECK OPTION 之后，不能在子查询中使用 TOP。

如果在视图定义中使用了 WITH CHECK OPTION 子句，则所有在视图上执行的数据修改语句都必须符合定义视图的 select 语句中所设置的条件。如果使用了 WITH CHECK OPTION 子句，修改行时需注意不让它们在修改完成后从视图中消失。

【例 8.22】定义多表视图 V_grade1，选修教师 88101、课程 07400823 的学生成绩视图，并修改视图的总评成绩 Grade。

```
CREATE VIEW V_grade1 AS
SELECT  T_Grades.Sno,Sname,Speciality,Sclass,Usual,Final,Grade,Memo  from
T_Grades,T_Students WHERE T_Grades.Sno=T_Students.Sno AND Cno='07400823' AND
Tno='12213'
   UPDATE V_grade1 SET Grade=(Usual*2+Final*8)/10
```

注意对于多表视图，可以 Update，但不能 DELETE 或 insert。

【例 8.23】 创建 2 个视图，分别为课程 07300123 的成绩 GradeA、课程 07300823 的成绩 GradeB，然后对这两个视图进行查询。

```
CREATE VIEW [dbo].[GradeA]
AS
SELECT * FROM T_Grades where Cno='07300123'
CREATE VIEW [dbo].[GradeB]
AS
SELECT * FROM T_Grades where Cno='07300823'
对两个视图进行查询，查询学号，两门课程的加权和，结果存储到总成绩表 TotalGrade。
SELECT A.Sno,A.Grade*3+B.Grade*4 AS 总分 INTO TotalGrade
FROM GradeA AS A ,GradeB AS B WHERE A.Sno=B.Sno
```

2．删除视图

```
DROP VIEW 视图名
```

使用视图的优点如下：

(1) 提高了数据的安全性。对于不同的用户定义不同的视图，使用户只能看到与自己有关的数据。

(2) 简化查询操作。为复杂的查询建立一个视图，用户不必键入复杂的查询语句，只需针对此视图作简单的查询即可。

(3) 提供了一定程度的逻辑独立性。

(4) 使用户能从多角度看待同一数据。

8.4.2 存储过程

存储过程是一组为了完成特定功能的 SQL 语句集，经编译后存储在数据库中。用户通过指定存储过程的名字并给出参数(如果该存储过程带参数)来执行它。存储过程与其他编程语言中的过程类似，这是因为存储过程有如下功能：

(1) 接受输入参数并以输出参数的格式向调用过程或批处理返回多个值。

(2) 包含用于在数据库中执行操作(包括调用其他过程)的编程语句。

(3) 向调用过程或批处理返回状态值，以指明成功或失败(以及失败的原因)。

可以使用 Transact-SQL EXECUTE 语句运行存储过程。存储过程与函数不同，因为存储过程不返回取代其名称的值，也不能直接用在表达式中。

1．创建存储过程

【例 8.24】 创建不带参数的存储过程。

　　在数据库 DB_Student 中，创建一个存储过程 GetAllStudents，将从表 T_Students 中返回所有学生的学号、姓名、性别、出生日期、班级、专业。使用 CREATE PROCEDURE 的语句如下：

```
CREATE  PROCEDURE  GetAllStudents
AS
SELECT Sno,Sname,Ssex,Sbirthdate,SClass, Specialty FROM T_Students
```

　　执行存储过程如下：

```
EXECUTE GetAllStudents      或  EXEC  GetAllStudents
```

【例 8.25】创建带一个输入参数的存储过程。

　　在 SQL Server 中有两种类型的参数：输入参数和输出参数。参数用于在存储过程和应用程序间交换数据。输入参数将用户的数据值传递到存储过程，输出参数将用数据值或游标变量传递给用户。

　　在数据库 DB_Student 中，创建一个存储过程 GetStudent，将从表 T_Students 中查询指定姓名的学生的学号、姓名、性别、出生日期、班级、专业。

```
CREATE PROCEDURE  GetStudent  @name  CHAR(8)
AS
SET NOCOUNT ON;
SELECT Sno,Sname,Ssex,Sbirthdate,StuClass,Speciality FROM T_Students
 WHERE Sname=@name;
```

　　执行存储过程如下：

```
EXEC GetStudent  @name='王敏'  或  EXEC GetStudent  '王敏'
```

　　或

```
DECLARE @STUD char(8)
SET @STUD='王敏'
EXEC  GetStudent @STUD
```

【例 8.26】创建带多个输入参数的存储过程。

　　在数据库 DB_Student 中，创建一个存储过程 GetStudent，将从表 T_Students 中查询指定姓名和性别的学生的学号、姓名、性别、出生日期、班级、专业。

```
CREATE PROCEDURE  AllStudentN
@name  CHAR(10), @sex CHAR(2)
AS
SELECT Sno,Sname,Ssex,Sbirthdate,Sclass,Speciality FROM T_Students
 WHERE Sname=@name AND Ssex=@sex
/*带输入参数的存储过程的执行*/
EXEC AllStudentN '王敏','F'
```

【例 8.27】创建带一个输入参数、多个输出参数的存储过程。定义存储过程，统计某学生的必修课、限选课、校选课的学分。

```
CREATE PROCEDURE [dbo].[GetStuCredits]
```

```
    @Sno  CHAR(12),
    @CreditA  real  OUTPUT,
    @CreditB  real  OUTPUT,
    @CreditC  real  OUTPUT
AS
BEGIN
    SET NOCOUNT ON;
    select @CreditA=SUM(Ccridit) FROM T_Grades AS g,T_Courses AS c
    WHERE Sno=@Sno  AND g.Cno=c.Cno and Grade>=60 and c.Ckind='必修'
    select @CreditB=SUM(Ccridit) FROM T_Grades AS g,T_Courses AS c
    WHERE Sno=@Sno  AND g.Cno=c.Cno and Grade>=60 and c.Ckind='限选'
    select @CreditB=SUM(Ccridit) FROM T_Grades AS g,T_Courses AS c
    WHERE Sno=@Sno  AND g.Cno=c.Cno and Grade>=60 and c.Ckind='校选'
END
```

执行存储过程如下：

```
DECLARE @Sno char(12), @CreditA real,@CreditB real,@CreditC real
SET @Sno='201007111005'
EXEC  GetStuCredits @Sno , @CreditA  OUTPUT, @CreditB OUTPUT,@CreditC OUTPUT
Select @Sno AS 学号,@CreditA AS 必修学分,@CreditB AS 系选学分,@CreditC AS 校选学分
```

【例 8.28】创建返回值的存储过程。

存储过程的返回值是一个整数，如果执行成功，返回 0；否则返回-99～-1 的随机数。也可以用 return 语句指定存储过程的返回值。

创建一个名为 Proc_FindStudent 的存储过程，查询指定学号的学生，找到返回 1，否则，返回 0。

```
CREATE PROC Proc_FindStudent
@StuNo char(12)
AS
IF EXISTS(SELECT * FROM T_Students WHERE Sno=@StuNo)
RETURN 1
ELSE
RETURN 0
GO
执行
DECLARE @result int
EXEC  @result = Proc_FindStudent '201007111005'
IF @result =1
PRINT '找到该生'
ELSE
PRINT '查无此人'
GO
```

2. 删除存储过程

```
DROP  PROCEDURE 存储过程名
```

8.5 SQL Server 数据库安全管理

如果用户要访问 SQL Server 数据库中的数据，必须经过 3 个认证过程。第一个认证过程是身份验证，通过登录账户来标识用户，身份验证只验证用户连接到 SQL Server 数据库服务器的资格，即验证该用户是否具有连接到数据库服务器的"连接权"。第二个认证过程是访问认证，当用户访问数据库时，必须具有数据库的"访问权限"，即验证用户是否是数据库的合法用户。第三个认证过程是操作权限认证，当用户操作数据库中的数据或对象时，必须具有合适的"操作权限"。

SQL Server 为不同类型的登录账户提供了不同的身份认证模式，主要有 Windows 身份验证模式和混合身份验证模式两种。

1. Windows 身份验证模式

Windows 身份验证模式允许 Windows 操作系统的用户连接到 SQL Server。在这种身份验证模式下，SQL Server 将通过 Windows 操作系统来获得用户信息，并对账户名和密码进行重新验证。

当使用 Windows 身份验证模式时，用户必须首先登录到 Windows 操作系统中，然后再连接到 SQL Server。而且用户连接到 SQL Server 时，无需再提供登录名和密码，系统会从用户登录到 Windows 操作系统时提供的用户名和密码查找当前用户的登录信息。

对于 SQL Server 来说，一般推荐使用 Windows 身份验证模式，因为这种安全模式能够与 Windows 操作系统集成在一起，以提供更多的安全功能。

使用 Windows 身份验证模式进行的连接，被称为信任连接。

2. 混合身份验证模式

混合身份验证模式表示 SQL Server 允许 Windows 授权用户和 SQL 授权用户连接到 SQL Server 数据库服务器。如果希望允许非 Windows 操作系统的用户也能连接到 SQL Server 数据库服务器上，则应该选择混合身份验证模式。如使用 SQL 授权用户连接到 SQL Server 数据库服务器，则用户必须提供登录名和密码。

3. 设置身份验证模式

系统管理员可以根据系统的实际应用情况设置 SQL Server 的身份验证模式，步骤如下：

(1) 在 SQL Server Management Studio 对象资源管理器中，右击服务器，在弹出的快捷菜单中选择【属性】选项，弹出如图 8.1 所示的服务器属性对话框。

图 8.1　服务器属性对话框

(2) 在【安全性】页上的【服务器身份验证】下，选择一个身份验证模式(Windows 身份验证模式，或 SQL Server 和 Windows 身份验证模式)，再单击【确定】按钮。

(3) 重新启动 SQL Server。

8.5.1　管理登录账户

1.　建立登录账户

在 SQL Server 中，有两种方法建立登录账户，一是通过 SQL Server Management Studio 对象资源管理器，二是通过 T-SQL 语句。这里仅介绍创建 SQL Server 认证模式登录账户的 SQL 语句。

【例 8.29】创建了一个名为 SQL_User，密码为 123456 的 SQL Server 认证模式登录账户。

```
CREATE LOGIN SQL_User1 WITH PASSWORD='123456'
```

2.　删除登录账户

【例 8.30】删除名为 SQL_User 的 SQL Server 登录账户，注意不能删除正在使用的登录名。

```
DROP LOGIN SQL_User1
```

3.　修改登录账户

【例 8.31】修改 SQL_User 登录账户的密码为 A1B2C3。

```
ALTER LOGIN SQL_User1 WITH PASSWORD='A1B2C3'
```

8.5.2 管理数据库用户

在 SQL Server 中,有两种方法管理数据库用户,一是通过 SQL Server Management Studio 对象资源管理器,二是通过 T-SQL 语句。这里仅介绍管理数据库用户的 SQL 语句。

1. 建立数据库用户

【例 8.32】设置 SQL_User1 登录账户成为 DB_Student 数据库中的用户,并且用户名同登录名。

```
USE DB_Student
GO
CREATE USER SQL_User1
```

2. 删除数据库用户

【例 8.33】删除 DB_Student 数据库中的 SQL_User1 用户。

```
USE DB_Student
DROP USER SQL_User1
```

8.5.3 管理权限

SQL Server 使用 GRANT、REVOKE 和 DENY 这 3 种命令来管理权限。

(1) GRANT:授予权限。把权限授予某一用户以允许该用户执行针对该对象的操作或允许其运行某些语句。

(2) REVOKE:收回权限。取消经过 GRANT 语句授予的用户对某一对象或语句的权限,不允许该用户执行针对数据库对象的某些操作或不允许运行某些语句。

(3) DENY:拒绝权限。禁止用户对某一对象或语句的权限,明确禁止其对某一用户对象执行某些操作或运行某些语句。

对象权限的管理可以通过对象资源管理器实现,也可以通过 SQL 语句实现。这里仅介绍 SQL 语句实现的方法。

1. 对象权限管理

对象权限包括对表和视图的 SELECT、INSERT、UPDATE 和 DELETE 权限;对存储过程的 EXECUTE 权限。

【例 8.34】授予数据库 DB_Student 中的用户 SQL_User1 对表 T_Grades 的 SELECT、INSERT、UPDATE 权限。

```
create LOGIN zhangRM WITH PASSWORD='abc123'
USE DB_Student
CREATE USER zhangRM
GRANT SELECT,INSERT,UPDATE ON T_Grades TO zhangRM
```

【例 8.35】收回用户 SQL_User1 对表 select 的查询权限。

```
REVOKE SELECT ON T_Grades FROM SQL_User1
```

【例 8.36】拒绝用户 SQL_User1 对表 T_Course 的更新权限。

```
DENY UPDATE ON T_Course TO SQL_User1
```

2. 语句权限管理

语句权限主要有 CREATE TABLE、CREATE VIEW 和 CREATE PROCUDURE 等。

【例 8.37】授予用户 SQL_User 具有 CREATE TABLE、CRATE VIEW 语句权限。

```
GRANT CREATE TABLE,CRATE VIEW TO SQL_User1
```

习 题 8

一、填空题

1. SQL Server 有两种身份验证模式，分别是_____模式和_____模式。
2. 每个数据库至少有两个文件，一个_____文件和一个_____文件。
3. 打开数据库的 SQL 命令是_____。
4. 存储过程是一组为了完成特定功能的_____，创建存储过程的 SQL 语句是_____。
5. 创建视图的 SQL 命令是_____。

二、选择题

1. 下面的(   )语句不能用于管理权限。
   A. GRANT   B. CREATE   C. DENY   D. REVOKE
2. 可以使用(   )语句向表中添加新记录。
   A. DELETE   B. UPDATE   C. INSERT   D. SELECT
3. 可以使用(   )语句向删除表中记录。
   A. DELETE   B. UPDATE   C. INSERT   D. SELECT

三、操作题

1. 根据要求，写出 SQL 语句。
(1) 创建一个数据库 TestDB，数据文件和日志文件存放在 D:\DATA 下。
(2) 打开数据库 TestDB，创建一张表 Student(No、Name、Sex、Age、Sdept)，其中：No 为学号，Name 为姓名，Sex 为性别，Age 为年龄，Sdept 为所在系。
(3) 向表 S 中插入一条记录，学号为"990010"，姓名"李国梁"，性别"男"，年龄 19 岁，系别为"计算机"。
(4) 修改李国梁的年龄为 18 岁。
(5) 删除表中所有记录。

2．对本章案例数据库进行查询，按要求写出查询 SQL 语句。

(1) 查询信息技术学院的教师姓名。

(2) 分别统计信息技术学院 35 岁以下、35～45 岁之间、45 岁以上的教师的人数。

(3) 查询各位教师所承担的课程，显示教师号、教师名、课程号、课程名。

(4) 创建选修了教师号"88102"、课程号"07400823"的学生视图 grade1，包括学号、学生姓名、班级、平时成绩、期末成绩、总评成绩。

(5) 修改视图 grade1，设置所有学生的平时成绩为 85 分。

(6) 查询学号为"200907141002"的学生的选课情况。

第 9 章

ADO.NET 数据库开发技术

教学目标

- 了解 ADO.NET 对象模型
- 掌握 ADO.NET 常用对象的使用方法
- 掌握数据访问控件访问数据库的技术

案例介绍

在数据库管理系统，经常进行查找、选择、删除操作，查找结果以表格的形式显示。由于页面空间有限，每页只能显示若干条记录，因此需要翻页操作。本章案例介绍如何使用 GridView 显示数据，并实现翻页，如何使用 DropDownList 控件绑定表中的某一字段，运行结果如图 9.1 所示。

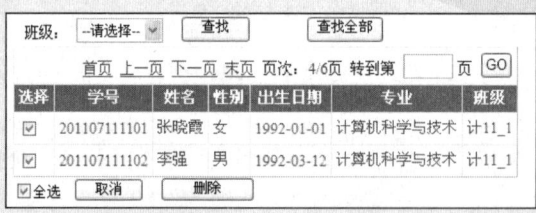

图 9.1　GridView 控件、DropDownList 控件与数据访问综合应用

9.1　ADO.NET 概述

9.1.1　ADO.NET 对象模型结构

ADO.NET 是 .NET 框架下的一种新的数据访问模型，采用了面向对象结构，使用 XML 作为数据交换格式，能够应用于多种操作系统环境，提供了对关系数据、XML 和应用程序数据的访问。ADO.NET 的断开式数据集为断开式 N 层编程环境提供了一流的支持。

ADO.NET 由一组数据库访问类组成，主要包括 Connection 类、Command 类、DataReader 类、DataAdapter 类和 DataSet 类等，ADO.NET 对象模型结构如图 9.2 所示。

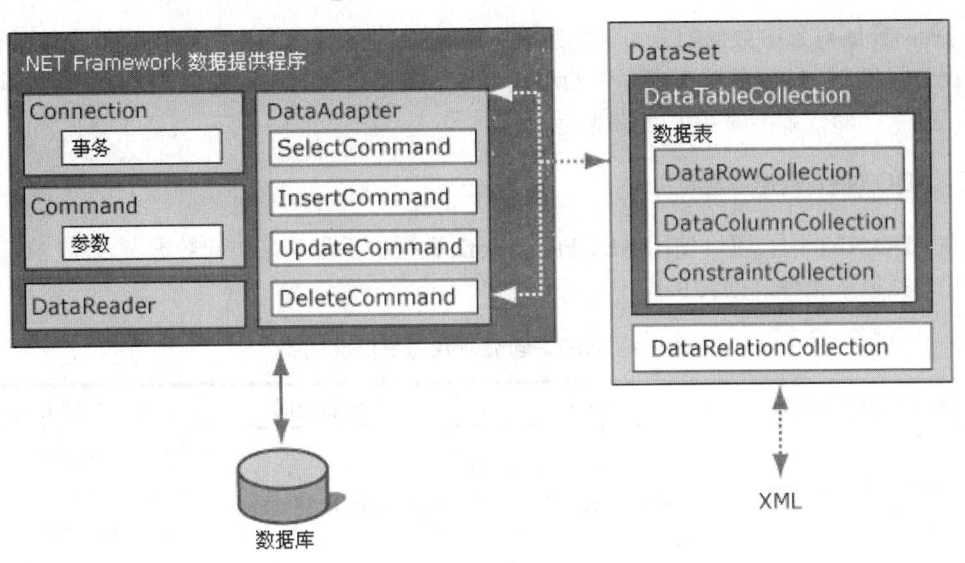

图 9.2 ADO.NET 模型结构

1. Connection 类

要创建与数据库的连接，需要使用 Connection 对象，它的一些属性描述了数据源和用户身份验证的信息，Connection 对象还提供了与数据源连接和断开的方法。

2. Command 类

Command 类提供 SqlCommand、OleDbCommand、OdbcCommand 和 OracleCommand 等多种访问方式，可以直接访问不同种类的数据库。同时 Command 类还支持 IDbCommand 接口，可以从数据库获取一个标量结果或者一个存储过程的输出参数。该类主要提供从数据库检索数据、插入数据、修改和删除数据。

3. DataReader 类

DataReader 类通过 Command 类提供从数据库检索数据信息的功能。以一种只读的、向前的、快速的方式访问数据库，在读取或操作数据时，不能断开和数据库之间的连接。所以在使用 DataReader 对象时，必须保持和数据库的连接。

4. DataAdapter 类

DataAdapter 类是 DataSet 类和数据源之间的桥接器，可以检索和保存数据。DataAdapter 对象通过 Fill 方法修改 DataSet 中的数据，以便与数据源中的数据相匹配。DataAdapter 类提供 SelectCommand、InsertCommand、UpdateCommand 和 DeleteCommand 等 4 种数据库访问方式。

5. DataSet 类

DataSet 是 ADO.NET 的断开式结构的核心组件。DataSet 独立于任何数据源，因此，它可以用于多种不同的数据源，如数据库、XML 数据、Excel 文件、文本文件等数据。DataSet 是一个或多个 DataTable 对象的集合，这些对象由数据行和数据列以及主键、外键、约束和

有关 DataTable 对象中数据的关系信息组成。DataSet 对象是内存数据库,提供一种断开式的数据访问机制,即以驻留在内存中的形式来显示数据之间的关系模型。DataSet 对象可以读取、插入、修改和删除其中的数据。

9.1.2 ADO.NET 数据库驱动

在 ADO.NET 中,可以使用.NET Framework 数据提供程序来访问数据源。这些数据提供程序包括以下 4 种,见表 9-1。

表 9-1 .NET Framework 数据提供程序

.NET 数据提供程序	作用	命名空间	包含的核心对象
SQL Server .NET Framework 数据提供程序	用于访问 Microsoft SQL Server 7.0 或更高版本,位于命名空间中	System.Data.SqlClient	SqlConnection SqlCommand SqlDataReader SqlDataAdapter
OLE DB .NET Framework 数据提供程序	用于访问使用 OLE DB 公开的数据源,如 Access、Excel 等	System.Data.OleDb	OleDbConnection OleDbCommand OleDbDataReader OleDbDataAdapter
ODBC .NET Framework 数据提供程序	用于访问使用 ODBC 公开的数据源	System.Data.Odbc	OdbcConnection OdbcCommand OdbcDataReader OdbcDataAdapter
Oracle .NET Framework 数据提供程序	用于访问 Oracle8.17 或更高版本	System.Data.OracleClient	OracleConnection OracleCommand OracleDataReader OracleDataAdapter

9.2 ADO.NET 常用对象

ADO.NET 中的内置对象主要包括 Connection 对象、Command 对象、Parameter 对象、DataReader 对象、DataAdapter 对象、DataSet 对象和 DataView 对象。

详细信息参考 Microsoft 技术库:http://msdn.microsoft.com/zh-cn/library。

9.2.1 Connection 对象

1. Connection 对象的常用属性和方法

Connection 对象主要建立与数据源的连接,它是数据库操作的基础。Connection 对象提供了很多属性和方法,表 9-2 列出了 Connection 对象的常用属性和方法。

表 9-2 Connection 对象的常用属性和方法

属性/方法	描述
ConnectionString	获取或设置用于打开数据库的连接字符串
ConnectionTimeout	获取在尝试建立连接时终止操作并产生错误之前所等待的时间,即超时时间
DataSource	获取或设置 DSN
DataBase	获取或设置在数据库服务器上要打开的数据库名
State	获取连接的当前状态
Open( )	使用 ConnectionString 所指定的属性设置打开一个数据库连接
Close( )	关闭与数据库的连接,这是关闭任何打开连接的首选方法
CreateCommand( )	创建并返回一个与该连接相关联的 Command 对象
BeginTransaction( )	开始数据库事务
ChangeDatabase( )	更改当前打开的 Connection 对象的数据库

ConnectionString 属性是 Connection 对象的重要属性,不同类型的数据库,其 ConnectionString 属性值是不同的,表 9-3 列出了几种常见的数据库的 ConnectionString 属性设置方法。

表 9-3 常见的数据库 ConnectionString 属性设置

数据库类型	.NET Framework 数据提供程序	ConnectionString 属性设置示例
SQL Server	SQL Server 数据提供程序	Data Source =local; database= DB_STUDENT; Integrated Security= SSPI 或 server=XINXI; Initial Catalog=DB_STUDENT;Persist Security Info=True; User ID=sa; Password=sa 或 server=XINXI;database=DB_STUDENT; Persist Security Info=True; User ID=sa; Password=sa 或 Data Source=XINXI; database=DB_STUDENT; Persist Security Info=True; User ID=sa; Password=sa
Access	OLE DB 数据提供程序	Provider=Microsoft.Jet.OLEDB.4.0; Data Source=D:\MyAccess.mdb
Oracle	Oracle 数据提供程序	Datasource=MyOracle; user=sa; password=sa

2. Connection 对象的创建

Connection 对象的创建是由其构造函数完成的,不同的数据提供者用不同的类及其构造函数完成 Connection 对象的创建。例如,SQL Server 的 Connection 构造函数是 SQLConnection( ),有以下 2 种方式:

```
SqlConnection()
SqlConnection(string connectionString)
```

【例 9.1】下面以 SQL Server 数据提供者为例来说明建立数据库连接的步骤。

(1) 引用命名空间:

```
using System.Data.SqlClient;
```

(2) 定义并创建 Connection 对象。创建 SqlConnection 对象的方法有两种：一是使用没有参数的 SqlConnection 类的构造函数创建 Connection 对象，然后对其 ConnectionString 属性赋值；二是使用 ConnectionString 属性值作为 SqlConnection 类的构造函数的参数创建 Connection 对象。

```
String strcn=" Data  Source=XINXI;Initial Catalog=DB_Student;Persist Security
Info=True;User ID=sa;Password=sa ";                    //连接字符串
SqlConnection Sqlcn= new SqlConnection(strcn);         //带参构造函数
SqlConnection Sqlcn= new SqlConnection();              //无参构造函数
Sqlcn.ConnectionString=strcn;
```

(3) 打开连接：

```
Sqlcn.Open();
```

9.2.2　Command 对象

ADO.NET 对象模型提供了两种访问数据库方式，一种是执行一次命令 Command，返回一种游标，使用这种方式，连接繁忙而且是打开的；另一种方式是使用数据适配器 DataAdapter，它获取数据并把数据装入一个数据容器中，如 DataSet 或 DataTable 对象，然后客户端应用程序就可以在数据源断开后对数据进行处理。

当建立与数据源的连接后，就可以使用 Command 对象来对数据源执行查询、更新、删除、添加等各种操作，操作实现的方法可以是 SQL 语句，也可以是使用存储过程。根据所用的.NET Framework 数据提供程序不同，Command 对象也可以分成 4 种，分别是 SQLCommand、OleDbCommand、ODBCCommand 和 OracleCommand，在实际编程中应根据访问的数据源不同，选择相应的 Command。

1. Command 对象的常用属性和方法

Command 对象提供了很多常用的属性和方法，表 9-4 列出了 Command 对象常用的属性和方法。

表 9-4　Command 对象常用的属性和方法

属性/方法	描述
Connection	获取或设置 Command 对象使用的 Connection 对象
CommandText	获取或设置要对数据源执行的 Transact-SQL 语句或存储过程
CommandTimeout	获取或设置在终止执行命令的尝试并生成错误之前的等待时间
CommandType	获取或设置一个值，该值指示如何解释 CommandText 属性。默认值为 Text，此时 CommandText 属性应设置为要执行的 SQL 语句。当设置为 StoredProcedure 时，CommandText 属性应设置为存储过程的名称
Parameters	包含 0 个或多个参数
ExecuteNonQuery( )	该方法可以执行查询、更新、插入、删除命令，并返回受命令影响的行数，不返回数据行。若执行存储过程对数据库执行操作，可以通过 Command 对象的 Parameters 集合来传递和返回输入参数、输出参数、返回值

续表

属性/方法	描述
ExecuteScalar( )	该方法从数据库中检索单个值，返回查询结果集中第一行的第一列。多用于查询集合值的情况，如用到 count( )函数或 sum( )函数的 SQL 命令
ExecuteReader( )	该方法执行返回数据行的命令，返回一个 DataReader 对象
ExecuteXmlReader( )	把 CommandText 发送给连接，构建一个 XmlReader 对象

2. Command 对象的创建

Command 对象的创建是由其对应的构造函数完成的，不同的数据提供者使用不同的类及其构造函数完成 Command 对象的创建。其中 SQL Server 的 Command 构造函数有 4 种形式，分别如下：

(1) SqlCommmand( )

(2) SqlCommmand(string cmdText)

(3) SqlCommmand(string cmdText, SqlConnection connection)

(4) SqlCommmand(string cmdText, SqlConnection connection,SqlTransaction transaction)

【例 9.2】下面的程序代码使用 Command 对象，执行 ExecuteNonQuery( )命令，向数据库 DB_Student 的 T_users 表中插入一条新记录，之后修改其密码。T_users 表中的字段分别为用户名 UserName(char 12)、密码 UserPwd(char 12)、用户类型 UserType(char 1)。

```
SqlCommand Sqlcm;
String sqlstr="insert into T_users  values('zhangRM','abcabc','A')";
Sqlcm=new SqlCommand(sqlstr,Sqlcn);
Sqlcm.ExecuteNonQuery();
Sqlcn.Close();
//修改用户 zhangRM 的密码为 abc123
Sqlcn.Open();
sqlstr = "update T_users  set UserPwd='abc123' where UserName='zhangRM'";
Sqlcm = new SqlCommand(sqlstr, Sqlcn);
Sqlcm.ExecuteNonQuery();
Sqlcn.Close();
```

9.2.3　Parameter 对象

SQL 语句和存储过程都可以指定输入、输出参数。Command 对象提供了一个 Parameters 集合，该集合指定了一组 Parameter 对象，这些对象说明了输入、输出和返回值。在执行命令之前，必须为命令中的每一个输入参数赋值。执行后，可以从命令中检索输出参数和返回值。

1. Parameter 对象的属性和方法

表 9-5 介绍了常用的 Parameter 对象的属性和方法。

表 9-5　常用的 Parameter 对象的属性和方法

属性	描述
ParameterName	获取或设置 Parameter 对象的名称
DbType	获取或设置参数支持的数据类型
Size	获取或设置列中数据的最大值(以字节为单位)
Direction	获取或设置一个值,该值指示参数是只可输入、只可输出、双向还是存储过程返回值参数
Value	获取或设置该参数的值
Add( )	向 Parameter 集合添加一个新的参数

2．Parameter 对象的创建

Parameter 对象的创建由构造函数完成。不同的数据提供者使用不同的类及其构造函数完成 Parameter 对象的创建。SQL Server 的 Parameter 的常用构造函数如下:

```
SqlParameter(string parameterName,SqlDbType dbType,int size)
```

首先创建 Parameter 对象,然后调用 Parameters 集合的 Add 方法,添加 Parameter 参数对象。集合中每个 Paremeter 对象由参数名称(如"@company")、参数的数据类型、参数的长度、参数值组成。

【例 9.3】设计用户登录页面,当单击登录按钮时,判断用户是否为合法用户,并根据用户类型显示不同的信息。使用 Command 对象执行存储过程,使用 Paremeter 对象添加所需参数,返回用户类型,完成用户登录。

```
//存储过程 UserLogin 定义
CREATE PROCEDURE  UserLogin
(@username varchar(50),
 @password  varchar(50),
 @UserType  char(1)  OUTPUT
)
AS
SELECT @UserType=UserType FROM T_Users WHERE UserName=@username AND UserPwd=
@password
  IF @@Rowcount<1
SELECT
    @UserType='0'
GO
//登录按钮的事件处理函数
protected void Login_Click(object sender, EventArgs e)
 {
    string connectionString = "server=XINXI;Initial Catalog=DB_Student; Persist
Security Info=True;User ID=sa;Password=sa";
    SqlConnection cn = new SqlConnection(connectionString);
    cn.Open();
```

```
    SqlCommand cm;
    cm = new SqlCommand("UserLogin", cn);
      //创建 Command 对象，UserLogin 为存储过程名
    cm.CommandType = CommandType.StoredProcedure;      //命令类型为存储过程
        //给存储过程添加参数并赋值
    SqlParameter parameterUserName = new SqlParameter("@username", SqlDbType.
VarChar, 50);
    parameterUserName.Value = "zhangRM";
    cm.Parameters.Add(parameterUserName);
    SqlParameter parameterPassword= new SqlParameter("@password", SqlDbType.
VarChar, 50);
    parameterPassword.Value = "abc123";
    cm.Parameters.Add(parameterPassword);
  SqlParameter parameterUserType = new SqlParameter("@UserType", SqlDbType.
Char,1);
    //设定参数 UserType 的类型为 char，长度为 1(必须为 1，否则与后面的 CASE 语句不匹配)
 parameterUserType.Direction =ParameterDirection.Output;
    cm.Parameters.Add(parameterUserType);
    cm.ExecuteNonQuery();                                  //执行存储过程
    string UType = parameterUserType.Value.ToString();
    switch(UType) {
      case "0":
          Response.Write("用户不存在");break;
      case "A":
          Response.Write("你是管理员");break;
      case "B":
          Response.Write("你是教师");break;
      case "C":
          Response.Write("你是学生");break;
      }
      cn.Close();
}
```

9.2.4　DataReader 对象

当 Command 对象返回结果集时，可以使用 DataReader 对象来检索数据。DataReader 对象返回一个来自 Command 的只读的、只能向前进的数据流。DataReader 每次只能在内存中保留一行，所以开销比较小，访问和查看数据的速度较快。如果要检索大量数据但并不需要写入数据和进行随机访问，DataReader 是一个很好的选择。但是 DataReader 不提供对数据的断开式访问。

1. DataReader 对象的主要属性和方法

DataReader 对象的主要属性和方法如表 9-6 所示。

表 9-6　DataReader 对象的主要属性和方法

属性/方法	说明
FieldCount	当前行中的列数
hasRows	DataReader 对象是否包含数据行
IsClosed	DataReader 对象是否关闭
RecordsAffected	执行 SQL 语句所更改、添加或删除的行数
Read( )	使记录指针前进到结果集中的下一条记录上
GetName( )	根据指定的列索引，返回列名。列序号从 0 开始
GetValue( )	根据指定列的名称或索引，返回当前记录行的字段的值
GetString( )	根据指定列的名称或索引，返回 string 类型的值
GetInt32( )	根据指定列的名称或索引，返回 int 型的值
GetChar( )	根据指定列的名称或索引，返回 char 型值
NextResult( )	把指针移到到下一个结果集
IsNull( )	判断字段值是否为空
Open( )	打开 DataReader 对象
Close( )	关闭 DataReader 对象

2．DataReader 对象的创建

DataReader 类是抽象类，不能直接实例化。要创建 DataReader 对象，首先要创建一个 Command 对象，然后调用 Command 对象的 ExecuteReader 方法。每个关联的 Connection 对象只能打开一个 DataReader，在上一个 DataReader 关闭之前，打开另一个的任何尝试都将失败。当使用 DataReader 对象时，关联的 Connection 对象忙于为它提供服务，直到调用 Close 方法为止。不使用 DataReader 对象时要及时关闭，然后再关闭 Connection 对象。

【例 9.4】使用 DataReader 访问数据。本例使用 SqlCommand 对象和 DataReader 对象检索数据库 DB_Student 中 T_Students 表中的数据，并显示在网页中，在网页上添加一个 Commancl 按钮，ID 为 Reader。

```
using System.Data.SqlClient;
protected void Reader_Click(object sender, EventArgs e)
{//单击"读取数据"按钮时，在页面上显示表 T_Students 的所有记录
string strcn="server=XINXI;Persist Security Info=True;User ID=sa;Password=sa;
database=DB_Student";                              //连接字符串
SqlConnection cn= new SqlConnection(strcn);     //创建连接对象
cn.Open();                                      //打开连接
//创建 SqlCommand 对象
SqlCommand cm = new SqlCommand("select * from T_Students where Sclass='计
10_1'", cn);
SqlDataReader reader=cm.ExecuteReader();         //创建 SqlDataReader 对象
while(reader.Read()){
        for(int i=0;i<reader.FieldCount;i++)
```

```
Response.Write(reader.GetValue(i)+"     ");
        Response.Write("<br>");
    }
  cn.Close();
}
```

9.2.5 DataAdapter 对象

DataAdapter 是 DataSet 和数据源之间的桥接器，用于检索和保存数据。DataAdapter 通过对数据源使用适当的 Transact-SQL 语句映射 Fill(它可更改 DataSet 中的数据以匹配数据源中的数据)向 DataSet 填充数据，通过 Update(它可更改数据源中的数据以匹配 DataSet 中的数据)向数据库更新 DataSet 中的变化。DataAdapter 类包含一组数据库命令和一个数据库连接，它们用来填充 DataSet 对象和更新数据源。

1．DataAdapter 对象的常用属性和方法

DataAdapter 对象包含 4 个与 Commmand 对象相关的属性，如表 9-7 所示。

表 9-7　DataAdapter 对象中与 Command 对象相关的属性和方法

属性/方法	描述
SelectCommand	用于从数据源检索数据
InsertCommand	从 DataSet 中把插入的数据行插入到数据库
UpdateCommand	从 DataSet 中把修改的数据行更新到数据库
DeleteCommand	从数据源中删除数据行
Update( )	根据保存在 DataSet 中的数据来更新数据源中的数据
Fill( )	利用数据源中的数据填充或刷新 DataSet，其返回值是加载到 DataSet 中的行数

DataAdapter 的 SelectCommand 属性是一个 Command 对象，用于从数据源中检索数据。DataAdapter 的 InsertCommand、UpdateCommand 和 DeleteCommand 属性，用于按照对 DataSet 中数据的修改来管理对数据源中数据的更新。

DataAdapter 的 Fill 方法用于使用 DataAdapter 的 SelectCommand 结果填充 DataSet。Fill 将要填充的 DataSet 和 DataTable 对象(或要使用从 SelectCommand 中返回的行来填充的 DataTable 的名称)作为它的参数。Fill 函数主要有以下 2 种形式：

(1) Fill(DataSet dataSet)：在 DataSet 中添加或刷新行。

(2) Fill(DataTable dataTable)：在 DataSet 的指定范围中添加或刷新行，以与使用 DataTable 名称的数据源中的行匹配。

Fill 方法使用关联的 SelectCommand 属性所指定的 select 语句从数据源中检索行。与 select 语句关联的连接对象必须有效，但不需要将其打开。如果调用 Fill 之前连接已关闭，则将其打开以检索数据，然后再将其关闭。如果调用 Fill 之前连接已打开，它将保持打开状态。

2．DataAdapter 对象的创建

DataAdapter 对象的创建由构造函数完成。不同的数据提供者使用不同的类及其构造函数完成 DataAdapter 对象的创建。例如，SQL Server 的 DataAdapter 构造函数是 SqlDataAdapter( )，有 4 种形式，分别如下：

```
SqlDataAdapter()
SqlDataAdapter(SqlCommand selectCommand)
SqlDataAdapter(string selectCommandText,SqlConnection selectConnection)
SqlDataAdapter(string selectCommandText,string selectConnectionText)
```

3. 使用 DataAdapter 对象访问数据的几个步骤

(1) 创建一个 DataAdapter 对象连接数据库。

(2) 调用 DataAdapter 对象的 Fill 方法，用查询的结果集填充 DataSet 对象。

(3) 使用 DataSet 对象的 DataTable、DataRow、DataColumn 对象访问数据。

(4) 使用数据访问控件绑定 DataSet 的数据，显示数据。

9.2.6 DataSet 对象

DataSet 是 ADO.NET 的核心组件，位于 System.Data 命名空间。DataSet 是内存数据库，表示整个数据集，其中包含表、约束和表之间的关系。DataSet 独立于数据库，这里的独立是指即使断开数据库，DataSet 中的数据依然不变。由于 DataSet 独立于数据源，因此 DataSet 可以包含应用程序本地的数据，也可以包含来自多个数据源的数据。DataSet 中的数据用 XML 的形式保存。与现有数据源的交互通过 DataAdapter 来控制。

DataSet 对象包含一组 DataTable 对象和 DataRelation 对象。DataTable 中存储数据，由数据行、主键、外键、约束等组成，代表内存中的一张表，而 DataRelation 对象存储 DataTable 之间的关系。表 9-8 列出了 DataSet 对象包含的数据对象。

表 9-8　DataSet 包含的数据对象

类	描述
DataSet	一个表、关系、约束组成的数据容器，可以使用各种数据源填充它，并且不管使用哪个数据源都可以使用它
DataTable	表示一个由列和行组成的关系数据表
DataColumn	表示 DataTable 对象的一列
DataRow	表示 DataTable 对象中的一行
DataView	它是在一个特定表之上定义的一个数据视图，该视图是一个经过筛选的表，可以排序和支持编辑
DataRelation	表示同一个 DataSet 中两个表之间的关系，该关系建立在一个公共列之上

1. DataSet 对象的常用属性和方法

DataSet 对象的常用属性和方法如表 9-9 所示。

表 9-9　DataSet 对象的常用属性和方法

属性/方法	说明
DataSetName	当前 DataSet 的名称
HasErrors	为一个布尔值，标识 DataSet 的表是否存在错误
Tables	当前 DataSet 中包含的表的集合
Relations	当前 DataSet 中的表之间的关系的集合

续表

属性/方法	说明
DefaultViewManager	DataSet 所包含的数据的自定义视图，以允许使用自定义的 DefaultViewManager 进行筛选、搜索和导航
CaseSensitive	DataSet 中的数据是否对大小写敏感
Copy( )	复制 DataSet 的结构和数据
Clone( )	复制 DataSet 的结构，但不复制数据
Clear( )	清除 DataSet 中的数据
ReadXml( )	把 XML 架构和数据读取到 DataSet 中
WriteXml( )	把 XML 架构和数据写到 DataSet 中

2．DataTable 对象的常用属性和方法

表 9-10 列出了 DataTable 对象的常用属性和方法。

表 9-10　DataTable 对象的常用属性和方法

名称	说明
CaseSensitive	指示表中的字符串比较是否区分大小写
ChildRelations	获取此 DataTable 的子关系的集合
Columns	获取属于该表的列的集合
Constraints	获取由该表维护的约束的集合
DataSet	获取此表所属的 DataSet
DefaultView	获取可能包括筛选视图或游标位置的表的自定义视图
PrimaryKey	获取或设置充当数据表主键的列的数组
Rows	获取属于该表的行的集合
TableName	获取或设置 DataTable 的名称
NewRow( )	创建与该表具有相同架构的新 DataRow

3．DataSet 对象的创建

DataSet 对象的创建由构造函数 DataSet( )完成，常用的两种构造函数：

(1) DataSet( )，例如：

```
DataSet ds=new DataSet();
```

(2) DataSet(string dataSetName)，例如：

```
DataSet ds=new DataSet("JXGL");
```

【例 9.5】使用 SqlDataAdapter 对象填充 DataSet 对象。本例使用 DataAdapter 对象的 Fill 方法，将数据库 DB_Student 中的三张表 T_Students、T_Teachers 和 T_Courses 填充到 DataSet 对象中，使用 DataTable、DataRow、DataColum 对象访问数据，使用数据访问控件绑定 DataSet，显示访问 3 张表。

在 Default.aspx 页面添加 GridView 控件，设置其 ID 为 GridView1，添加 DropDownList

控件，其 ID 为 DropDownList1，添加 Button 按钮，ID 为 DataAdapter。然后添加代码如下：

```csharp
using System.Data.SqlClient;
protected void DataAdapter_Click(object sender, EventArgs e)
{String strcn="server=XINXI;Persist Security Info=True;User ID=sa;Password=sa;database=DB_Student";
//连接字符串
SqlConnection cn= new SqlConnection(strcn);      //创建连接对象
cn.Open();                                        //打开连接
string SqlString= "select * from T_Students ";
SqlDataAdapter da=new SqlDataAdapter();           //创建 SqlDataAdapter 对象
DataSet ds=new DataSet();                         //创建 DataSet 对象
da.SelectCommand = new SqlCommand(SqlString, cn);
      //设置 SqlDataAdapter 对象的 SelectCommand 属性
da.Fill(ds, "Students");
      //将数据源中的 T_Students 的行填充 DataSet 对象, DataTable 名为"Students"
SqlString= "select * from T_Teachers ";
da=new SqlDataAdapter(SqlString,cn);
da.Fill(ds, "Teachers");
      //将数据源中的 T_Teachers 的行填充 DataSet 对象, DataTable 名为"Teachers"
SqlString= "select * from T_Courses ";
da=new SqlDataAdapter(SqlString,cn);
da.Fill(ds, "Courses");
      //将数据源中的 T_Courses 的行填充 DataSet 对象, DataTable 名为"Courses"
cn.Close();
//使用 DataTable 访问 DataSet 中的数据
DataTable T_student = new DataTable();
T_student = ds.Tables["Students "];
 foreach (DataRow row in T_student.Rows)
  {
  foreach (DataColumn column in T_student.Columns)
    {
        Response.Write(row[column] + "     ");
    }
    Response.Write("<br>");
  }
//通过数据访问控件 GridView，绑定表 Courses，显示 Courses 表的所有数据
 GridView1.DataSource = ds;
 GridView1.DataMember = "Courses";
 GridView1.DataBind();
//通过数据访问控件 DropDownList，绑定表 Teachers，显示教师姓名
DropDownList1.DataSource = ds.Tables[1];
 DropDownList1.DataTextField = "Tname";
 DropDownList1.DataValueField = "Tno";
 DropDownList1.DataBind();
}
```

9.2.7 DataView 对象

DataView 位于 System.Data 命名空间，用于显示 DataTable 中数据的自定义视图。为了将控件的数据绑定数据源，常常使用与 DataTable 对象相对应的 DataView 对象，或者使用它们的默认视图 DafaultView。在 DataView 对象中，还提供了视图的排序、搜索和筛选等功能。DataView 控件常用的属性和方法见表 9-11。

表 9-11　DataView 对象的常用属性和方法

属性	描述
RowFilter	获取或设置用于筛选在 DataView 中查看哪些行的表达式
Sort	获取或设置 DataView 的一个或多个排序列以及排序顺序。ASC 升序，DESC 降序
RowStateFilter	获取或设置用于 DataView 中的行状态筛选器
DafaultViewManager	与此视图关联的 DafaultViewManager
Item	从指定的表获取一行数据
AddNew( )	将新行添加到 DataView 中
Delete( )	删除指定索引位置的行
Find( )	按指定的排序关键字值在 DataView 中查找行

构造函数如下：

```
DataView()
DataView(DataTable)
DataView(DataTable,String RowFilter,String sort, DataViewRowState)
```

例如：

```
DataView custDV = new DataView(custDS.Tables["Customers"],  "Country =
'USA'", "ContactName", DataViewRowState.CurrentRows);
DataView custDV = custDS.Tables["Customers"].DefaultView;
```

9.3　服务器端数据访问控件

ASP.NET 提供了一组服务器端数据访问控件，使用这些控件可以很方便地将数据库中的数据显示在网页中。本节将介绍 SqlDataSource 数据源控件以及几个常用的服务器端数据访问控件，如 DropDownList 控件、GridView 控件、DetailsView 控件和 ListView 控件。

9.3.1 SqlDataSource 数据源控件

数据源控件封装所有获取和处理数据的功能，主要包括连接数据源，使用 Select、Update、Delete 和 Insert 语句等对数据进行管理。根据连接的数据源的不同，分为 5 个数据源控件：SqlDataSource、AccessDataSource、ObjectDataSource、SiteMapDataSource 和

XmlDataSource。其中，前 3 个控件使用平面数据源，后两个控件使用层次数据源。本章主要介绍 SqlDataSource 数据源控件的使用技术。

　　SqlDataSource 数据源控件可以使用 Microsoft SQL Server、ODBC、OLE DB、Oracle 等基于 SQL 的关系数据库作为数据源。使用 Microsoft SQL Server 数据库时，该控件还提供数据缓存功能。另外，该控件还支持对数据进行选择、插入、更新、修改、排序、分页、缓存等操作。SqlDataSource 数据源控件的常用属性见表 9-12。

表 9-12　SqlDataSource 数据源控件的属性

属性	描述
DataSourceMode	获取数据的检索模式
ConnectionString	连接字符串
ProviderName	.NET Framework 数据提供程序的名称
SelectCommand	检索数据的 SQL 字符串
SelectCommandType	指定 SelectCommand 属性的值是 SQL 语句或存储过程的名称
SelectParametersSelectCommand	SelectCommand 属性使用的参数的集合
InsertCommand	插入数据的 SQL 字符串
InsertCommandType	指定 InsertCommand 属性的值是 SQL 语句或存储过程的名称
InsertParametersInsertCommand	InsertCommand 属性使用的参数的集合
UpdateCommand	更新数据的 SQL 字符串
UpdateCommandType	指定 UpdateCommand 属性的值是 SQL 语句或存储过程的名称
UpdateParametersUpdateCommand	UpdateCommand 属性所使用的参数的集合
DeleteCommand	删除数据的 SQL 字符串
DeleteCommandType	指定 DeleteCommand 属性的值是 SQL 语句或存储过程的名称
DeleteParametersDeleteCommand	DeleteCommand 属性使用的参数的集合

　　【例 9.6】SqlDataSource 数据源控件的设置。

　　新建一个 SqlDataSoruceCtl.aspx 页面，添加 SqlDataSource 数据源控件 SqlDataSource1，为其配置数据源，操作步骤如下：

　　(1) 选择 SqlDataSource1 数据源控件，在弹出的快捷菜单中选择【智能标记】选项，如图 9.3 所示。

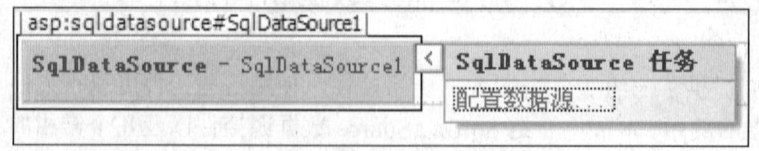

图 9.3　SqlDataSource 数据源控件的 SqlDataSource 任务

　　(2) 选择【配置数据源...】，弹出【配置数据源】对话框，如图 9.4 所示。单击【新建连接...】按钮，弹出【添加连接】对话框，如图 9.5 所示。默认数据源为 Microsoft SQL Server (SqlClient)，单击【更改...】按钮进行数据源的重新选择。

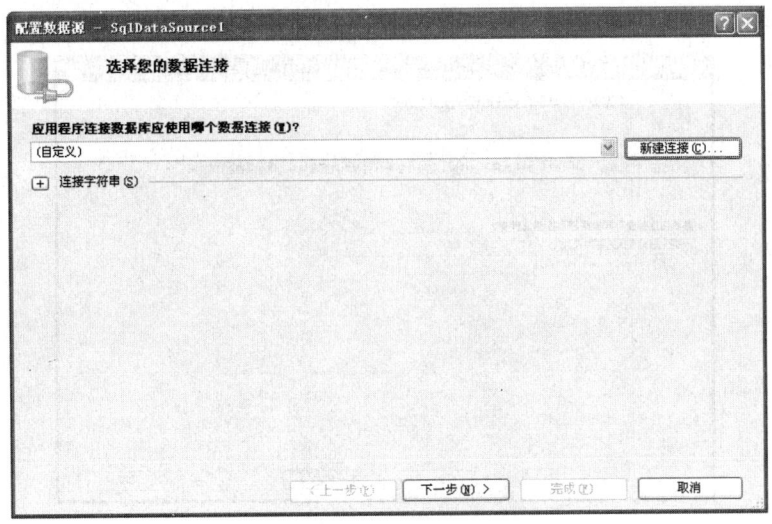

图 9.4 【配置数据源】对话框

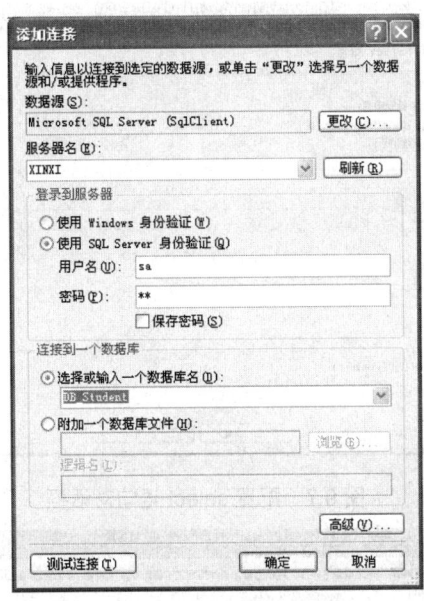

图 9.5 【添加连接】对话框

(3) 在服务器名下拉列表中选择 XINXI，使用 SQL Server 身份验证，输入用户名和密码；选择一个数据库名 DB_Student。单击【测试连接】按钮，如果测试连接成功，单击【确定】按钮，出现如图 9.6 所示的对话框，选择将连接字符串保存到应用程序配置文件 Web.config 中，输入连接字符串名 DB_StudentConnectionString。

(4) 单击【下一步】按钮，弹出如图 9.7 所示的对话框。配置 select 语句，选择学生表 T_Students，并检索所有字段。

(5) 单击【WHERE…】按钮，为 SQL 语句添加 WHERE 子句，弹出如图 9.8 所示的对话框。选择字段，列：Sclass，运算符：=，(参数)源：None，输入参数值"计10_1"，单击【添加】按钮，此时添加了一个参数@Sclass，其默认值为"计 10_1"。然后单击【确

定】按钮，返回到配置 select 语句对话框。

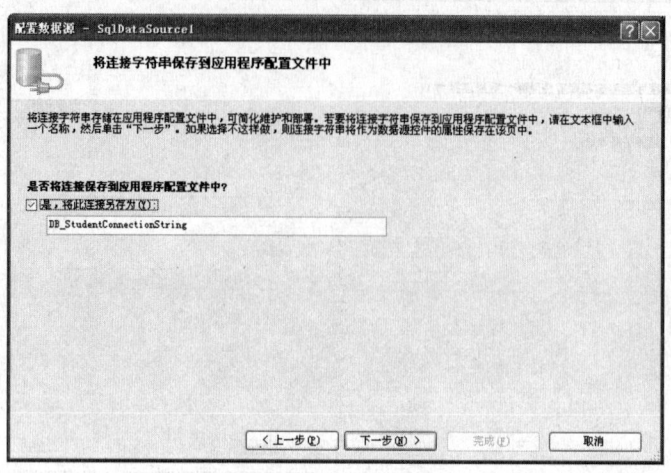

图 9.6　保存连接字符串到 Web.config

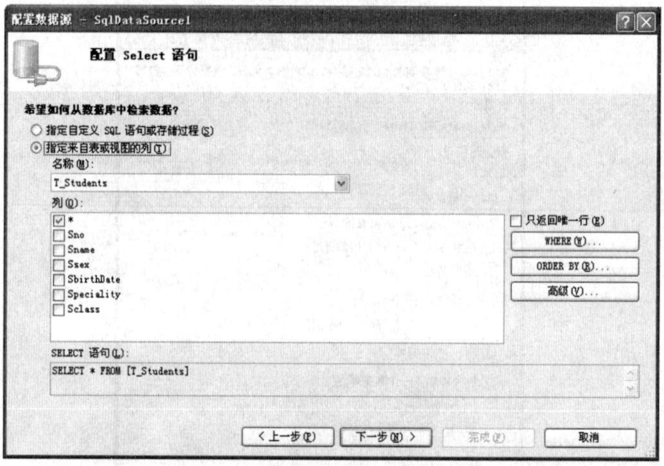

图 9.7　配置 select 语句对话框

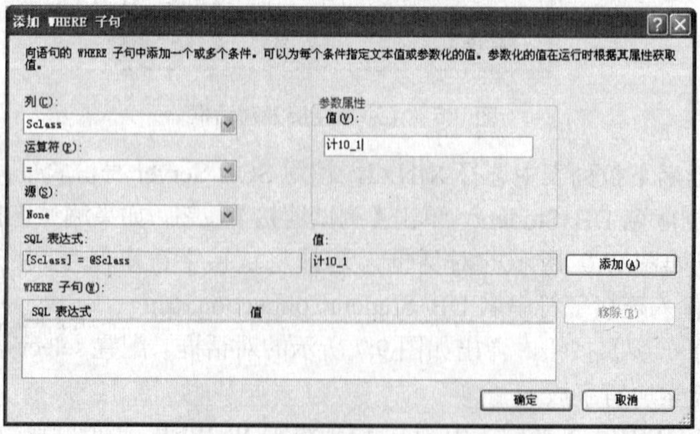

图 9.8　添加 WHERE 子句对话框

参数源主要有 None、Control、Cookie、Form、Profile、QueryString、Session、Route 等。

(6) 单击【下一步】按钮，弹出如图 9.9 所示对话框。在该对话框中，用户可以测试步骤(4)中配置的 select 语句。单击【测试查询】按钮，网格中显示了检索结果。

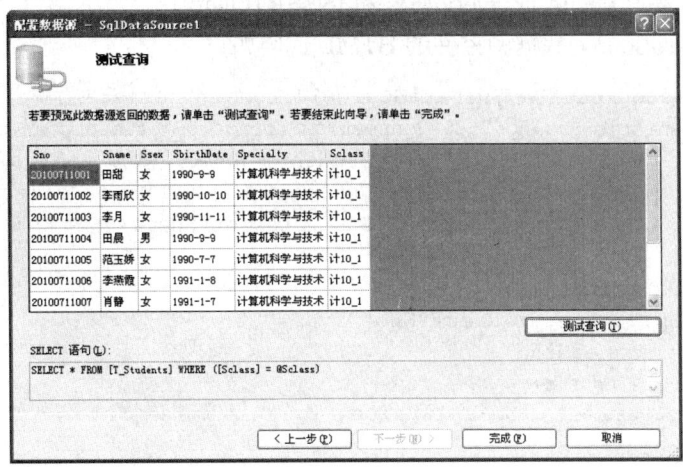

图 9.9　测试查询的结果

(7) 单击【完成】按钮，完成该数据源的配置。数据源 SqlDataSource1 的 HTML 代码如下：

```
<asp:SqlDataSource ID="SqlDataSource1" runat="server"
    ConnectionString="<%$ ConnectionStrings: DB_StudentConnectionString %>"
    SelectCommand="SELECT * FROM [T_Students] WHERE ([Sclass] = @Sclass)">
    <SelectParameters>
        <asp:Parameter DefaultValue="计10_1" Name="Sclass" Type="String" />
    </SelectParameters>
</asp:SqlDataSource>
```

说明：参数名同字段名，可以无代码实现数据绑定控件的内置功能。

(8) 选择 SqlDataSource1 数据源控件，并单击其属性面板中的【DeleteQuery】中的【...】按钮，弹出【命令和参数编辑器】对话框，如图 9.10 所示。

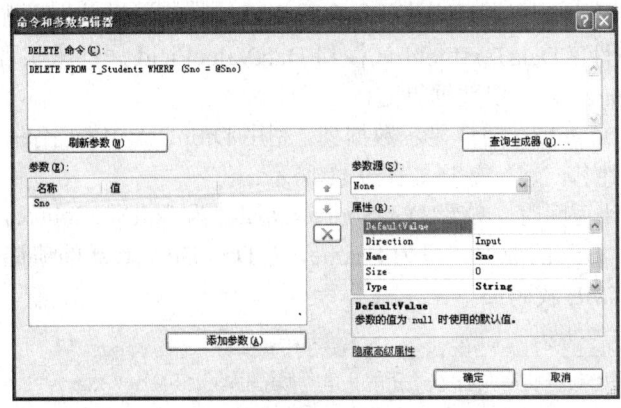

图 9.10　命令和参数编辑器对话框

(9) 单击【添加参数】按钮，参数列表中将增加一个新的参数。在此，设置新参数的名称为"Sno"，Type 属性：String，同时设置 DELETE 命令为"DELETE FROM T_Students WHERE Sno=@Sno"。

(10) 同样，设置 UPDATEQuery 属性和 INSERTQuery。

最后，SqlDataSource 数据源控件的 HTML 代码如下：

```
<asp:SqlDataSource ID="SqlDataSource1" runat="server"
        ConnectionString="<%$ ConnectionStrings:DB_StudentConnectionString %>"
    DeleteCommand="DELETE FROM T_Students WHERE (Sno = @Sno)"
    SelectCommand="SELECT * FROM [T_Students] WHERE ([Sclass] = @Sclass)">
        UpdateCommand="Update T_Students set Sname=@Sname where Sno=@Sno">

    <DeleteParameters>
        <asp:Parameter Name="Sno" Type="String" />
    </DeleteParameters>
    <SelectParameters>
        <asp:Parameter DefaultValue="计 10_1" Name="Sclass" Type="String" />
    </SelectParameters>
    <UpdateParameters>
        <asp:Parameter Name="Sname" Type="String" />
        <asp:Parameter Name="Sno" Type="String" />
    </UpdateParameters>
</asp:SqlDataSource>
```

在 Web.config 中添加了连接字符串 DBStudentConnectionString，代码如下：

```
<connectionStrings>
    <add name="DB_StudentConnectionString" connectionString="Data Source=XINXI;
Initial Catalog=DB_Student;Persist Security Info=True;User ID=sa;Password=sa"
providerName="System.Data.SqlClient" />

</connectionStrings>
```

9.3.2 DropDownList 控件

DropDownList(下拉列表)控件允许用户从下拉列表中选择一项，同时它也是一个数据绑定控件。绑定数据的方法有两种：一是在网页设计时，通过数据源配置向导设置该控件的 DataSourceID 属性、DataTextField 属性和 DataValueField 属性来实现；二是编程通过设置该控件的 DataSource 来实现数据绑定。

【例 9.7】DropDownList 控件显示数据列。利用 DropDownList 控件可以显示单列数据，如列表显示学生的姓名，运行效果如图 9.11 所示。

方法一：在设计页面时，设置 DataSourceID 属性为 SqlDataSource1 数据源控件，选择在 DropDownList 中显示的数据字段为 Sname，为 DropDownList 的值选择数据字段为 Sno。如图 9.12 所示。HTML 代码如下：

```
<asp:DropDownList ID="DropDownList1" runat="server"
        DataSourceID="SqlDataSource1" DataTextField="Sname" DataValueField="Sno">
</asp:DropDownList>
```

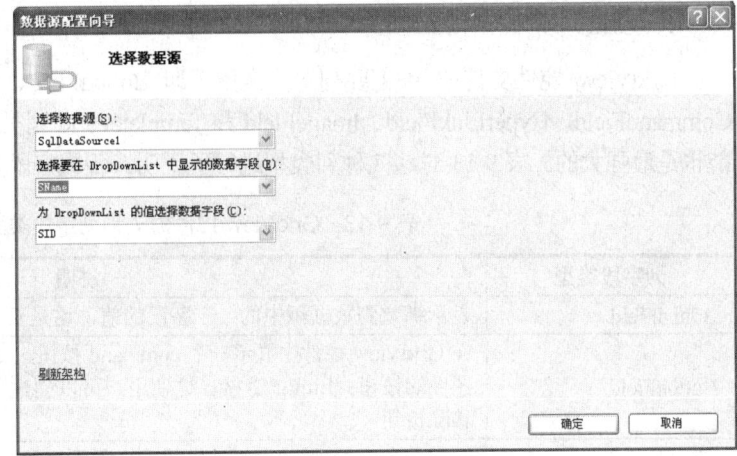

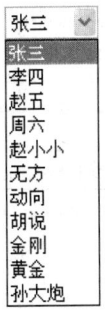

图 9.11　DropDownList 控件显示数据列　　　图 9.12　DropDownList 控件数据源配置向导

方法二：编程实现数据绑定。通过编程，设置其 DataSource 来实现数据绑定，代码如下：

```
protected void Page_Load(object sender, EventArgs e)
    {  //页面加载时，绑定数据源
     string connectionString = System.Configuration.ConfigurationManager.
ConnectionStrings["DB_StudentConnectionString"].ConnectionString.ToString();
        //定义连接字符串
        string SqlString="SELECT * FROM  T_Students ";         //定义查询字符串
        SqlConnection cn=new SqlConnection(connectionString); //创建连接对象
        cn.Open();                                             //打开连接
        SqlDataAdapter da=new SqlDataAdapter(SqlString,cn); //创建数据适配器
        DataSet ds=new DataSet();                              //创建数据集
        da.Fill(ds, SqlString);                                //填充数据集
        DropDownList2. DataSource= ds.Tables[0].DefaultView; //DropDownList 控件的绑定
        DropDownList2. DataTextField="Sname" ;
        DropDownList2. DataValueField="Sno";
        DropDownList2.DataBind();
    }
```

9.3.3　GridView 控件

GridView 控件用来在表中显示一个数据源的值。每一行代表记录，每列表示字段。GridView 控件大量使用模板，呈现以列组织的数据表，所以模板不是应用到整个控件，而是应用在某个特定的列中。在 GridView 控件内部提供绑定至数据源控件、分页、排序、在线编辑、更新、删除、行选择等功能。在 ASP.NET 中 GridView 控件标记为<asp:GridView />。

详细信息参见技术资源库：http://msdn.microsoft.com/zh-cn/library/system.web.ui.webcontrols.gridview。

1. GridView 的字段列

GridView 控件支持 7 种主要列字段类型，即 BoundField、BottonField、CheckBoxField、CommandField、HyperLinkField、ImageField 和 TemplateField 列类型。模板列类型最为复杂，功能也是最强大的。表 9-13 对这 7 种列类型进行了说明。各类字段列的属性见表 9-14～表 9-20。

表 9-13　GridView 控件的 7 种列字段类型

列字段类型	说明
BoundField	显示绑定到数据源中的一个字段的值，这是 GridView 控件的默认列类型
ButtonField	在 GridView 控件中显示一个 command 按钮，如 Button：普通按钮；Image：带图像的按钮；Link：链接。这使用户可以创建自定义按钮控件的列，如添加或移除按钮
CheckBoxField	在 GridView 控件中以复选框显示布尔型字段
CommandField	用于在 GridView 控件的各行中显示预定义的命令按钮，执行选择、编辑、插入或删除操作
HyperLinkField	指定在各行中显示超链接，可以为超链接指定静态文本，也可以从数据列中导出链接的文本
ImageField	指定在数据绑定控件中显示图像字段
TemplateField	使用用户定义的模板显示记录，可以添加任何混合控件和静态文本

表 9-14　BoundField 列的常用属性

属性名	说明
DataField	数据源中绑定数据列的字段名称
DataFormatString	显示该列数据的格式
HeaderText	该列的标题
HeaderImageUrl	该列的标题部分的图像 URL 地址
FooterText	该列的脚注部分
ReadOnly	标识该列是否可编辑
SortExpression	制定该列的排序表达式

表 9-15　ButtonField 列的常用属性

属性名	说明
ButtonType	指定显示的按钮类型，Button：普通按钮；Image：带图像的按钮；Link：链接
CommandName	指定当单击 ButtonField 列对象中的按钮时，要执行的操作
Text	指定按钮上显示的文本
DataTextField	获取或设置数据字段的名称，该数据字段的值绑定到 Button 按钮的 Text 属性，此控件由 ButtonField 对象呈现
DataTextFormatString	指定显示该列数据的格式
HeaderText	该列的标题
HeaderImageUrl	该列的标题部分的图像 URL 地址
FooterText	该列的脚注部分显示的文本

第 9 章 ADO.NET 数据库开发技术

表 9-16　CheckBoxField 列的常用属性

属性名	说明
DataField	数据源中绑定 CheckBoxField 对象的字段名称
FooterStyle	指定数据控件字段脚注的样式
FooterText	该列的脚注部分显示的文本
ReadOnly	标识该列是否可编辑
ShowHeader	指示是否呈现数据控件字段的标题项
Text	指定显示的复选框旁的文本
SortExpression	指定该列的排序表达式

表 9-17　CommandField 列的常用属性

属性名	说明
ButtonType	指定显示的按钮类型，Button：普通按钮；Image：带图像的按钮；Link：链接
CancelImageUrl	指定【取消】按钮显示的图像的 URL
CancelText	指定【取消】按钮显示的文本
DeleteImageUrl	指定【删除】按钮显示的图像的 URL
DeleteText	指定【删除】按钮显示的文本
EditImagerl	指定【编辑】按钮显示的图像的 URL
EditText	指定【编辑】按钮显示的文本
InsertImageUrl	指定【插入】按钮显示的图像的 URL
InsertText	指定【插入】按钮显示的文本
NewImageUrl	指定【新建】按钮显示的图像的 URL
NewText	指定【新建】按钮显示的文本
SelectImageUrl	指定【选择】按钮显示的图像的 URL
SelectText	指定【选择】按钮显示的文本
ShowCancelButton	指定是否在改列中显示【取消】按钮
ShowDeleteButton	指定是否在改列中显示【删除】按钮
ShowEditButton	指定是否在改列中显示【编辑】按钮
ShowHeader	指定是否在改列中显示标题项
ShowInsertButton	指定是否在改列中显示【插入】按钮
ShoeSelectButton	指定是否在改列中显示【选择】按钮

表 9-18　HyperLinkField 列的常用属性

属性名	说明
DataNavigateUrlFields	为 HyperLinkField 对象中的超链接构造 URL
Target	指定目标窗口或框架，单击 HyperLinkField 对象中的超链接时，将在此显示链接的网页
Text	设置 HyperLinkField 对象中的超链接显示的文本

257

表 9-19　ImageField 列的常用属性

属性名	说明
AlternateText	为 ImageField 对象中的图像显示的备用文本
DataImageUrlField	数据源中某个字段的名称，该字段的值要绑定到 ImageField 对象中每个图像的 ImageUrl 属性
ReadOnly	指定是否可以在编辑模式下修改由 DataImageUrlField 属性指定的字段值

表 9-20　TemplateField 列的常用属性

属性名	说明
EditItemTemplate	获取或设置模板，该模板用于显示 TemplateField 列中处于编辑模式的项
ItemStyle	获取由数据控件字段显示的任何基于文本的内容样式
ItemTemplate	获取或设置用于显示数据绑定控件中的项模板

TemplateField 列说明：用户可以使用模板列定义布局及显示内容、绑定数据。在标准控件中绑定相关字段使用 Text='<%# Bind("字段名") %>'。

(1) 使用模板列，使 GridView 与 Label 相结合，并绑定数据。

```
<asp:TemplateField HeaderText="学号" SortExpression="Sno">
  <ItemTemplate>
   <asp:Label ID="Label1" runat="server" Width="100px" Text='<%# Bind("Sno") %>'>
   </asp:Label>
  </ItemTemplate>
</asp:TemplateField>
```

(2) 使用模板列，使 GridView 与 TextBox 相结合，并绑定数据。

```
<asp:TemplateField HeaderText="平时成绩">
        <ItemTemplate>
          <asp:TextBox  ID="TextBox1"  runat="server"  BorderWidth="1px"
Width="90px" Text='<%# Bind("Usual") %>'>
          </asp:TextBox>
        </ItemTemplate>
      </asp:TemplateField>
```

(3) 使用模板列，使 GridView 与 DropDownList 相结合。

```
<asp:TemplateField HeaderText="备注" >
        <ItemTemplate>
          <asp:DropDownList ID="DropDownList1" runat="server"   Width="90px"
ForeColor="#FF0066">
          <asp:ListItem></asp:ListItem>
          <asp:ListItem Value="A">补考</asp:ListItem>
          <asp:ListItem Value="B">缓考</asp:ListItem>
```

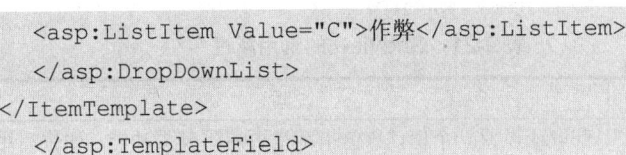

```
            <asp:ListItem Value="C">作弊</asp:ListItem>
        </asp:DropDownList>
    </ItemTemplate>
        </asp:TemplateField>
```

(4) 使用模板列，使 GridView 与 CheckBox 相结合，并绑定 booloen 字段。

```
<asp:TemplateField HeaderText="重修">    //转换为模板列
        <ItemTemplate>
          <asp:CheckBox ID="CheckBox1" runat="server"
                        Checked='<%# Bind("[chongxiu]") %>' Enabled="false" />
        </ItemTemplate>
          </asp:TemplateField>
```

2. 绑定数据

可以使用两种方法将 GridView 控件绑定到适当的数据源类型。

(1) 方法一：绑定到某个数据源控件。将 GridView 控件的 DataSourceID 属性设置为该数据源控件的 ID 值。GridView 控件自动绑定到指定的数据源控件，并且可利用该数据源控件的功能来执行排序、更新、删除和分页功能。这是绑定到数据的首选方法。

(2) 方法二：绑定到某个实现 System.Collections.IEnumerable 接口的数据源。以编程方式将 GridView 控件的 DataSource 属性设置为该数据源，然后调用 DataBind 方法。当使用此方法时，GridView 控件不提供内置的排序、更新、删除和分页功能。需要使用适当的事件提供此功能。

```
protected void Page_Load(object sender, EventArgs e)
    {// GridView 控件的绑定
        string connectionString="Data Source=XINXI;Initial Catalog=DB_Student;
Persist Security Info=True;User ID=sa;Password=sa";
        string SqlString="SELECT * FROM T_Students where Sclass='计10_1'";
        SqlConnection cn=new SqlConnection(connectionString);
        cn.Open();
        SqlDataAdapter da=new SqlDataAdapter(SqlString,cn);
        DataSet ds=new DataSet();
        da.Fill(ds, SqlString);
        cn.Close();
         // GridView 控件的绑定
        GridView1.DataSource = ds.Tables[0].DefaultView;
        GridView1.DataMember = SqlString;         .
        GridView1.DataBind();
    }
```

3. GridView 的常用属性

GridView 支持大量属性，这些属性属于行为、可视化设置、样式、状态和模板几大类。表 9-21 列出了 GridView 控件的常用属性。

表 9-21　GridView 的常用属性

属性	说明	属性分类
AllowPaging	获取或设置一个值，该值指示是否启用分页功能。如果启用分页功能，则为 true；否则为 false。默认为 false	行为属性
AllowSorting	获取或设置一个值，该值指示是否启用排序功能。默认为 false	
AutoGenerateColumns	获取或设置一个值，该值指示是否为数据源中的每个字段自动创建绑定字段。默认值为 true	
AutoGenerateDeleteButton	获取或设置一个值，是否在 GridView 的每个数据行都自动添加带有【删除】按钮的 CommandField 字段列。默认为 false	
AutoGenerateEditButton	获取或设置一个值，该值指示在 GridView 控件的每个数据行都自动添加带有【编辑】按钮的 CommandField 字段列	
AutoGenerateSelectButton	获取或设置一个值，该值指示在 GridView 控件的每个数据行都自动添加带有【选择】按钮的 CommandField 字段列。默认为 false	
DataMember	指示一个多成员数据源中的特定表绑定到该网格，该属性与 DataSource 结合使用。如果 DataSource 有一个 DataSet 对象，则该属性包含要绑定的特定表的名称	
DataSource	获取或设置对象，数据绑定控件从该对象中检索其数据项列表	
DataSourceID	获取或设置控件的 ID，数据绑定控件从该控件中检索其数据项列表	
SortDirection	获取正在排序的列的排序方向。默认为 SortDirection.Ascending	
SortExpression	获取与正在排序的列关联的排序表达式	
SelectedDataKey	获取 DataKey 对象，该对象包含 GridView 控件中选中行的数据键值	
EditRowStyle	定义正在编辑的行的样式属性	样式属性
FooterStyle	设置 GridView 控件中的脚注行的外观	
HeaderStyle	设置 GridView 控件中的标题行的外观	
PagerStyle	设置 GridView 控件中的页导航行的外观	
RowStyle	设置 GridView 控件中的数据行的外观	
selectedRowstyle	设置 GridView 控件中的选中行的外观	
FooterRow	获取表示 GridView 控件中的脚注行的 GridViewRow 对象	状态属性
Rows	获取表示 GridView 控件中数据行的 GridViewRow 对象的集合	
BottomPagerRow	获取一个 GridViewRow 对象，该对象表示 GridView 控件中的底部页导航行	
HeaderRow	获取表示 GridView 控件中的标题行的 GridViewRow 对象	
TopPagerRow	返回一个表示网格的顶部分页器的 GridViewRow 对象	
SelectedRow	返回一个表示当前选中行的 GridViewRow 对象	
DataKeys	获得一个表示在 DataKeyNames 中为当前显示的记录设置的主键字段的值	

续表

属性	说明	属性分类
Datakeynames	获取或设置一个数组，该数组包含了显示在 GridView 控件中项的主键字段的名称	
PageCount	获取在 GridView 控件中显示数据源记录所需的页数	
PageIndex	获取或设置当前显示页的索引	
PageSize	获取或设置 GridView 控件在每页上所显示的记录的数目	
EditIndex	获取或设置要编辑的行的索引。要编辑行的从零开始的索引。默认值为-1，指示没有正在编辑的行	
SelectedIndex	获得和设置标识当前选中行的基于 0 的索引	
PagerSetting	设置页导航中按钮的属性	
ShowFooter	获取或设置一个值，该值指示是否在 GridView 控件中显示脚注行	外观属性
ShowHeader	获取或设置一个值，该值指示是否在 GridView 控件中显示标题行	
ShowEditButton	是否显示编辑按钮	
ShowSelectButton	是否显示选择按钮	
ShowDeleteButton	是否显示删除按钮	
PagerTemplate	获取或设置 GridView 控件中页导航行的自定义内容	模板属性
Controls	获取复合数据绑定控件内的子控件的集合	其他属性

4．GridView 常用事件

GridView 控件提供多个可以对其进行编程的事件。这样可以在每次发生事件时都运行一个自定义例程。表 9-22 列出了 GridView 控件支持的事件。

表 9-22　GridView 控件的常用事件

事件	说明
PageIndexChanged	在单击某一页导航按钮时，但在 GridView 控件处理分页操作之后发生。此事件通常用于以下情形：在用户定位到该控件中的另一页之后，您需要执行某项任务
PageIndexChanging	在单击某一页导航按钮时，但在 GridView 控件处理分页操作之前发生。此事件通常用于取消分页操作
RowCancelingEdit	在单击某一行的【取消】按钮时，但在 GridView 控件退出编辑模式之前发生。此事件通常用于停止取消操作
RowCommand	当单击 GridView 控件中的按钮时发生。此事件通常用于在控件中单击按钮时执行某项任务
RowCreated	当在 GridView 控件中创建新行时发生。此事件通常用于在创建行时修改行的内容
RowDataBound	在 GridView 控件中将数据行绑定到数据时发生。此事件通常用于在行绑定到数据时修改行的内容
RowDeleted	在单击某一行的【删除】按钮时，但在 GridView 控件从数据源中删除相应记录之后发生。此事件通常用于检查删除操作的结果

续表

事件	说明
RowDeleting	在单击某一行的【删除】按钮时，但在 GridView 控件从数据源中删除相应记录之前发生。此事件通常用于取消删除操作
RowEditing	发生在单击某一行的【编辑】按钮以后，GridView 控件进入编辑模式之前。此事件通常用于取消编辑操作
RowUpdated	发生在单击某一行的【更新】按钮，并且 GridView 控件对该行进行更新之后。此事件通常用于检查更新操作的结果
RowUpdating	发生在单击某一行的【更新】按钮以后，GridView 控件对该行进行更新之前。此事件通常用于取消更新操作
SelectedIndexChanged	发生在单击某一行的【选择】按钮，GridView 控件对相应的选择操作进行处理之后。此事件通常用于在该控件中选择某行之后执行某项任务
SelectedIndexChanging	发生在单击某一行的【选择】按钮以后，GridView 控件对相应的选择操作进行处理之前。此事件通常用于取消选择操作
Sorted	在单击用于列排序的超链接时，但在 GridView 控件对相应的排序操作进行处理之后发生。此事件通常用于在用户单击用于列排序的超链接之后执行某个任务
Sorting	在单击用于列排序的超链接时，但在 GridView 控件对相应的排序操作进行处理之前发生。此事件通常用于取消排序操作或执行自定义的排序例程

参考网址：http://www.jb51.net/article/15909_2.htm。

5. RowCommand 事件

在单击 GridView 控件中的按钮时，将引发 RowCommand 事件。通过编写 RowCommand 事件处理函数，实现用户自定义功能。RowCommand 事件语法格式如下：

```
<asp:GridView OnRowCommand="GridViewCommandEventHandler" />
```

GridView 控件中的按钮也可调用 GridView 控件的某些内置功能。若要执行这些操作之一，需要将按钮的 CommandName 属性设置为表 9-23 中的某个值。建议使用表 9-23 中列出的事件来执行内置的操作。

表 9-23　GridView 控件内置的按钮 CommandName 属性值

CommandName 属性值	描述
Cancel	取消编辑操作并将 GridView 控件返回为只读模式。引发 RowCancelingEdit 事件
Delete	删除当前记录，引发 RowDeleting 和 RowDeleted 事件
Edit	将当前记录置于编辑模式，引发 RowEditing 事件
Page	执行分页操作。将按钮的 CommandArgument 属性设置为 First、Last、Next、Prev 或页码，以指定要执行的分页操作类型。引发 PageIndexChanging 和 PageIndexChanged 事件
Select	选择当前记录。引发 SelectedIndexChanging 和 SelectedIndexChanged 事件
Sort	对 GridView 控件进行排序，引发 Sorting 和 Sorted 事件
Update	更新数据源中的当前记录，引发 RowUpdating 和 RowUpdated 事件

需要说明的是，在实际操作中，常常要确定事件中引发的行的索引，可以使用传递给该事件的命令参数的 CommandArgument 属性。ButtonField 类自动以适当的索引值填充 CommandArgument 属性。对于其他 command 按钮，用户必须手动设置 command 按钮的 CommandArgument 属性。

GridViewCommandEventArgs 对象将传递给事件处理方法，以便用户可以确定被单击按钮的命令名和命令参数。

【例 9.8】确定 RowCommand 事件中引发的行的索引。本例演示如何使用 RowCommand 事件在单击某行的【删除】按钮和【编辑】按钮时将学生的学号和姓名从 GridView 控件添加到 TextBox 控件中。其中【删除】按钮为 buttonfield 列，其 CommandName 属性值为 DataDelete；【编辑】按钮为 LinkButton，其 CommandName 属性值为 DataEdit，并将该 Button 控件的 CommandArgument 属性设置为相应的行索引 RowIndex。代码如下：

```
<%@ Page language="C#" %>
<!DOCTYPE html PUBLIC "-//W3C//DTD XHTML 1.0 Transitional//EN"
    "http://www.w3.org/TR/xhtml1/DTD/xhtml1-transitional.dtd">
<script runat="server">
protected void GridView1_RowCommand(object sender, GridViewCommandEventArgs e)
 {
     // 如果在 GridView 控件中添加了了多个 command 按钮
     //使用 CommandName 属性来确定是哪个按钮被单击
        if (e.CommandName == "DataDelete")
        {   //将 CommandArgument 属性值转换为 int
            int index = Convert.ToInt32(e.CommandArgument);
            GridViewRow row = GridView1.Rows[index];
            TextBox1.Text = "删除"+row.Cells[1].Text;
        }
        if (e.CommandName == "DataEdit")
        {
            int index = Convert.ToInt32(e.CommandArgument);
            TextBox1.Text = "编辑"+GridView1.Rows[index].Cells[1].Text;
        }
 }
</script>
<html xmlns="http://www.w3.org/1999/xhtml" >
  <head runat="server">
    <title>GridView RowCommand 示例</title>
</head>
<body>
    <form id="form1" runat="server">
     <h3>GridView RowCommand 示例</h3>
     <div>
            <asp:TextBox ID="TextBox1" runat="server"></asp:TextBox>
     </div>
      <div>
```

```
            <asp:gridview id="GridView1"    datasourceid="SqlDataSource1"
            allowpaging="true"  autogeneratecolumns="false" PageSize="5"
            onrowcommand="GridView1_RowCommand"
            runat="server">
            <columns>
             <asp:BoundField DataField="Sno" HeaderText="学号" ReadOnly="True"
                  SortExpression="Sno" />
        <asp:BoundField DataField="Sname" HeaderText="姓名" />
        <asp:BoundField DataField="Ssex" HeaderText="性别" />
        <asp:BoundField DataField="SbirthDate" HeaderText="出生日期"
dataformatstring="{0:yyyy-MM-dd}" />
        <asp:BoundField DataField="Specialty" HeaderText="专业" />
        <asp:BoundField DataField="Sclass" HeaderText="班级" />
         <asp:buttonfield buttontype="Link"  commandname="DataDelete" Text=
"删除"/>

        <asp:TemplateField ShowHeader="False">
         <ItemTemplate>
            <asp:LinkButton ID="LinkButton1" runat="server" CausesValidation=
"false" CommandName="DataEdit" CommandArgument="<%# ((GridViewRow) Container).
RowIndex %>" Text="编辑">
               </asp:LinkButton>
         </ItemTemplate>
        </asp:TemplateField>

    </Columns>
      </asp:gridview>
    </div>
     <asp:SqlDataSource ID="SqlDataSource1" runat="server"
        ConnectionString="<%$ ConnectionStrings:DB_StudentConnectionString %>"
        SelectCommand="SELECT [Sno], [Sname], [Sex], [Sbitrhdate], [Specialty],
[Sclass] FROM[T_Students]">
        </asp:SqlDataSource>
    </form>
  </body>
</html>
```

6. GridView 分页

当 GridView 中显示多个记录时，可以通过 GridView 的分页功能来分页显示这些记录。如果 GridView 是直接绑定数据库，则很简单，只要打开 GridView 任务界面，勾选【启动分页】复选框即可。

如果是用代码实现分页，则需要经过以下步骤：

(1) 允许分页：设置 AllowPaging=True。

(2) 设置 GridView 的 PagerSetting 属性，定义分页样式。

(3) 数据部署：将数据显示到 GridView 上。

(4) 加入相关事件: PageIndexChanged( )、PageIndexChanging( )。

(5) 如果要添加分页码显示, 即显示当前在第几页, 还需添加 DataBound( )事件。

【例 9.9】GridView 控件显示并编辑数据。使用 GridView 控件显示数据库 DB_Student 的 T_Students 表的数据, 无代码实现选择、编辑/更新、删除记录以及分页显示。

本例使用 GridView 的 DataSourceID 属性自动绑定到指定的数据源控件, 使用 GridView 控件内置的分页、选择、编辑/更新、删除功能。运行结果如图 9.13 所示。

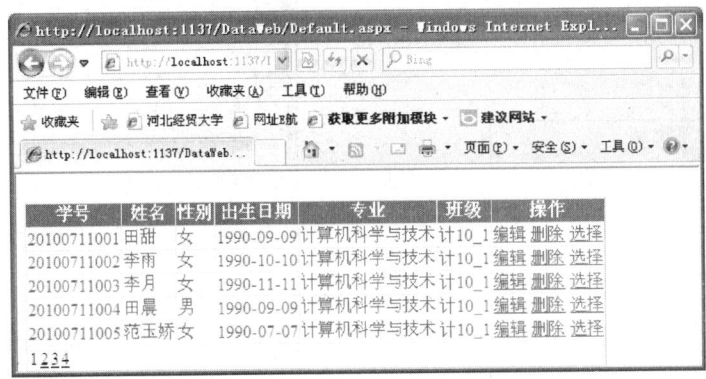

图 9.13 GridView 控件显示并编辑数据

步骤如下:

(1) 新建网站 DataWeb, 添加网页 Default.aspx。

(2) 在网页 Default.aspx 中添加 SqlDataSource 数据源控件 SqlDataSource1, 利用向导配置数据源, 新建连接, 配置 select 语句, 设置 DeleteQuery、UpdateQuery 属性, HTML 代码如下:

```
<asp:SqlDataSource ID="SqlDataSource1" runat="server"
        ConnectionString="<%$ ConnectionStrings:DB_StudentConnectionString%>"
        SelectCommand="SELECT * FROM [T_Students]"
        DeleteCommand="DELETE FROM [T_Students] WHERE [Sno] = @Sno"
        UpdateCommand="UPDATE [T_Students] SET [Sname] = @Sname, [Ssex]
= @Ssex, [SbirthDate] = @SbirthDate, [Specialty] = @Specialty, [Sclass] = @Sclass
WHERE [Sno] = @Sno">
        <DeleteParameters>
            <asp:Parameter Name="Sno" Type="String" />
        </DeleteParameters>
        <UpdateParameters>
            <asp:Parameter Name="Sname" Type="String" />
            <asp:Parameter Name="Ssex" Type="String" />
            <asp:Parameter Name="SbirthDate" Type="DateTime" />
            <asp:Parameter Name="Speciality" Type="String" />
            <asp:Parameter Name="Sclass" Type="String" />
            <asp:Parameter Name="Sno" Type="String" />
        </UpdateParameters>
    </asp:SqlDataSource>
```

(3) 向网页添加控件 GridView，利用向导设置其属性，打开"GridView 任务"界面，如图 9.14 所示。勾选【启用分页】、【启用编辑】、【启用删除】、【启用选定内容】复选框；选择数据源控件为 SqlDataSource1，自动绑定数据列；依次添加 3 个新列：选择、编辑、更新、删除，【添加字段】对话框如图 9.15 所示。之后，修改各列 HeaderText 属性，设置 GridView 的数据显示格式。

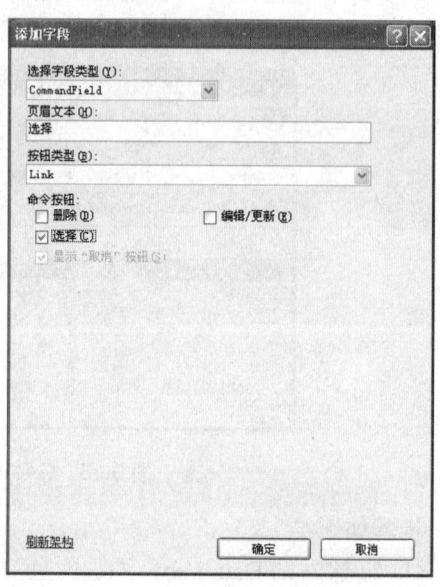

图 9.14　【GridView 任务】界面　　　　　图 9.15　【添加字段】对话框

GridView 控件的 HTML 代码如下：

```
<asp:GridView ID="GridView1" runat="server" AllowPaging="True"
        AutoGenerateColumns="False"  ForeColor="blue" CellPadding="4"
        DataKeyNames="Sno"  DataSourceID="SqlDataSource1" PageSize="5">
  <Columns>
    <asp:BoundField DataField="Sno" HeaderText="学号" ReadOnly="True" SortExpression=
"Sno" />
      <asp:BoundField DataField="Sname" HeaderText="姓名" SortExpression= "Sname" />
      <asp:BoundField DataField="Ssex" HeaderText="性别" />
      <asp:BoundField DataField="SbirthDate" DataFormatString="{0:yyyy-MM-dd}"
          HeaderText="出生日期" />
      <asp:BoundField DataField="Speciality" HeaderText="专业" />
      <asp:BoundField DataField="Sclass" HeaderText="班级" />
      <asp:CommandField HeaderText="操作" ShowSelectButton="True"
ShowDeleteButton="True" ShowEditButton="True" />
  </Columns>
  <EditRowStyle ForeColor="Blue" />
  <HeaderStyle BackColor="#006699" Font-Bold="True" ForeColor="White" />
  <FooterStyle BackColor="#990000" Font-Bold="True" ForeColor="White" />
  <SelectedRowStyle BackColor="#666666" Font-Bold="True" ForeColor="White" />
  <PagerStyle BackColor="White" ForeColor="#000066" HorizontalAlign="Left" />
```

```
</asp:GridView>
```

(4) 编译、保存、运行，运行效果如图 9.13 所示。

常用格式化字符串(DataFormatString)说明：{0:C}货币；{0:D4}字符宽为 4 整数；{0:000.0}四舍五入小数点保留第几位有效数字；{0:N2}小数点保留 2 位有效数字；{0:N2%} 小数点保留 2 位有效数字加百分号；{0:D}长日期；{0:d}短日期；{0:yy-MM-dd}如 07-12-25；{0:yyyy-MM-dd} 如 2007-12-25。

【例 9.10】GridView 控件显示、编辑数据。本例使用 GridView 的 DataSource 属性绑定数据源，编写代码实现 GridView 控件的分页、选择、编辑/更新、删除功能。

在网页 Default.aspx 中添加 GridView 控件，ID 为 GridView2，添加前台和后台代码。

前台代码如下：

```
<asp:GridView ID="GridView2" runat="server" AutoGenerateColumns="False"
        AllowPaging="True" PageSize="5" ForeColor="Blue"
        OnPageIndexChanging="GridView2_PageIndexChanging"
        OnRowDeleting="GridView2_RowDeleting"
        OnRowUpdating="GridView2_RowUpdating"
        OnRowEditing="GridView2_RowEditing"
        OnRowCancelingEdit="GridView2_RowCancelingEdit"
        OnRowCancelingUpdate= "GridView2_RowCancelingUpdate">
    <Columns>
    <asp:BoundField DataField="Sno" HeaderText="学号" ReadOnly="True"
    SortExpression="Sno" />
    <asp:BoundField DataField="Sname" HeaderText="姓名" SortExpression= "Sname" />
    <asp:BoundField DataField="Ssex" HeaderText="性别" />
    <asp:BoundField DataField="SbirthDate" HeaderText="出生日期" DataFormatString=
    "{0:yyyy-MM-dd}" />
    <asp:BoundField DataField="Specialty" HeaderText="专业" />
    <asp:BoundField DataField="Sclass" HeaderText="班级" />
    <asp:CommandField HeaderText="操作" ShowSelectButton="True" ShowDeleteButton=
    "True" ShowEditButton="True" />
    </Columns>
    <EditRowStyle ForeColor="Blue" />
    <HeaderStyle BackColor="#006699" Font-Bold="True" ForeColor="White" />
    <FooterStyle BackColor="#990000" Font-Bold="True" ForeColor="White" />
    <SelectedRowStyle BackColor="#666666" Font-Bold="True" ForeColor="White" />
    <PagerStyle BackColor="White" ForeColor="#000066" HorizontalAlign="Left" />
</asp:GridView>
```

后台代码如下：

```
public partial class _Default: System.Web.UI.Page
{
    SqlConnection sqlcon;   //数据库连接
    SqlCommand sqlcom;
    string strCon = System.Configuration.ConfigurationManager.ConnectionStrings
["DB_StudentConnectionString"].ConnectionString.ToString();
```

```csharp
protected void Page_Load(object sender, EventArgs e)
    {
        if (!IsPostBack)
        {bindData();
        }
    }
protected void GridView2_PageIndexChanging(object sender, GridViewPageEventArgs e)
    {//分页
    GridView1.PageIndex = e.NewPageIndex;  bindData();
    }
protected void GridView2_RowEditing(object sender, GridViewEditEventArgs e)
    {//编辑
        GridView1.EditIndex = e.NewEditIndex;     bindData();
    }
protected void GridView2_RowUpdating(object sender, GridViewUpdateEventArgs e)
{//更新
string sqlstr = "update T_Students set Sname='"
+ ((TextBox)(GridView2.Rows[e.RowIndex].Cells[1].Controls[0])).Text.ToString().
Trim() + "',Ssex='"
+ ((TextBox)(GridView2.Rows[e.RowIndex].Cells[2].Controls[0])).Text.ToString().
Trim() + "',SbirthDate='"
+ ((TextBox)(GridView2.Rows[e.RowIndex].Cells[3].Controls[0])).Text.ToString().
Trim() + "', Specialty ='"
+ ((TextBox)(GridView2.Rows[e.RowIndex].Cells[4].Controls[0])).Text.ToString().
Trim() + "', Sclass ='"
+ ((TextBox)(GridView2.Rows[e.RowIndex].Cells[5].Controls[0])).Text.ToString().
Trim() + "' where sno='"
+ GridView2.DataKeys[e.RowIndex].Value.ToString() + "'";
sqlcon = new SqlConnection(strCon);
sqlcom=new SqlCommand(sqlstr,sqlcon);
sqlcon.Open();
sqlcom.ExecuteNonQuery();
sqlcon.Close();
GridView2.EditIndex = —1;
bindData();
}
protected void GridView2_RowCancelingEdit(object sender, GridViewCancelEditEventArgs e)
{//取消编辑
GridView2.EditIndex = —1;
bindData();
}
protected void GridView2_RowCancelingUpdate(object sender, GridViewCancelEditEventArgs e)
    {
        GridView2.EditIndex = —1;
        bindData();
    }
```

```
protected void GridView2_RowDeleting(object sender, GridViewDeleteEventArgs e)
{//删除
    string id=this. GridView2.DataKeys[e.RowIndex].Value.ToString();
    string sqlstr = "delete from T_Students where sno='" + id+ "'";
    sqlcon = new SqlConnection(strCon);
    sqlcom = new SqlCommand(sqlstr,sqlcon);
    sqlcon.Open();
    sqlcom.ExecuteNonQuery();
    sqlcon.Close();
    bindData();
}
public void bindData()
{//绑定
    string sqlstr = "select * from T_Students";
    sqlcon = new SqlConnection(strCon);
    SqlDataAdapter myda = new SqlDataAdapter(sqlstr, sqlcon);
    DataSet myds = new DataSet();
    sqlcon.Open();
    myda.Fill(myds, "students");
    GridView2.DataSource = myds;
    GridView2.DataKeyNames = new string[] { "sno" };//主键
    GridView2.DataBind();
    sqlcon.Close();
}
}
```

9.3.4　DetailsView 控件

DetailsView 控件用来在表中显示来自数据源的单条记录，其中记录的每个字段显示在表的一行。它可与 GridView 控件结合使用，以用于主/从方案。DetailsView 控件支持下列功能：

(1) 绑定至数据源控件 SqlDataSource。

(2) 内置插入功能。

(3) 内置更新和删除功能。

(4) 内置分页功能。

(5) 以编程方式访问 DetailsView 对象模型以动态设置属性、处理事件等。

(6) 可通过主题和样式自定义外观。

DetailsView 控件中的每个数据行是通过声明一个字段控件创建的。不同的行字段类型确定控件中各行的行为。字段控件派生自 DataControlField。同 GridView 控件一样，DetailsView 控件的行字段类型也有 7 种：BoundField、ButtonField、CheckBoxField、CommandField、HyperLinkField、ImageField、TemplateField。

DetailsView 控件的数据绑定同 GridView 控件。部分操作类似于 GridView 控件，这里不再详述。请参考 http://msdn.microsoft.com/zh-cn/library/system.web.ui.webcontrols.detailsview.aspx。

【例 9.11】DetailsView 控件显示详细数据。如图 9.16 所示，本例演示如何将 DetailsView 控件与 GridView 控件结合使用以实现简单的主/从方案。使用 GridView 控件显示表的简要信息，使用 GridView 控件显示选中项的详细信息，并添加、删除和编辑记录。

	学号	姓名	班级
选择	201007111101	赵静华	计10_1
选择	201007111103	廖强	计10_2
选择	201007111104	辛未	计10_1
选择	201007111105	李严厉	计10_2

1 2 3

学号	201007111103
姓名	廖强
性别	男
出生日期	1991-12-10 0:00:00
专业	计算机科学与技术
班级	计10_2
编辑 删除 新建	

图 9.16　DetailsView 控件与 GridView 控件结合使用

步骤如下：

(1) 向网站 DataWeb 中添加新的网页 DetailsInsertDeletePage.aspx，添加两个 SqlDataSource 数据源控件 Students 和 Details，并配置数据源。然后添加控件 GridView1 和 DetailsView1，并设置相应的属性，代码如下：

```
<head runat="server">
    <title>增删改</title>
</head>
<body>
    <form id="form1" runat="server">
    <div>
      <table class="style1" cellspacing="4">
       <tr>
        <td >
        <asp:GridView ID="GridView1" DataSourceID="Students" runat="server"
            AutoGenerateColumns="False" PageSize="4" AllowPaging="True"
            DataKeyNames="Sno" >
            <HeaderStyle BackColor="Blue" ForeColor="White" />
            <Columns>
               <asp:CommandField ShowSelectButton="True" />
               <asp:BoundField DataField="Sno" HeaderText="学号" ReadOnly="True"
                    SortExpression="Sno" />
               <asp:BoundField DataField="Sname" HeaderText="姓名"
                    SortExpression=" Sname" />
               <asp:BoundField DataField="Specialty" HeaderText="专业"
                    SortExpression="Specialty" />
               <asp:BoundField DataField="Sclass" HeaderText="班级"
                    SortExpression="Sclass" />
            </Columns>
         </asp:GridView>
       </td>
       <td valign="top">
       <asp:DetailsView  ID="DetailsView1"  runat="server"  DataSourceID=
```

```
"Details" Height="50px" AutoGenerateDeleteButton="True" Width="220px"
        AutoGenerateEditButton="True" AutoGenerateInsertButton="True"
      DataKeyNames="Sno" EmptyDataText="No records." AutoGenerateRows= "False"
        OnItemInserted="DetailsView1_ItemInserted"
        OnItemInserting="DetailsView1_ItemInserting"
        OnItemUpdated="DetailsView1_ItemUpdated"
        OnItemDeleted="DetailsView1_ItemDeleted">
        <HeaderStyle BackColor="Navy" ForeColor="White" />
        <RowStyle BackColor="White" />
        <AlternatingRowStyle BackColor="LightGray" />
        <EditRowStyle BackColor="LightCyan" />
        <Fields>
          <asp:BoundField DataField="Sno" HeaderText="学号" ReadOnly= "True"
                SortExpression="Sno" />
          <asp:BoundField DataField="Sname" HeaderText="姓名" />
          <asp:BoundField DataField="Ssex" HeaderText="性别" />
          <asp:BoundField DataField="SbirthDate" HeaderText="出生日期"
                DataFormatString="{0:yyyy-mm-dd}"/>
          <asp:BoundField DataField="Specialty" HeaderText="专业" />
          <asp:BoundField DataField="Sclass" HeaderText="班级" />
        </Fields>
        </asp:DetailsView>
      </td>
      </tr>
    </table>
      
    <asp:SqlDataSource ID="Students" runat="server"
        ConnectionString="<%$ ConnectionStrings:DB_StudentConnectionString0 %>"
        SelectCommand="SELECT [Sno], [Sname], [Specialty], [Sclass]
            FROM [T_Students]">
    </asp:SqlDataSource>
    <asp:SqlDataSource ID="Details" runat="server"
        ConnectionString="<%$ ConnectionStrings:DB_StudentConnectionString0 %>"
        SelectCommand="SELECT * FROM [T_Students] WHERE ([Sno] = @Sno)"
        DeleteCommand="DELETE FROM [T_Students] WHERE [Sno] = @Sno"
        UpdateCommand="UPDATE [T_Students] SET [SName]=@Sname, [Ssex]=
@Ssex, [Sbirthdate]=@Sbirthdate, [Specialty]=@Specialty, [Sclass]=@Sclass WHERE
[Sno]=@Sno"
        InsertCommand="INSERT INTO [T_Students] ([Sno], [SName], [Ssex],
[Sbirthdate], [Specialty],[Sclass]) VALUES (@Sno, @Sname, @Ssex, @Sbirthdate,
@Specialty, @Sclass)" >
        <SelectParameters>
          <asp:ControlParameter ControlID="GridView1" Name="Sno" PropertyName=
"SelectedValue" Type="String"/>
        </SelectParameters>
```

```
                <DeleteParameters>
                    <asp:Parameter Name="Sno" Type="String"/>
                </DeleteParameters>
            <UpdateParameters>
                <asp:Parameter Name="Sname" Type="String"/>
                <asp:Parameter Name="Ssex" Type="String"/>
                <asp:Parameter Name="Sbirthdate" Type="Datetime"/>
                <asp:Parameter Name="Specialty" Type="String"/>
                <asp:Parameter Name="Sclass" Type="String"/>
                <asp:Parameter Name="Sno" Type="String"/>
            </UpdateParameters>
            <InsertParameters>
                <asp:Parameter Name="Sno" Type="String"/>
                <asp:Parameter Name="Sname" Type="String"/>
                <asp:Parameter Name="Ssex" Type="String"/>
                <asp:Parameter Name="Sbirthdate" Type="DateTime"/>
                <asp:Parameter Name="Specialty" Type="String"/>
                <asp:Parameter Name="Sclass" Type="String"/>
            </InsertParameters>
            </asp:SqlDataSource>
        </div>
        </form>
    </body>
    </html>
```

(2) 编写 DetailsView1 的事件代码，实现当在控件中增、删、改时，刷新 GridView 控件。

```
protected void DetailsView1_ItemInserted(object sender, DetailsViewInsertedEventArgs e)
    {// 在 DetailsView 控件中插入一条新记录后，刷新 GridView 控件
        GridView1.DataBind();
    }
    protected void DetailsView1_ItemInserting(object sender, DetailsViewInsertEventArgs e)
    {  // 在 DetailsView 控件中插入一条新记录
        for (int i = 0; i < e.Values.Count; i++)
        {
            if (e.Values[i] != null)
            {
                e.Values[i] = Server.HtmlEncode(e.Values[i].ToString());
            }
        }
    }
    protected void DetailsView1_ItemUpdated(object sender, DetailsViewUpdatedEventArgs e)
    {// 在 DetailsView 控件中更新一条记录后，刷新 GridView 控件
        GridView1.DataBind();
    }
    protected void DetailsView1_ItemDeleted(object sender, DetailsViewDeletedEventArgs e)
    {//在 DetailsView 控件中删除一条记录后，刷新 GridView 控件
```

```
        GridView1.DataBind();
    }
```

(3) 编译、保存、运行，运行效果如图 9.16 所示。

9.4　综合应用实例

【例 9.12】综合实现数据库系统常用的查找、选择、删除功能，查找结果以表格的形式显示，当显示记录很多时，可以翻页显示。本案例介绍 GridView 控件与 DropList 控件的使用技术，定义了数据库操作通用类。运行结果如图 9.1 所示，步骤如下：

(1) 新建或打开网站 DataWeb，添加新的 Web 窗体 defalut1.aspx。然后按照图 9.1 设计前台页面，添加各控件，并设置其属性。前台 HTML 代码如下：

```
<body style=" font-size:14px">
<form id="form1" runat="server">
<div>
<table>
<tr>
<td class="style1">    班级：
  <asp:DropDownList ID="DropDownList1" runat="server" AutoPostBack="True" >
  </asp:DropDownList>    
<asp:Button ID="btnFind" runat="server" onclick="btnFind_Click" Text="查找"
Width="65px" />
</td>
<td>
<asp:Button ID="BtnAll" runat="server" onclick="btnAll_Click" Text="查找全
部" Width="72px" />
</td>
</tr>
</table>
<asp:GridView ID="GridView1" runat="server" AllowPaging="True"
        ForeColor="#333333"  CellPadding="4"  PageSize="2"
        AutoGenerateColumns="False" DataKeyNames="Sno"
        OnPageIndexChanging="GridView1_PageIndexChanging"
        OnRowCommand="GridView1_RowCommand"  >
    <HeaderStyle BackColor="#006699" Font-Bold="True" ForeColor="White" />
    <FooterStyle BackColor="#990000" Font-Bold="True" ForeColor="White" />
    <PagerTemplate>
        <asp:LinkButton ID="lbnFirst" runat="Server" Text="首页"
        Enabled='<%# ((GridView)Container.NamingContainer).PageIndex != 0
%>' CommandName="Page" CommandArgument="First" ></asp:LinkButton>
        <asp:LinkButton ID="lbnPrev" runat="server" Text="上一页"
Enabled='<%# ((GridView)Container.NamingContainer).PageIndex != 0 %>'
CommandName="Page" CommandArgument="Prev" ></asp:LinkButton>
```

```
        <asp:LinkButton ID="lbnNext" runat="Server" Text="下一页"
    Enabled='<%# ((GridView)Container.NamingContainer).PageIndex != (((GridView)
Container.NamingContainer).PageCount - 1) %>' CommandName="Page" CommandArgument=
"Next" ></asp:LinkButton>
        <asp:LinkButton ID="lbnLast" runat="Server" Text="末页"
    Enabled='<%# ((GridView)Container.NamingContainer).PageIndex != (((GridView)
Container.NamingContainer).PageCount - 1) %>' CommandName="Page" CommandArgument=
"Last" ></asp:LinkButton>
        <asp:Label ID="lblPage" runat="server" Text='<%# "页次: " + (((GridView)
Container.NamingContainer).PageIndex + 1)  + "/" + (((GridView) Container.
NamingContainer).PageCount) + "页" %> '></asp:Label>
        转到第<asp:TextBox ID="TextPageNumbers" Width="40px" runat="server" />页
        <asp:Button ID="btnGo" runat="server" CausesValidation="False"
            Text="GO" CommandName="go"/>
    </PagerTemplate>
    <Columns>
      <asp:TemplateField HeaderText="选择">
        <ItemTemplate>
          <asp:CheckBox ID="CheckBox1" runat="server"/>
        </ItemTemplate>
      </asp:TemplateField>
      <asp:BoundField DataField="Sno" HeaderText="学号" ReadOnly="True"
            SortExpression="Sno" />
      <asp:BoundField DataField="Sname" HeaderText="姓名"/>
      <asp:BoundField DataField="Ssex" HeaderText="性别"/>
      <asp:BoundField DataField="SbirthDate" HeaderText="出生日期"
dataformatstring="{0:yyyy-MM-dd}"/>
       <asp:BoundField DataField="Speciality" HeaderText="专业"/>
       <asp:BoundField DataField="Sclass" HeaderText="班级"/>
    </Columns>
    <SelectedRowStyle BackColor="#666666" Font-Bold="True" ForeColor="White"/>
     <PagerSettings Position="Top"/>
    <PagerStyle BackColor="White" ForeColor="#000066" HorizontalAlign="Right" />
  </asp:GridView>
 <asp:CheckBox ID="CheckBox2" runat="server" AutoPostBack="True" Font-Size="10pt"
OnCheckedChanged="CheckBox2_CheckedChanged" Text="全选" />  
    <asp:Button ID="BtnCancel" runat="server" Font-Size="10pt" Text="取消"
        OnClick="BtnCancel_Click" Width="66px" Height="21px" />   
    <asp:Button ID="BtnDel" runat="server" Font-Size="10pt" Text="删除"
        OnClick="BtnDel_Click" Width="87px" Height="22px" />   
  </div>
 </form>
</body>
```

(2) 修改 Web.config 文件。添加数据库连接字符串 DB_Student ConnectionString,代码

如下：

```
<configuration>
<connectionStrings>
    <add name="DB_StudentConnectionString" connectionString="Data Source=
XINXI;Initial Catalog=DB_Student;User ID=sa;Password=sa" providerName="System.
Data.SqlClient" />
</connectionStrings>
</configuration>
```

（3）建立通用数据库操作类 sqlcommon。该类封装了与数据库相关的一些操作方法，将这些方法定义为 public static 类型，是为了便于在调用过程中不必实例化就可以直接调用。其中 dataSet( )用于获取数据集；ExecuteSql( )用于执行插入、删除、修改等数据库操作。

在【解决方案资源管理器】中新建 ASP.NET 文件夹 App_Code，选择该文件夹，添加新类 sqlcommon，代码如下：

```
using System;
using System.Configuration;
using System.Web;
using System.Web.Security;
using System.Web.UI;
using System.Web.UI.WebControls;
using System.Web.UI.WebControls.WebParts;
using System.Web.UI.HtmlControls;
using System.Data.SqlClient;
using System.Data.Sql;
using System.Data;  //存储过程
/// <summary>
///sqlcommon 的摘要说明
/// </summary>
public class sqlCommon
{
    private static SqlConnection conn = new SqlConnection();
    private static SqlCommand comm = new SqlCommand();
    public sqlCommon()
    {
        ////TODO: 在此处添加构造函数逻辑//
    }
    /// <summary>
    /// 打开连接
    /// </summary>
    private static void openConnection()
    {
        if (conn.State == ConnectionState.Closed)
        {
            try
            {
```

```
            conn.ConnectionString = System.Web.Configuration.
WebConfigurationManager. ConnectionStrings["DB_StudentConnectionString"].ConnectionString;
            comm.Connection = conn;
            conn.Open();
        }
        catch (Exception e)
        {
            throw new Exception(e.Message);
        }
    }
}
/// <summary>
/// 关闭连接
/// </summary>
private static void closeConnection()
{
    if (conn.State == ConnectionState.Open)
    {
        conn.Close();
    }
    conn.Dispose();
    comm.Dispose();
}
/// <summary>
/// 执行一条 SQL 语句
/// </summary>
/// <param name="sqlStr">sql 语句</param>
public static void ExecuteSql(string sqlStr)
{
    try
    {
        openConnection();
        comm.CommandType = CommandType.Text;
        comm.CommandText = sqlStr;
        comm.ExecuteNonQuery();
    }
    catch (Exception e)
    {
        throw new Exception(e.Message);
    }
    finally
    {
        closeConnection();
    }
}
/// <summary>
```

```
/// 返回一个数据集
/// </summary>
/// <param name="sqlStr">sql 语句</param>
/// <returns></returns>
public static DataSet dataSet(string sqlStr)
{
    SqlDataAdapter da = new SqlDataAdapter();
    DataSet ds = new DataSet();
    try
    {
        openConnection();
        comm.CommandType = CommandType.Text;
        comm.CommandText = sqlStr;
        da.SelectCommand = comm;
        da.Fill(ds);
    }
    catch (Exception e)
    {
        throw new Exception(e.Message);
    }
    finally
    {
        closeConnection();
    }
    return ds;
}
/// <summary>
/// 返回一个数据视图
/// </summary>
/// <param name="sqlStr">sql 语句</param>
/// <returns></returns>
public static DataView dataView(string sqlStr)
{
    SqlDataAdapter da = new SqlDataAdapter();
    DataView dv = new DataView();
    DataSet ds = new DataSet();
    try
    {
        openConnection();
        comm.CommandType = CommandType.Text;
        comm.CommandText = sqlStr;
        da.SelectCommand = comm;
        da.Fill(ds);
        dv = ds.Tables[0].DefaultView;
    }
    catch (Exception e)
    {
```

```
            throw new Exception(e.Message);
        }
        finally
        {
            closeConnection();
        }
        return dv;
    }
}
```

(4) 编写后台程序代码，实现基本操作。代码如下：

```
public partial class _Default : System.Web.UI.Page
{
    protected void Page_Load(object sender, EventArgs e)
    {
        if (!IsPostBack)        //初次加载该页
        {string sqlstr = "select * from T_Students "; //显示表 T_Students 的全部信息
         this.ViewState["sqlstr"] = sqlstr;   //将查询字符串存放到视图状态集合中
         bindData();                //绑定数据，显示在控件中
            InitDropDownList(); //初始化下拉列表框
        }
    }
    protected void InitDropDownList()
    {
        ListItem li = new ListItem("--请选择--", "0");
        DropDownList1.Items.Add(li);
        string SQL_Select = "select DISTINCT  Sclass from T_Students ";
        DataView dv = sqlCommon.dataView(SQL_Select);
        foreach (DataRowView drv in dv)
        {
            this.DropDownList1.Items.Add(new  ListItem(drv["Sclass"].ToString(),
drv["Sclass"].ToString()));
        }
    }
    //翻页操作
    protected void GridView1_PageIndexChanging(object sender, GridViewPageEventArgs e)
    {  //换页并显示
        this.GridView1.PageIndex = e.NewPageIndex;
        bindData();
    }
    //单击 GridView 中的命令按钮 Go,跳转到新页
    protected void GridView1_RowCommand(object sender, GridViewCommandEventArgs e)
    {
        //控制页签
        switch (e.CommandName)
        {
```

```
                case "go":
                    TextBox PageNumbers = (TextBox)GridView1.TopPagerRow.FindControl
("TextPageNumbers");
                    int pageIndexNumber = Convert.ToInt32(PageNumbers.Text.Trim());
                    GridView1.PageIndex = pageIndexNumber-1;
                    bindData();
                    break;
        }
    }

    public void bindData()
    {
        string sqlstr =(string)this.ViewState["sqlstr"];
        DataSet myds = sqlCommon.dataSet(sqlstr);
        GridView1.DataSource = myds;
        GridView1.DataKeyNames = new string[] { "Sno" };
        GridView1.DataBind();
    }
    protected void BtnDel_Click(object sender, EventArgs e)
    {
        for (int i = 0; i <= GridView1.Rows.Count - 1; i++)
        {
        CheckBox cbox = (CheckBox)GridView1.Rows[i].FindControl("CheckBox1");
        if (cbox.Checked == true)
        {
            string sqlstr = "delete from T_Students where Sno='" + GridView1.
DataKeys[i].Value + "'";
            sqlCommon.ExecuteSql(sqlstr);
        }
        }
        bindData();
        CheckBox2.Checked = false;
    }
    protected void BtnCancel_Click(object sender, EventArgs e)
    {
        CheckBox2.Checked = false;
        for (int i = 0; i <= GridView1.Rows.Count - 1; i++)
        {CheckBox cbox = (CheckBox)GridView1.Rows[i].FindControl("CheckBox1");
         cbox.Checked = false;}
    }
    protected void CheckBox2_CheckedChanged(object sender, EventArgs e)
    {
        for (int i = 0; i <= GridView1.Rows.Count - 1; i++)
        {
        CheckBox cbox = (CheckBox)GridView1.Rows[i].FindControl("CheckBox1");
        if (CheckBox2.Checked == true)
          {cbox.Checked = true;}
```

```
        else
        {cbox.Checked = false;}
     }
  }
  protected void btnFind_Click(object sender, EventArgs e)
  {
     string sqlstr = "select * from T_Students where Sclass='" +this.DropDownList1.
SelectedValue.ToString() + "'";

     this.ViewState["sqlstr"]=sqlstr;    //将查询字符串保存到键名为 sqlstr 的状态信息
     DataSet myds = sqlCommon.dataSet(sqlstr);
     GridView1.DataSource = myds;
     GridView1.DataKeyNames = new string[] { "Sno" };
     GridView1.DataBind();
  }
  protected void btnAll_Click(object sender, EventArgs e)
  {
     string sqlstr = "select * from T_Students ";
     this.ViewState["sqlstr"] = sqlstr;
     DataSet myds = sqlCommon.dataSet(sqlstr);
     GridView1.DataSource = myds;
     GridView1.DataKeyNames = new string[] { "Sno" };
     GridView1.DataBind();
     this.DropDownList1.SelectedIndex = 0;
  }
}
```

(5) 编译运行，结果如图 9.1 所示。

习　题　9

一、填空题

1. ADO.NET 是.NET 框架下的一种新的数据访问模型，由一组数据库访问类组成，主要包括＿＿＿＿＿类、＿＿＿＿＿类、＿＿＿＿＿类、＿＿＿＿＿类和＿＿＿＿＿类。

2. 当 Command 对象返回结果集时，可以使用＿＿＿＿＿对象来检索数据。若用 DataAdapter 对象打开数据库，则用＿＿＿＿＿对象来读取数据。

3. DataSet 对象的包含的数据对象有＿＿＿＿＿、＿＿＿＿＿、＿＿＿＿＿、＿＿＿＿＿等。

二、简答题

1. 如何用 DropDownList 控件实现数据绑定？

2. 如何用 GridView 控件实现数据的更新和删除？

3. 如何用 DetailsView 控件实现数据的查询和修改？

4. 如何用 DetailsView 控件显示 GridView 控件中记录的详细信息？

5．在 GridView 控件中实现分页的方法有几种？

三、操作题

1．使用向导为 SqlDataSource 控件配置数据源。

2．分别使用两种方法为数据绑定控件 DropDownList、GridView 控件和 DetailsView 控件进行数据绑定。

3．练习本章案例，并完善其功能，能够实现查找，以及增、删、改等功能。

第 10 章

基于 Web 的学生成绩管理系统

教学目标

- 学会系统分析方法
- 学会数据库的设计方法
- 学会面向对象的方法和模块化的 Web 程序设计方法
- 掌握常用 Web 控件的使用以及 C#语言的编程

案例介绍

本章案例是一个基于 Web 的学生成绩管理系统, 系统分为 3 类用户: 管理员、教师、学生。管理员管理教师基本信息、学生基本信息、课程信息, 且能够以班或专业导出学生的成绩信息; 教师可以录入学生成绩、查看教师授课信息、导出学生成绩到 Excel; 学生可以查询自己的成绩、核实个人信息等。只有合法的用户才能登录该系统, 每类合法用户具有不同的权限, 用户可以修改自己的登录密码。

本案例综合软件工程技术、数据库技术, 利用 ASP.NET +SQL Server 实现。用户登录界面如图 10.1 所示。

图 10.1 用户登录界面

10.1　系统功能设计

本案例是一个基于 B/S 模式的学生成绩管理系统。学生可以查询自己的成绩、核实个人信息等。教师可以录入所承担的课程的学生成绩，并且可以将成绩导出到 Excel 中进行打印。管理员可以管理学生基本信息、教师基本信息、课程信息，以班级或专业导出学生的成绩信息等。

10.1.1　系统功能模块

学生成绩管理系统分为前台和后台两部分，前台包括教师和学生两类用户，教师录入学生成绩，学生查询自己的成绩；后台为管理员用户，实现基础数据的维护。该系统主要包含的功能模块如图 10.2 所示。

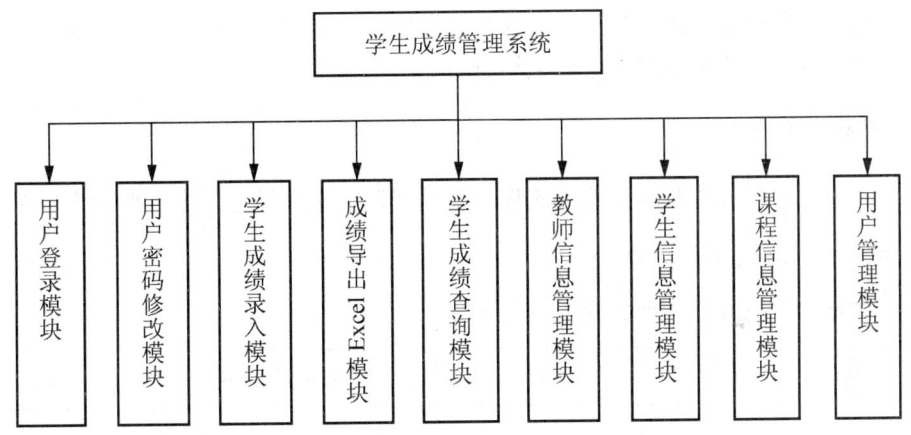

图 10.2　学生成绩管理系统的功能结构

本系统主要分为 2 大模块：前台学生成绩信息查询、教师成绩录入、导出打印，后台管理员基础信息与用户权限管理。

1. 教师模块

(1) 学生成绩录入模块。学生成绩录入模块是本系统的重要部分，主要有显示学生成绩、修改学生成绩、学生成绩导出 Excel 文件、学生成绩打印等功能。

教师进入系统后，可以从下拉列表中，选择相应科目。然后可以对相应科目下的选课学生录入考试成绩，包括平时成绩、期末考试成绩等。当教师提交成绩后不可以再对学生的成绩进行修改。

(2) 学生成绩导出 Excel 文件模块。本模块中，教师可以将指定的学生成绩导出到 Excel 表中。当学生的成绩成功导出到 Excel 表之后，教师可以使用 Excel 文件自带的打印功能打印学生成绩单。

2. 学生模块

该模块主要是成绩查询模块，学生可以按照学期、学年等条件查询成绩。

3. 管理员模块

(1) 学生信息管理模块：对学生信息进行查询、添加、删除、修改等。

(2) 教师信息管理模块：对教师信息进行查询、添加、删除、修改等。

(3) 课程信息管理模块：对课程信息进行查询、添加、删除、修改等。

(4) 用户管理模块：对用户信息，主要是针对用户分类、权限进行管理。

4. 公共模块

(1) 用户登录模块。登录模块包含部门管理员、教师、学生 3 个权限，系统依据用户填写的用户名和密码，自动登录到相应的权限系统，供相应权限的用户操作系统。

(2) 用户密码修改模块。管理员、教师及学生都具有修改自己密码的权限。不同权限用户修改自己密码时所用的模块界面风格一致。

10.1.2　系统主要流程

学生成绩管理系统主要涉及两类流程：教师登统学生成绩与学生查询个人成绩。

1. 教师登统学生成绩流程

教师登统学生成绩的流程如图 10.3 所示。

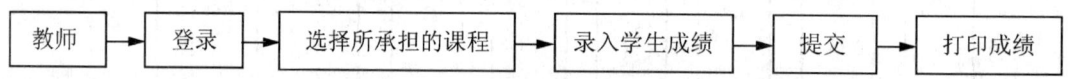

图 10.3　登统学生成绩流程

2. 学生查询成绩流程

学生查询个人成绩的流程如图 10.4 所示。

图 10.4　查询成绩流程

10.1.3　系统架构设计

根据系统功能体系结构设计系统架构，如图 10.5 所示。

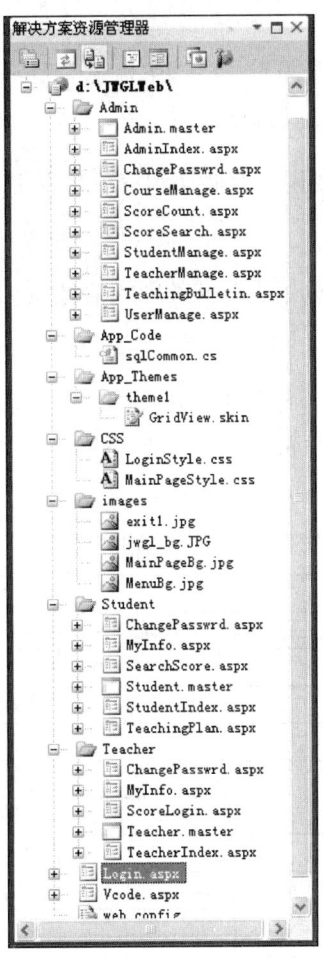

图 10.5 学生成绩管理系统体系结构

10.2 数据库设计

数据库文件名：JWGL.mdf。

1. 用户信息表

用户信息(T_Users)表主要用于用户登录。T_Users 表的结构如表 10-1 所示。

表 10-1 T_Users 表结构

字段名	数据类型	主键否	描述
UserID	varchar(11)	是	用户账号
UserPwd	varchar(15)	否	登录密码
UserType	char(1)	否	用户类型：A—管理员，B—教师，C—学生，0—不存在
UserName	varchar(20)	否	真实姓名

2. 学生信息表

学生信息(T_Students)表主要用于存储学生信息。表 T_Students 的结构如表 8-5 所示。

3. 课程信息表

课程信息(T_Courses)表主要用于存储课程信息。表 T_Courses 的结构如表 8-6 所示。

4. 教师信息表

教师信息(T_Teachers)表主要用于存储教师的信息。表 T_Teachers 的结构如表 8-7 所示。

5. 成绩表

成绩(T_Scores)表主要用于存储学生所选课程的成绩信息。为了提高查询效率，对该表进行冗余处理，表 T_Scores 的结构如表 10-2 所示。

表 10-2　T_Scores 表结构

字段名	数据类型	主键否	描述
Sno	char(10)	是	学号
Cno	char(10)	是	课程代码
Sname	varchar(20)		学生姓名
Cname	varchar(50)		课程名
Credit	real		学分
CYear	varchar(15)		学年
Semester	char(1)		学期
Ckind	char(10)		课程性质
Usual	int		平时成绩
Final	int		期末成绩
Score	int		成绩
Memo	char(10)		备注(缓考、补考、作弊)

6. 选课表

选课(T_SelectCourses)表主要用于存储学生根据教学计划在开课学期选修某教师所讲授的课程信息，是一个临时表。为了提高查询效率，对该表进行冗余处理，表 T_SelectCourses 的结构如表 10-3 所示。

表 10-3　T_SelectCourses 表结构

字段名	数据类型	主键否	描述
Sclass	varchar(20)		班级
Sno	char(10)	是	学号
Sname	varchar(20)		学生姓名
Cno	varchar(20)	是	课程代码
Cname	varchar(50)	否	课程名
Tno	char(10)	是	教师号(主键)

续表

字段名	数据类型	主键否	描述
Tname	varchar(20)	否	教师姓名
Ckind	char(10)	否	课程性质
Usual	int		平时成绩
Final	int		期末成绩
Score	int		成绩
Memo	char(10)		备注(缓考、补考、作弊)

7. 提交标记表

提交标记(EditTag)表用于保存提交标记，结构如表 10-4 所示。

表 10-4　EditTag 表结构

字段名	数据类型	主键否	描述
Cno	char(10)	是	课程代码
Tno	char(10)	是	教师号
CanUpdate	bit		能否更新

主要表间联系如图 10.6 所示。

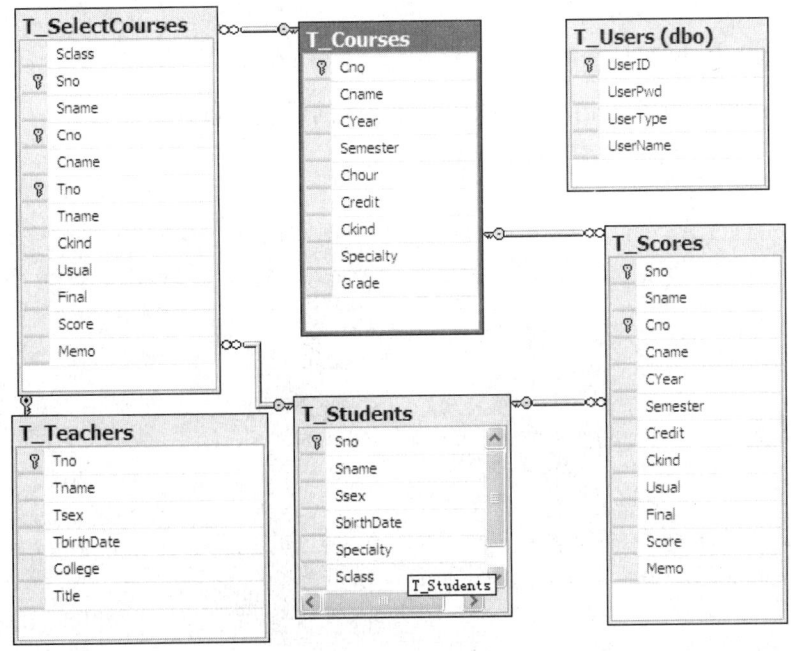

图 10.6　表间关系图

8. 存储过程

(1) 存储过程 UserLogin：用于用户登录系统。

```
CREATE PROCEDURE UserLogin
```

```
(@userID varchar(10),
 @password  varchar(15),
 @UserType  char(1)  OUTPUT,
 @UserName varchar(20) OUTPUT
)
AS
SELECT    @UserType=UserType, @UserName=UserName  FROM  T_Users WHERE UserID=@userID
AND UserPwd=@password
IF @@Rowcount<1
SELECT
   @UserType='0'
GO
```

(2) 存储过程 GridViewUpdate：用于以不同的显示方式在表格中显示数据。

```
CREATE  PROCEDURE  [dbo].[GridViewUpdate]
(@Cno char(10),
 @Tno  char(10),
 @CanUpdate  int  OUTPUT
)
AS
SELECT    @CanUpdate=CanUpdate  FROM  EditTag WHERE Cno=@Cno  AND  Tno=@Tno
IF @@Rowcount<1
SELECT
   @CanUpdate=0
```

(3) 存储过程 ScoreCount：用于统计选课学生的成绩分布。

```
CREATE PROCEDURE  [dbo].[ScoreCount]
(@Cno char(10),
 @Tno  char(10),
 @NumA int OUTPUT,
 @NumB  int OUTPUT,
 @NumC  int OUTPUT,
 @NumD  int OUTPUT,
 @NumE  int OUTPUT,
 @NumTotal  int OUTPUT
)
AS
SELECT    @NumA=COUNT(DISTINCT Sno) FROM  T_SelectCourses WHERE Cno=@Cno  and
Tno=@Tno and Score between 90 and 100
SELECT    @NumB=COUNT(DISTINCT Sno) FROM  T_SelectCourses WHERE Cno=@Cno  and
Tno=@Tno and Score between 80 and 89
SELECT    @NumC=COUNT(DISTINCT Sno) FROM  T_SelectCourses WHERE Cno=@Cno  and
Tno=@Tno and Score between 70 and 79
SELECT    @NumD=COUNT(DISTINCT Sno) FROM  T_SelectCourses WHERE Cno=@Cno  and
Tno=@Tno and Score between 60 and 69
SELECT    @NumE=COUNT(DISTINCT Sno) FROM  T_SelectCourses WHERE Cno=@Cno  and
```

```
Tno=@Tno and Score<60
   SELECT  @NumTotal=COUNT(DISTINCT Sno) FROM  T_SelectCourses WHERE Cno=@Cno
and Tno=@Tno
```

(4) 存储过程 CreditSum：统计学生所获得的学分。

```
CREATE PROCEDURE [dbo].[CreditSum]
(@Sno  char(12),
 @SumA float OUTPUT,
 @SumB  float OUTPUT,
 @SumC  float  OUTPUT,
 @SumAll  float  OUTPUT
)
AS
SELECT  @SumA=sum(Credit) FROM  T_Scores WHERE Sno=@Sno  and Ckind='必修'
SELECT  @SumB=sum(Credit) FROM  T_Scores WHERE Sno=@Sno  and Ckind='限选'
SELECT  @SumC=sum(Credit) FROM  T_Scores WHERE Sno=@Sno  and Ckind='校选'
SELECT  @SumAll=SUM(Credit) FROM  T_Scores WHERE Sno=@Sno
```

10.3　数据库操作类设计

在系统开发过程中，每个页面的实现都需要用到很多相同的功能，如连接数据库、执行 SQL 语句等，为了提高系统的复用性和可维护性，设计了公共类，用于进行数据库操作。

数据库操作类主要实现数据库的连接、查询以及 SQL 语句的执行。

1. 修改 Web.config 文件

```
   //web.config
<?xml version="1.0"?>
<configuration>
   <connectionStrings>
  <add  name="DB_StudentConnectionString" connectionString="Data  Source=
XINXI;Initial Catalog=JWGL;User ID= sa;Password=a1b2c3"  providerName= "System.
Data.SqlClient" />
   </connectionStrings>
   <system.web>
      <compilation debug="true" targetFramework="4.0"/>
   </system.web>
</configuration>
```

2. 建立数据库操作类

```
//数据库操作类 sqlCommon.cs
using System;
using System.Configuration;                //配置文件
using System.Web;
```

```
using System.Web.Security;
using System.Web.UI;
using System.Web.UI.WebControls;
using System.Web.UI.WebControls.WebParts;
using System.Web.UI.HtmlControls;
using System.Data.SqlClient;          //SQL 数据库
using System.Data.Sql;                //SQL 数据库
using System.Data;                    //存储过程
/// <summary>
///sqlcommon 的摘要说明——数据库通用操作类
/// </summary>
public class sqlCommon
{
    private static SqlConnection conn = new SqlConnection();
    private static SqlCommand comm = new SqlCommand();
    public sqlCommon()
    {
        ////TODO: 在此处添加构造函数逻辑//
    }
    /// <summary>
    /// 打开连接
    /// </summary>
    private static void openConnection()
    {
        if (conn.State == ConnectionState.Closed)
        {
            try
            {
                conn.ConnectionString = System.Web.Configuration.WebConfigurationManager.
ConnectionStrings["DB_StudentConnectionString"].ConnectionString;
                comm.Connection = conn;
                conn.Open();
            }
            catch (Exception e)
            {
                throw new Exception(e.Message);
            }
        }
    }
    /// <summary>
    /// 关闭连接
    /// </summary>
    private static void closeConnection()
    {
        if (conn.State == ConnectionState.Open)
        {
```

```
                conn.Close();
            }
            conn.Dispose();
            comm.Dispose();
        }
        /// <summary>
        /// 执行一条 SQL 语句
        /// </summary>
        /// <param name="sqlStr">sql 语句</param>
        public static void ExecuteSql(string sqlStr)
        {
            try
            {
                openConnection();
                comm.CommandType = CommandType.Text;
                comm.CommandText = sqlStr;
                comm.ExecuteNonQuery();
            }
            catch (Exception e)
            {
                throw new Exception(e.Message);
            }
            finally
            {
                closeConnection();
            }
        }
        /// <summary>
        /// 返回一个数据集
        /// </summary>
        /// <param name="sqlStr">sql 语句</param>
        /// <returns></returns>
        public static DataSet dataSet(string sqlStr)
        {
            SqlDataAdapter da = new SqlDataAdapter();
            DataSet ds = new DataSet();
            try
            {
                openConnection();
                comm.CommandType = CommandType.Text;
                comm.CommandText = sqlStr;
                da.SelectCommand = comm;
                da.Fill(ds);
            }
            catch (Exception e)
            {
                throw new Exception(e.Message);
```

```
        }
        finally
        {
            closeConnection();
        }
        return ds;
    }
    /// <summary>
    /// 返回一个数据视图
    /// </summary>
    /// <param name="sqlStr">sql 语句</param>
    /// <returns></returns>
    public static DataView dataView(string sqlStr)
    {
        SqlDataAdapter da = new SqlDataAdapter();
        DataView dv = new DataView();
        DataSet ds = new DataSet();
        try
        {
            openConnection();
            comm.CommandType = CommandType.Text;
            comm.CommandText = sqlStr;
            da.SelectCommand = comm;
            da.Fill(ds);
            dv = ds.Tables[0].DefaultView;
        }
        catch (Exception e)
        {
            throw new Exception(e.Message);
        }
        finally
        {
            closeConnection();
        }
        return dv;
    }
}
```

10.4　页面布局与风格设计

10.4.1　样式表 CSS

样式表主要完成各页面的布局，本系统设计了登录页样式表和主页面样式表。

1. 登录页样式表 LoginStyle.css

```
body
{
  margin: 50px;
  padding: 0;
  font-family: Arial, Helvetica, Verdana, Sans-serif;
  font-size: 16px;
  color: #666666;
  background: #ffffff;
  }
#page-container {
width: 685px;
height:320px;
margin: auto;
background-image:url(../images/jwgl_bg.jpg);
border:2px solod #C6E2FF;
}
#mainbody {
position:absolute;
height: 240px;
width:285px;
margin-left:378px;
margin-top:70px;
padding-left:10px;
padding-top:10px;
font-size: 14px;
line-height:45px;
}
```

2. 主页面样式表 MainpageStyle.css

```
body
{
  margin:0;
  padding:0;
  font-family:Arial, Helvetica, Verdana, Sans-serif;
  font-size:14px;
  background:#ffffff;
  }
a:link{text-decoration:none;color:black;}
a:visited{text-decoration:none;color:#000;}
a:hover{text-decoration:none;color:#f00;}

#PageContainer {
width:960px;
margin:auto;
border-right:1px solid #EAEAEA;
}
#Header
```

```
{
 margin-top:2px;
 margin-bottom:0px;
height:69px;
background:#db6d16  url(../images/adminbg2.jpg);
}
#MainnavDiv
{
 margin-top:1px;
background:#1e9fef;
height:30px;
font-size:14px;
color:Black;
padding-top:0px;
padding-left:80px;
}

#MenuDiv {
background:#C6E2FF;
float:left;
width:128px;
line-height:18px;
border:1px solid #efefef;
padding:0px;
}
#MenuDiv p
{ padding-left:1px;
  margin-left:4px;
  margin-top:1px;
}

#ContentDiv {
margin-left:129px;
padding-left:6px;
padding-top:3px;
width:822px;
border-left:2px solid #1e90ef;
}
#Footer {
clear:both;
height:18px;
margin-right:0px;
font-family:Tahoma, Arial, Helvetica, Sans-serif;
font-size:10px;
color:blue;
background-color:#C6E2ED;
text-align:center;
}
```

10.4.2　主题

见第 7 章 GridView.skin。

10.4.3　母版页

为统一各类用户的操作界面，设计了管理员、学生、教师用户的页面母版页。

1.　管理员用户 admin.master

管理员用户主页面如图 10.7 所示。

图 10.7　管理员用户主页面模版

见第 7 章 admin.master。

```
<%@ Master Language="C#" AutoEventWireup="true" CodeFile="Admin.master.cs"
Inherits="Admin_Admin" %>

<!DOCTYPE html PUBLIC "-//W3C//DTD XHTML 1.0 Transitional//EN" "http://www.
w3.org/TR/xhtml1/DTD/xhtml1-transitional.dtd">

<html xmlns="http://www.w3.org/1999/xhtml">
<head id="Head1" runat="server">
    <title>教务系统</title>
    <link href="../CSS/MainPageStyle.css" rel="stylesheet" type="text/css" />
    </head>
<body>
    <div id="PageContainer">
        <!--banner 部分-->
        <form id="form1" runat="server">
        <div id="Header">

        </div>
        <!--提示信息部分-->
        <div id="MainnavDiv">
```

```
            <table style="height:24px;width:100%">
                <tr>
                    <td style="height:24px;width:800px">
                        用户：<%=Session["UserName"].ToString() %>   </td>
                    <td style="height:24px;">
                        <asp:ImageButton  ID="ImageButton1"  runat="server"
ImageUrl="~/images/cxit1.jpg" onclick="ImageButton1_Click"
                            /></td>
                        <td style="height:24px;width:100px">
                安全退出 </td>
                </tr>
            </table>
        </div>
            <!--左侧菜单部分-->
        <div id="MenuDiv">
            <img src="../images/MenuBg.jpg" alt="系统菜单" style="width: 128px"/>
            <p>
            <asp:TreeView ID="TreeView1" runat="server" ImageSet="XPFileExplorer"
                    NodeIndent="15" >
            <HoverNodeStyle Font-Underline="false" ForeColor="#6666AA" />
            <Nodes>
            <asp:TreeNode Text="基本信息管理" Value="基本信息管理" Expanded="True">
            <asp:TreeNode NavigateUrl="~/admin/CourseManage.aspx" Text="课程信息"
                    Value="课程信息"></asp:TreeNode>
            <asp:TreeNode NavigateUrl="~/admin/StudentManage.aspx" Text="学生信息"
                    Value="学生信息"></asp:TreeNode>
            <asp:TreeNode NavigateUrl="~/admin/TeacherManage.aspx" Text=
"教师信息" Value="教师信息"></asp:TreeNode>
                </asp:TreeNode>
            <asp:TreeNode Text="用户管理" Value="用户管理" NavigateUrl= "~/admin/
UserManage.aspx">
            </asp:TreeNode>
            <asp:TreeNode Text="成绩查询" Value="成绩查询">
                <asp:TreeNode NavigateUrl="~/admin/ScoreSearch.aspx" Text=
"成绩查询" Value="成绩查询"></asp:TreeNode>
                <asp:TreeNode NavigateUrl="~/admin/ScoreCount.aspx" Text="成
绩统计" Value="成绩统计"></asp:TreeNode>
            </asp:TreeNode>
            <asp:TreeNode Text="修改密码" Value="修改密码" NavigateUrl="~/admin/
ChangePasswrd.aspx"></asp:TreeNode>
            <asp:TreeNode NavigateUrl="~/admin/TeachingBulletin.aspx" Text=
"教务公告" Value="教务公告"  >
            </asp:TreeNode>
        </Nodes>
        <NodeStyle Font-Names="Tahoma" Font-Size="9pt" ForeColor="Black"
```

```
          HorizontalPadding="2px" NodeSpacing="0px" VerticalPadding="3px" />
        <ParentNodeStyle Font-Bold="False" />
        <SelectedNodeStyle Font-Underline="False"
          HorizontalPadding="0px" VerticalPadding="0px" BackColor="#B5B5B5" />
      </asp:TreeView>
  </p>
    </div>
          <!--主体内容-->
      <div id="ContentDiv">

          <br />
          <asp:ContentPlaceHolder ID="ContentPlaceHolder1" runat="server">
          </asp:ContentPlaceHolder>
          <br />
          <br />


      </div>
        <!--页脚-->
        <div id="Footer">
          Copyright © 2013  河北经贸大学
        </div>

        </form>
        </div>


</body>
</html>
protected void ImageButton1_Click(object sender, ImageClickEventArgs e)
    {
        Response.Redirect("../Login.aspx");
    }
```

2. 教师用户 teacher.master

教师用户主页面如图 10.8 所示。

图 10.8　教师用户主页面模版

```
<%@ Master Language="C#" AutoEventWireup="true" CodeFile="Teacher.master.
cs" Inherits="Teacher_Teacher" %>

<!DOCTYPE html PUBLIC "-//W3C//DTD XHTML 1.0 Transitional//EN" "http://www.
w3.org/TR/xhtml1/DTD/xhtml1-transitional.dtd">

<html xmlns="http://www.w3.org/1999/xhtml">
<head runat="server">
    <title>教务系统</title>
     <link href="../CSS/MainPageStyle.css" rel="stylesheet" type="text/css" />
</head>
<body>
    <div id="PageContainer">
          <!--banner 部分-->
        <div id="Header"></div>
        <form id="form1" runat="server">
          <!--提示信息部分-->
         <div id="MainnavDiv">
             <table style="height:24px;width:100%">
                 <tr>
                     <td style="height:24px;width:800px">
                         欢迎你: <%=Session["UserName"].ToString() %> 老师  </td>
                     <td style="height:24px;">
                         <asp:ImageButton  ID="ImageButton1"  runat="server"
ImageUrl="~/images/exit1.jpg" onclick="ImageButton1_Click"
                          /></td>
                         <td style="height:24px;width:100px">
                         安全退出 </td>
                 </tr>
             </table>
        </div>
          <!--左侧菜单部分-->
        <div id="MenuDiv">
         <img src="../images/menuBg.jpg" alt="系统菜单" style="width: 128px"/>
          <p>
         <asp:TreeView ID="TreeView1" runat="server" ImageSet="XPFileExplorer"
             NodeIndent="15" >
         <HoverNodeStyle Font-Underline="false" ForeColor="#6666AA" />
         <Nodes>
         <asp:TreeNode Text="成绩录入" Value="成绩录入" NavigateUrl="~/
Teacher/ScoreLogin.aspx">
         </asp:TreeNode>

         <asp:TreeNode Text="信息维护" Value="信息维护">
             <asp:TreeNode NavigateUrl="~/Teacher/MyInfo.aspx" Text="个人
信息" Value="个人信息"></asp:TreeNode>
```

```
                <asp:TreeNode NavigateUrl="~/Teacher/ChangePasswrd.aspx" Text=
"密码修改" Value="密码修改"></asp:TreeNode>
            </asp:TreeNode>

        </Nodes>
        <NodeStyle Font-Names="Tahoma" Font-Size="9pt" ForeColor="Black"
            HorizontalPadding="2px" NodeSpacing="0px" VerticalPadding="3px" />
        <ParentNodeStyle Font-Bold="False" />
        <SelectedNodeStyle Font-Underline="False"
            HorizontalPadding="0px" VerticalPadding="0px" BackColor="#B5B5B5" />
        </asp:TreeView>
    </p>
    </div>
        <!--主体内容-->
    <div id="ContentDiv">

        <asp:ContentPlaceHolder id="ContentPlaceHolder1" runat="server">

        </asp:ContentPlaceHolder>

    </div>
    <!--页脚-->
    <div id="Footer">
        Copyright © 2013   河北经贸大学
    </div>
    </form>
    </div>
</body>
</html>
```

3.　学生用户 student.master

学生用户主页面如图 10.9 所示。

图 10.9　学生用户主页面模版

```
    <%@ Master Language="C#" AutoEventWireup="true" CodeFile="Student.master.
cs" Inherits="Student_Student" %>

    <!DOCTYPE html PUBLIC "-//W3C//DTD XHTML 1.0 Transitional//EN" "http://www.
w3.org/TR/xhtml1/DTD/xhtml1-transitional.dtd">

    <html xmlns="http://www.w3.org/1999/xhtml">
    <head id="Head1" runat="server">
        <title>成绩管理系统</title>
        <link href="../CSS/MainPageStyle.css" rel="stylesheet" type="text/css" />
    </head>
    <body>
        <div id="PageContainer">
            <!--banner 部分-->
        <div id="Header"></div>
        <form id="form1" runat="server">
            <!--提示信息部分-->
        <div id="MainnavDiv">
                <table style="height:24px;width:100%">
                    <tr>
                        <td style="height:24px;width:800px">
                            欢迎你: <%=Session["UserName"].ToString() %> 同学 </td>
                        <td style="height:24px;">
                            <asp:ImageButton  ID="ImageButton1"  runat="server"
ImageUrl="~/images/exit1.jpg" onclick="ImageButton1_Click"
                             /></td>
                            <td style="height:24px;width:100px">
                        安全退出 </td>
                    </tr>
                </table>
        </div>
            <!--左侧菜单部分-->
        <div id="MenuDiv">
            <img src="../images/menuBg.jpg" alt="系统菜单" style="width: 128px"/>
             <p>
            <asp:TreeView ID="TreeView1" runat="server" ImageSet="XPFileExplorer"
                NodeIndent="15" >
             <HoverNodeStyle Font-Underline="false" ForeColor="#6666AA" />
             <Nodes>
            <asp:TreeNode Text="成绩查询" Value="成绩查询" NavigateUrl="~/Student/
SearchScore.aspx">
            </asp:TreeNode>
            <asp:TreeNode NavigateUrl="~/Student/TeachingPlan.aspx" Text=
"培养计划" Value="培养计划">
            </asp:TreeNode>

            <asp:TreeNode Text="信息维护" Value="信息维护">
```

```
                    <asp:TreeNode NavigateUrl="~/Student/MyInfo.aspx" Text="个人
信息" Value="个人信息"></asp:TreeNode>
                        <asp:TreeNode NavigateUrl="~/Student/ChangePasswrd.aspx" Text=
"密码修改" Value="密码修改"></asp:TreeNode>
                </asp:TreeNode>

            </Nodes>
            <NodeStyle Font-Names="Tahoma" Font-Size="9pt" ForeColor="Black"
                HorizontalPadding="2px" NodeSpacing="0px" VerticalPadding="3px" />
            <ParentNodeStyle Font-Bold="False" />
            <SelectedNodeStyle Font-Underline="False"
                HorizontalPadding="0px" VerticalPadding="0px" BackColor="#B5B5B5" />
            </asp:TreeView>
        </p>
        </div>
            <!--主体内容-->
        <div id="ContentDiv">
            <asp:ContentPlaceHolder id="ContentPlaceHolder1" runat="server">
            </asp:ContentPlaceHolder>
        </div>
        <!--页脚-->
        <div id="Footer">
            Copyright © 2013  河北经贸大学
        </div>
        </form>
    </div>
</body>
</html>
```

10.5　系统详细设计与实现

　　由于篇幅所限，也为了给读者留有自主发挥的空间，本章重点介绍登录模块、成绩录入模块、学生成绩查询模块、学生信息管理模块的详细设计与实现。其他模块的实现留给读者。

10.5.1　登录模块

　　登录模块主要完成用户的登录，并根据用户类型转到相应的操作页面。Login.aspx 登录界面设计如图 10.1 所示。其页面 HTML 代码如下：

```
<html xmlns="http://www.w3.org/1999/xhtml">
<head runat="server">
    <title>教务系统</title>
    <link href="css/LoginStyle.css" rel="stylesheet" type="text/css" />
</head>
<body>
    <div id="page-container">
```

```
    <div id="mainbody">
    <form id="form1" runat="server">
    <asp:Label ID="Label1" runat="server" Text="用户名:" Font-Size= "16px">
</asp:Label>
    <asp:TextBox ID="TxtUserID" runat="server" Font-Bold="True" Font-Size=
"16px"
        Width="150px" Wrap="False"></asp:TextBox><br/>
    <asp:Label ID="Label2" runat="server" Text="密    码: "
Font-Size="16px"></asp:Label>
    <asp:TextBox ID="TxtPasswrd" runat="server" Font-Bold="True" Width="150px"
        Font-Size="16px" TextMode="Password" Text="1111"></asp:TextBox><br />
    <asp:Label ID="Label3" runat="server" Text="验证码: " Font-Size="16px"></asp:Label>
    </asp:label>
    <asp:TextBox ID="TxtVCode" runat="server" Font-Bold="True" Width="78px"
        Font-Size="16px"></asp:TextBox>   
    <asp:Image ID="Image1" runat="server" Height="22px" ImageUrl="vcode.aspx"
Width="50px"/>
    <br/>
               
    <asp:Button ID="BtnLogin" runat="server" Text="登录" BackColor="#99CCFF"
        Font-Size="16px" ForeColor="White" Height="32px" Width="58px"
        BorderStyle="Solid" BorderColor="#6699FF" onclick="BtnLogin_Click"/>
               
    <asp:Button ID="BtnCancel" runat="server" Text="取消" BackColor="#FF6600"
        Font-Size="16px" ForeColor="White" Height="32px" Width="58px"
        BorderStyle="Solid" onclick="BtnCancel_Click"/>
    <br/>               
<asp:Label ID="LblInfo" runat="server" Text="" ForeColor="Red"></asp:Label>

    </form>
    </div>
    </div>

</body>
</html>
```

后台实现代码如下:

```
protected void BtnLogin_Click(object sender, EventArgs e)
    {
        string str = System.Configuration.ConfigurationManager.ConnectionStrings
["JWGLConString"].ConnectionString.ToString();
        if(TxtVCode.Text.Trim().ToUpper()!=Session["CheckCode"].ToString().
Trim())    //如果验证码不正确, 请重新输入验证码
        {
        LblInfo.Text = "验证码有误, 请重新输入! ";
        TxtVCode.Text = "";
```

```
        }
        //查找用户是否存在
    using (SqlConnection cn = new SqlConnection(str))
    {
        try{
            cn.Open();                                          //打开连接
            SqlCommand cm = new SqlCommand("UserLogin ", cn);   //新建命令
            cm.CommandType = CommandType.StoredProcedure;       //存储过程
            //用户名参数
            SqlParameter parameterUserID = new SqlParameter("@userID", SqlDbType.
VarChar,20);
            parameterUserID.Value = TxtUserID.Text.Trim();
            cm.Parameters.Add(parameterUserID);
            //密码参数
            SqlParameter parameterPassword = new SqlParameter("@password",
SqlDbType.VarChar,20);
            parameterPassword.Value = TxtPasswrd.Text.Trim();
            cm.Parameters.Add(parameterPassword);
            //用户类型
            SqlParameter parameterUserType = new SqlParameter("@UserType",
SqlDbType.Char,1);
            //设定参数 UserType 的类型为 char，长度为 1
            parameterUserType.Direction = ParameterDirection.Output;
            cm.Parameters.Add(parameterUserType);
            //真实姓名
            SqlParameter parameterUserName = new SqlParameter("@UserName",
SqlDbType.Char,50);
            parameterUserName.Direction = ParameterDirection.Output;
            cm.Parameters.Add(parameterUserName);
            cm.ExecuteNonQuery();
            String UType = parameterUserType.Value.ToString();
            switch(UType) {
              case "0":
                LblInfo.Text = "用户名或密码有误，请重新输入！";
                TxtUserID.Text = "";
                TxtPasswrd.Text = "";
                break;
              case "A":          //学生用户
                Session["UserID"] = TxtUserID.Text;
                Session["UserName"] = parameterUserName.Value.ToString();
                Response.Redirect("Student/StudentIndex.aspx");
                break;
              case "C":          //管理员用户
                Session["UserID"] = TxtUserID.Text;
                Session["UserName"]= parameterUserName. Value.ToString();
                Response.Redirect("Admin/AdminIndex.aspx");
                break;
```

```
        case "B":           //教师用户
            Session["UserID"] = TxtUserID.Text;
            Session["UserName"]= parameterUserName. Value.ToString();
            Response.Redirect("Teacher/TeacherIndex.aspx");
            break;

        }                   //case
    }                       //try
    finally
    {
        cn.Close();         //关闭连接
    }
    }                       //using
}
protected void BtnCancel_Click(object sender, EventArgs e)
{//取消
    TxtUserID.Text = "";
    TxtPasswrd.Text = "";
    TxtVCode.Text = "";
}
```

10.5.2 成绩录入模块

　　成绩录入由任课教师完成。教师在登录后，进入教师操作页面。选择所任课程，录入选课学生的平时成绩与期末成绩，并保存、提交、打印，包括学生成绩统计。教师一旦提交了学生成绩，就不能再对成绩进行编辑修改。再次打开成绩录入界面，只能进行打印。成绩录入界面如图 10.10 所示。

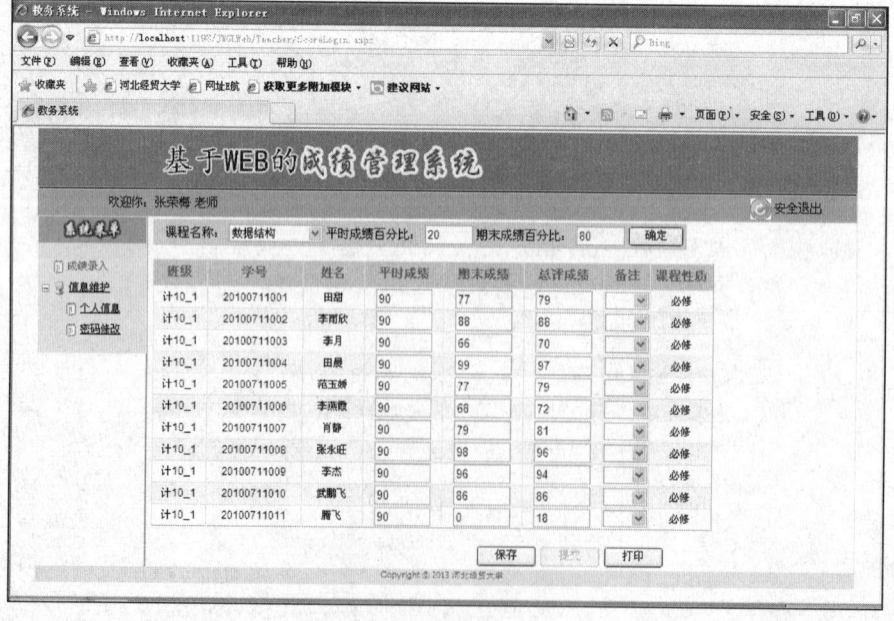

图 10.10 学生成绩录入

前台 HTML 代码如下：

```
<%@ Page Title="" Language="C#" MasterPageFile="~/Teacher/Teacher.master"
AutoEventWireup="true" CodeFile="ScoreLogin.aspx.cs" Inherits="Teacher_ScoreLogin" %>

    <asp:Content ID="Content2" ContentPlaceHolderID="ContentPlaceHolder1" Runat=
"Server">
    <table style="width:100%; height:10px;background-color:#66CCFF ">
    <tr>
    <td > 课程名称： <asp:DropDownList ID="DrpDList_CName" runat="server"
        onselectedindexchanged="DrpDList_CName_SelectedIndexChanged">
      </asp:DropDownList>
    </td>
     <td>平时成绩百分比：
  <asp:TextBox ID="TextBox1" runat="server" Width="50px"></asp:TextBox>
    </td>
<td>期末成绩百分比：
  <asp:TextBox ID="TextBox2" runat="server" Width="50px"></asp:TextBox>
    </td>
    <td > <asp:Button ID="BtnOK" runat="server" Text="确定" onclick="BtnOK_Click"
Width="65px" />
    </td>
    </tr>
    </table>
  <br/>
    <div>
      <asp:GridView ID="GridView1" runat="server"
          AutoGenerateColumns="False"  Font-Size="12px">
          <Columns>
              <asp:BoundField DataField="Sclass" HeaderText="班级"
                 SortExpression="Sclass" >
               <ItemStyle Width="60px" HorizontalAlign="Center" />
              </asp:BoundField>
              <asp:BoundField DataField="Sno" HeaderText="学号" SortExpression="Sno">
               <ItemStyle Width="110px"  HorizontalAlign="Center"/>
              </asp:BoundField>
              <asp:BoundField DataField="Sname" HeaderText="姓名" SortExpression=
"Sname">
               <ItemStyle Width="70px" HorizontalAlign="Center" />
              </asp:BoundField>

              <asp:TemplateField HeaderText="平时成绩" SortExpression="Usual">
                 <ItemTemplate>
                     <asp:TextBox ID="TxtUsual" runat="server" Width="60px"
Text='<%# Bind("Usual") %>'></asp:TextBox>
                 </ItemTemplate>
                 <ItemStyle Width="90px"  HorizontalAlign="Center"/>
```

```
                        </asp:TemplateField>
                        <asp:TemplateField HeaderText="期末成绩" SortExpression="Final">
                            <ItemTemplate>
                                <asp:TextBox ID="TxtFinal" runat="server"  Width="60px"
Text='<%# Bind("Final") %>'></asp:TextBox>
                            </ItemTemplate>
                            <ItemStyle Width="90px"  HorizontalAlign="Center"/>
                        </asp:TemplateField>
                        <asp:TemplateField HeaderText="总评成绩" SortExpression="Score">
                            <ItemTemplate>
                                <asp:TextBox ID="TxtScore" runat="server" Width="60px"
Text='<%# Bind("Score") %>'></asp:TextBox>
                            </ItemTemplate>
                            <ItemStyle Width="90px"  HorizontalAlign="Center"/>
                        </asp:TemplateField>
                        <asp:TemplateField HeaderText="备注" SortExpression="Memo">
                            <ItemTemplate>
                                <asp:Label ID="Label1" runat="server" Text='<%# Bind("Memo")
%>' Visible="False"></asp:Label>
                                <asp:DropDownList ID="ListMemo" runat="server">
                                 <asp:ListItem></asp:ListItem>
                                 <asp:ListItem Value="HK">缓考</asp:ListItem>
                                 <asp:ListItem Value="BK">补考</asp:ListItem>
                                 <asp:ListItem Value="ZB">作弊</asp:ListItem>
                                </asp:DropDownList>
                            </ItemTemplate>
                        </asp:TemplateField>
                        <asp:BoundField DataField="Ckind" HeaderText="课程性质" SortExpression=
"Ckind" >
                            <ItemStyle Width="70px" HorizontalAlign="Center" />
                        </asp:BoundField>
                    </Columns>
                <PagerStyle BackColor="Azure" ForeColor="Black" Font-Size="12px" HorizontalAlign=
"Center" />
                <SelectedRowStyle BackColor="#D1DDF1" Font-Bold="True" ForeColor="#333333" />
                <HeaderStyle BackColor="#84c5ff" Font-Size="14px" Font-Bold="False"
Height="30px"
                HorizontalAlign="Center"  VerticalAlign="Middle"  ForeColor="Red"/>
                <EditRowStyle BackColor="#D0CEDD" Font-Bold="True" ForeColor="#99FF99" />
                <AlternatingRowStyle  BackColor="#EFF3FB"/>
            </asp:GridView>

        <asp:GridView ID="GridView2" runat="server" Font-Size="12px" AutoGenerateColumns="False" >
                <Columns>
                    <asp:BoundField DataField="Sclass" HeaderText="班级"
                        SortExpression="Sclass" >
```

```
                <ItemStyle Width="60px" Height="22px" HorizontalAlign="Center" />
            </asp:BoundField>
            <asp:BoundField DataField="Sno" HeaderText="学号" SortExpression="Sno">
                <ItemStyle Width="110px" Height="22px" HorizontalAlign="Center"/>
            </asp:BoundField>
            <asp:BoundField DataField="Sname" HeaderText="姓名" SortExpression=
"Sname">
                <ItemStyle Width="70px" HorizontalAlign="Center" />
            </asp:BoundField>
            <asp:BoundField DataField="Usual" HeaderText="平时成绩" SortExpression=
"Usual" >
                <ItemStyle Width="90px" Height="22px" HorizontalAlign="Center" />
            </asp:BoundField>
            <asp:BoundField DataField="Final" HeaderText="期末成绩"
SortExpression="Final" >
                <ItemStyle Width="90px" Height="22px" HorizontalAlign="Center" />
            </asp:BoundField>
            <asp:BoundField DataField="Score" HeaderText="总评成绩"
SortExpression="Score" >
                <ItemStyle Width="90px" Height="22px" HorizontalAlign="Center" />
            </asp:BoundField>
            <asp:BoundField DataField="Memo" HeaderText="备注" SortExpression="Memo" >
                <ItemStyle Width="50px" Height="22px" HorizontalAlign="Center" />
            </asp:BoundField>
            <asp:BoundField DataField="Ckind" HeaderText="课程性质"
SortExpression="Ckind" >
                <ItemStyle Width="70px" Height="22px" HorizontalAlign="Center" />
            </asp:BoundField>
        </Columns>
        <PagerStyle BackColor="Azure" ForeColor="White" HorizontalAlign="Center" />
        <SelectedRowStyle BackColor="#D1DDF1" Font-Bold="True" ForeColor=
"#333333"/>
        <HeaderStyle BackColor="#84c5ff" Font-Size="14px" Font-Bold="False"
Height="30px"
            HorizontalAlign="Center" VerticalAlign="Middle" ForeColor="Red"/>
        <AlternatingRowStyle BackColor="#EFF3FB"/>
    </asp:GridView>
        <br/>
    <table style="margin-left:380px">
    <tr>
    <td><asp:Button ID="BtnSave" runat="server" Text="保存" onclick="BtnSave_Click"
            Width="70px"/>
    </td>
    <td><asp:Button ID="BtnSubmit" runat="server" onclick="BtnSubmit_Click"
Text="提交" Width="70px" onclientclick="return confirm('你确信要提交吗?')"/>
        </td>
```

```
        <td><asp:Button ID="BtnPrint" runat="server" onclick="BtnPrint_Click"
Text="打印"
                Width="70px"/>
        </td>
        </tr>
        </table>
    </div>
</asp:Content>

后台实现代码如下：
protected void Page_Load(object sender, EventArgs e)
    {
        if (!IsPostBack)  //初次加载该页
        {
            InitDropDownList(); //初始化下拉列表框
            BtnSave.Visible = false;
            BtnPrint.Visible = false;
            BtnSubmit.Visible = false;
            TextBox1.Text = "20";
            TextBox2.Text = "80";
        }
    }
    public void bindData()
    {
        string sqlstr = (string)this.ViewState["sqlstr"];
        DataSet myds = sqlCommon.dataSet(sqlstr);
        GridView1.DataSource = myds;
        GridView1.DataKeyNames = new string[] { "Sno" };
        GridView1.DataBind();
        GridView2.DataSource = myds;
        GridView2.DataKeyNames = new string[] { "Sno" };
        GridView2.DataBind();
    }
protected void InitDropDownList()
{
ListItem li = new ListItem("--请选择--", "0");
DrpDList_CName.Items.Add(li);
string SQL_Select = "select DISTINCT Cno, Cname from T_SelectCourses where
Tno='"+Session["UserID"]+"'";
DataView dv =sqlCommon.dataView(SQL_Select);
foreach (DataRowView drv in dv)
{
    this.DrpDList_CName.Items.Add(new ListItem(drv["Cname"].ToString(),drv["Cno"].
ToString()));
}
}
```

```
    protected void DrpDList_CName_SelectedIndexChanged(object sender, EventArgs e)
    {
        this.ViewState["Cno"] = this.DrpDList_CName.SelectedItem.Value;
        this.ViewState["Cname"] = this.DrpDList_CName.SelectedItem.Text;
    }
    protected void BtnOK_Click(object sender, EventArgs e)  //确定
    {
        string sqlstr = "select Sclass,Sno,Sname,Usual,Final,Score,Memo,CkIND
from T_SelectCourses where Tno='"+Session["UserID"]+"' and Cno='" + this.
DrpDList_CName.SelectedValue.ToString() + "'";
        this.ViewState["sqlstr"] = sqlstr;    //将查询字符串保存到键名为 sqlstr 的
状态信息
        bindData();
        GridViewVisible();
    }
    protected void GridViewVisible()
    {
        string str = System.Configuration.ConfigurationManager.ConnectionStrings
["JWGLConnectionString"].ConnectionString.ToString();
        //查找用户是否存在
    using (SqlConnection cn = new SqlConnection(str))
    {
        try{
        cn.Open();//打开连接
        SqlCommand cm = new SqlCommand("GridViewUpdate", cn);   //新建命令
        cm.CommandType = CommandType.StoredProcedure;              //存储过程
            //课程代码参数
        SqlParameter parameterCno = new SqlParameter("@Cno", SqlDbType.VarChar,10);
        parameterCno.Value =(string)ViewState["Cno"];
        cm.Parameters.Add(parameterCno);
            //教师代码参数
        SqlParameter parameterTno= new SqlParameter("@Tno", SqlDbType.VarChar,10);
        parameterTno.Value = Session["UserID"];
        cm.Parameters.Add(parameterTno);
            //能否更新参数
        SqlParameter parameterCanUpdate = new SqlParameter("@CanUpdate",
SqlDbType.Bit);

        parameterCanUpdate.Direction = ParameterDirection.Output;
        cm.Parameters.Add(parameterCanUpdate);
        cm.ExecuteNonQuery();
        bool k =(bool)parameterCanUpdate.Value;
        switch(k) {
          case false:  //已提交
            GridView2.Visible = true;
            GridView1.Visible = false;
            BtnSave.Visible = false;
```

```
                BtnSubmit.Visible = false;
                BtnPrint.Visible = true;
                break;
              case true:   //
                GridView1.Visible = true;
                GridView2.Visible = false;
                BtnSave.Visible= true;
                BtnSubmit.Visible = true;
                BtnPrint.Visible = true;
                BtnSubmit.Enabled = false;
                break;
            }  //case
          }  //try
          finally
            {  cn.Close();//关闭连接字符串
            }
        } //using
    }
  protected void getScoreCount(ref int A, ref int B, ref int C, ref int D, ref
int E, ref int T)
  { //成绩统计
      string str = System.Configuration.ConfigurationManager.ConnectionStrings
["JWGLConnectionString"].ConnectionString.ToString();
      using (SqlConnection cn = new SqlConnection(str))
      {
        try {
          cn.Open();//打开连接
          SqlCommand cm = new SqlCommand("ScoreCount", cn);   //新建命令
          cm.CommandType = CommandType.StoredProcedure;       //存储过程
              //课程代码参数
      SqlParameter parameterCno = new SqlParameter("@Cno", SqlDbType.VarChar, 10);
          parameterCno.Value = (string)ViewState["Cno"];
          cm.Parameters.Add(parameterCno);
              //教师代码参数
          SqlParameter parameterTno = new SqlParameter("@Tno", SqlDbType.VarChar, 10);
          parameterTno.Value = Session["UserID"];
          cm.Parameters.Add(parameterTno);
              //优秀人数
          SqlParameter parameterNumA = new SqlParameter("@NumA", SqlDbType.Int);
          parameterNumA.Direction = ParameterDirection.Output;
          cm.Parameters.Add(parameterNumA);
              //良好人数
          SqlParameter parameterNumB = new SqlParameter("@NumB", SqlDbType.Int);
          parameterNumB.Direction = ParameterDirection.Output;
          cm.Parameters.Add(parameterNumB);
              //中等人数
```

```
            SqlParameter parameterNumC = new SqlParameter("@NumC", SqlDbType.Int);
            parameterNumC.Direction = ParameterDirection.Output;
            cm.Parameters.Add(parameterNumC);
                //及格人数
            SqlParameter parameterNumD = new SqlParameter("@NumD", SqlDbType.Int);
            parameterNumD.Direction = ParameterDirection.Output;
            cm.Parameters.Add(parameterNumD);
                //不及格人数
            SqlParameter parameterNumE = new SqlParameter("@NumE", SqlDbType.Int);
            parameterNumE.Direction = ParameterDirection.Output;
            cm.Parameters.Add(parameterNumE);
                //班级总人数
            SqlParameter parameterNumT = new SqlParameter("@NumTotal", SqlDbType.Int);
            parameterNumT.Direction = ParameterDirection.Output;
            cm.Parameters.Add(parameterNumT);
            cm.ExecuteNonQuery();
            A = (int)parameterNumA.Value;
            B = (int)parameterNumB.Value;
            C = (int)parameterNumC.Value;
            D = (int)parameterNumD.Value;
            E = (int)parameterNumE.Value;
            T = (int)parameterNumT.Value;
        } //try
        finally
        {   cn.Close();//关闭连接
        }
    } //using
    }
protected void BtnSave_Click(object sender, EventArgs e) //保存
{
        string strsql = "";
        int k = GridView1.Rows.Count;
        for (int i = 0; i < k; i++)
        {
            string stuNo = GridView1.Rows[i].Cells[1].Text;

            TextBox tb1 = (TextBox)GridView1.Rows[i].Cells[3].FindControl("TxtUsual");
            string strUsual = tb1.Text;
            TextBox tb2 = (TextBox)GridView1.Rows[i].Cells[4].FindControl("TxtFinal");
            string strFinal = tb2.Text;
                //成绩百分比
            int k1 = int.Parse(TextBox1.Text);          //平时
            int k2 = int.Parse(TextBox2.Text);          //期末
            if (strUsual == "")
            {               strUsual = "0";         }
            if (strFinal == "")
            {               strFinal = "0";         }
```

```
                //考试成绩
                int v1 = int.Parse(strUsual);              //平时
                int v2 = int.Parse(strFinal);              //期末
                int h = v1 * k1 / 100 + v2 * k2 / 100 ;    //总评
                string strScore = h.ToString();
                TextBox tb3 = (TextBox)GridView1.Rows[i].Cells[3].FindControl
("TxtScore");
                tb3.Text = strScore;
                string strMemo = ((DropDownList)GridView1.Rows[i].Cells[7].FindControl
("ListMemo")).SelectedItem.Text;
            strsql = "update T_SelectCourses set usual=" + v1 + ",Final=" + v2 + ",
score=" + h + ",memo='" + strMemo + "' where Sno='" + stuNo + "'and Cno='" +
this.ViewState["Cno"].ToString() + "'";
                sqlCommon.ExecuteSql(strsql);              //保存更新
            }
        System.Web.UI.ScriptManager.RegisterClientScriptBlock(this,
this.GetType(), "保存成绩", "alert('保存成功！')", true);
            BtnSubmit.Enabled = true;
        }
    protected void BtnSubmit_Click(object sender, EventArgs e) //提交，插入到成绩表
    {
            string strsql = "insert into T_Scores(Sno,Sname,Cno,Cname,Usual,Final,
Score,Ckind,CYear,Semester,Credit) select Sno,Sname,T_SelectCourses.Cno,T_SelectCourses.
Cname,Usual,Final,Score,T_SelectCourses.Ckind,CYear,Semester,Credit from T_SelectCourses,
T_Courses WHERE T_SelectCourses.Cno='" + this.ViewState["Cno"]. ToString() + "'
and Tno='"+Session["UserID"]+"'  and T_SelectCourses.Cno= T_Courses.Cno";
            sqlCommon.ExecuteSql(strsql);
            bindData();
            System.Web.UI.ScriptManager.RegisterClientScriptBlock(this, this. GetType(),
"提交", "alert('成绩已提交，不能再修改！')", true);
            GridView2.Visible = true;
            GridView1.Visible = false;
            string strsql2 = "update EditTag set canUpdate=0 where Cno=" +
ViewState["Cno"] + " and Tno='"+Session["UserID"]+"'";
            sqlCommon.ExecuteSql(strsql2);
            BtnSave.Enabled = false;
            BtnSubmit.Enabled = false;
    }
    protected void BtnPrint_Click(object sender, EventArgs e)//打印
    {
        int A=0, B=0, C=0, D=0, E=0, T=0;
        getScoreCount(ref A, ref B, ref C, ref D, ref E, ref T);
        float fa =(float) A / (float)T;
        float fb = (float)B / (float)T;
        float fc = (float)C / (float)T;
```

```
        float fd = (float)D / (float)T;
        float fe = (float)E / (float)T;
        System.Text.StringBuilder strExcle = new System.Text.StringBuilder();
        strExcle.Append("<table border='1' >");
        strExcle.Append("<tr>");
        strExcle.Append("<td colspan='7' align='center'>" + "河北经贸大学" +
Session["Cyear"] + "学年第" + Session["Semester"] + "学期成绩表" + "<br/>" +
"课程名称: " + ViewState["Cname"] + "课程代码: " + ViewState["Cno"]+"　学分: " +
ViewState["Credit"]+ "任课教师: "+ Session["UserName"] + "</td>");
        strExcle.Append("</tr>");
        strExcle.Append("<tr>");
        strExcle.Append("<th >" + "序号" + "</th>");
        strExcle.Append("<th>" + "学号" + "</th>");
        strExcle.Append("<th>" + "姓名" + "</th>");
        strExcle.Append("<th>" + "平时成绩" + "</th>");
        strExcle.Append("<th>" + "期末成绩" + "</th>");
        strExcle.Append("<th>" + "总评成绩" + "</th>");
        strExcle.Append("<th>" + "备注" + "</th>");
        strExcle.Append("</tr>");

        String SqlString = "select  Sno,Sname,Usual,Final,Score,Memo from
T_SelectCourses where Cno='"+ViewState["Cno"]+"' and Tno='"+Session["UserID"]+"'";
        DataSet ds = sqlCommon.dataSet(SqlString);     //创建 DataSet 对象
        //使用 DataTable 访问 DataSet 中的数据
        DataTable T_score = new DataTable();
        T_score = ds.Tables[0];
        for (int i = 0; i < T_score.Rows.Count; i++)
        {
            int k = i + 1;
            strExcle.Append("<tr>");
            strExcle.Append("<td >" + k.ToString() + "</td>");

            for (int j = 0; j < T_score.Columns.Count; j++)
            {
                strExcle.Append("<td >" +T_score.Rows[i][j].ToString() + "</td>");
                //学号 11 位数字, 方能正确显示在 Excel
            }
            strExcle.Append("</tr>");
        }

    strExcle.Append("</table>");
      strExcle.Append("<br/>");

      strExcle.Append("<table border='1' >");
      strExcle.Append("<tr>");
      strExcle.Append("<td colspan='5' align='center'>" + "考试/考察成
绩统计表"+"</td>");
```

```
            strExcle.Append("</tr>");
            strExcle.Append("<tr>");
            strExcle.Append("<td  colspan='2'>" + "90 分以上(优秀)" + "</td>");
            strExcle.Append("<td  colspan='2'>" + A.ToString()+"人" + "</td>");
            strExcle.Append("<td>" + fa.ToString("p") + "</td>");
            strExcle.Append("</tr>");
            strExcle.Append("<tr>");
            strExcle.Append("<td  colspan='2'>" + "80~89 分(良好)" + "</td>");
            strExcle.Append("<td  colspan='2'>" +B.ToString()+ "人" + "</td>");
            strExcle.Append("<td  >" + fb.ToString("p") + "</td>");
            strExcle.Append("</tr>");
            strExcle.Append("<tr>");
            strExcle.Append("<td  colspan='2'>" + "70~79 分(中等)" + "</td>");
            strExcle.Append("<td  colspan='2'>" +C.ToString()+ "人" + "</td>");
            strExcle.Append("<td  >" + fc.ToString("p") + "</td>");
            strExcle.Append("</tr>");
            strExcle.Append("<tr>");
            strExcle.Append("<td  colspan='2'>" + "60~69 分(及格)" + "</td>");
            strExcle.Append("<td  colspan='2'>" + D.ToString()+"人" + "</td>");
            strExcle.Append("<td  >" + fd.ToString("p") + "</td>");
            strExcle.Append("</tr>");
            strExcle.Append("<tr>");
            strExcle.Append("<td  colspan='2'>" + "0~59 分(不及格)" + "</td>");
            strExcle.Append("<td  colspan='2'>" +E.ToString()+ "人" + "</td>");
            strExcle.Append("<td  >" + fe.ToString("p") + "</td>");
            strExcle.Append("</tr>");
            strExcle.Append("<tr>");
            strExcle.Append("<td  colspan='2'>" + "合计" + "</td>");
            strExcle.Append("<td  colspan='2'>" +T.ToString()+ "人" + "</td>");
            strExcle.Append("<td  >" + "100.00%" + "</td>");
            strExcle.Append("</tr>");
            strExcle.Append("</table>");

            //设置 Response
            Response.Clear();
            Response.Buffer = true;
            Response.Charset = "GB2312";
            Response.ContentEncoding = System.Text.Encoding.UTF8;
            Response.AppendHeader("Content-Disposition", "attachment;filename=
Sheet.xls");
            Response.ContentType = "application/ms-excel";
            //设置输出文件类型为 Excel 文件
            Response.Output.Write(strExcle.ToString());
            Response.Flush();
            Response.End();
    }
```

10.5.3　学生成绩查询模块

成绩查询主要是学生查询自己的成绩。学生登录该系统后，进入学生操作页面，选择成绩查询，进入成绩查询页面，可以按照不同的条件查询，并可统计自己已选的学分。学生成绩查询页面如图 10.11 所示。

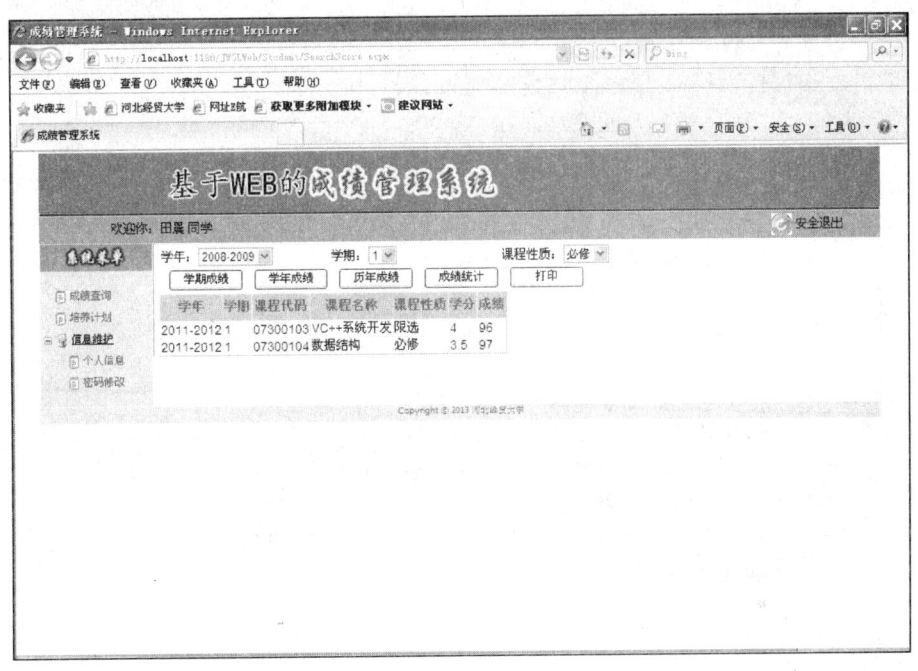

图 10.11　学生成绩查询统计

前台 HTML 代码如下：

```
<%@ Page Title="" Language="C#" MasterPageFile="~/Student/Student.master"
AutoEventWireup="true" CodeFile="SearchScore.aspx.cs" Inherits="Student_SearchScore" %>

  <asp:Content ID="Content1" ContentPlaceHolderID="ContentPlaceHolder1" Runat=
"Server">
  <script type="text/javascript" language="javascript">
      function printdiv() {
          var headstr = "<html><head><title></title></head><body>";
          var footstr = "</body>";
          var newstr =document.getElementById("div_print").innerHTML;
          var oldstr = document.body.innerHTML;
          document.body.innerHTML = headstr + newstr + footstr;
          window.print();
          document.body.innerHTML = oldstr;
          return false;
      }
  </script>
<div>
```

```
<table>
<tr>
<td class="style1">学年: <asp:DropDownList ID="ListYear" runat="server">
    <asp:ListItem>2008-2009</asp:ListItem>
    <asp:ListItem>2009-2010</asp:ListItem>
    <asp:ListItem>2010-2011</asp:ListItem>
    <asp:ListItem>2011-2012</asp:ListItem>
    <asp:ListItem>2012-2013</asp:ListItem>
    <asp:ListItem>2013-2014</asp:ListItem>
    <asp:ListItem>2014-2015</asp:ListItem>
    </asp:DropDownList>
</td>
<td class="style1">学期: <asp:DropDownList ID="ListSemester" runat="server">
    <asp:ListItem>1</asp:ListItem>
    <asp:ListItem>2</asp:ListItem>
    <asp:ListItem></asp:ListItem>
    </asp:DropDownList>
</td>
<td class="style1">课程性质: <asp:DropDownList ID="ListCKind" runat="server">
    <asp:ListItem Value="A">必修</asp:ListItem>
    <asp:ListItem Value="B">限选</asp:ListItem>
    <asp:ListItem Value="C">校选</asp:ListItem>
    </asp:DropDownList>
</td>
</tr>
<tr>
<td>
      <asp:Button ID="Button1" runat="server"
        Text="学期成绩" onclick="Button1_Click" Width="85px" />
      <asp:Button ID="Button2" runat="server" Text="学年成绩"
        onclick="Button2_Click" Width="85px" />
</td>
<td>
      <asp:Button ID="Button3" runat="server"
        Text="历年成绩" onclick="Button3_Click" Width="85px" />
      <asp:Button ID="Button4" runat="server" Text="成绩统计"
        onclick="Button4_Click" Width="85px" />
</td>
<td>
      <input type="button" onclick="printdiv();" value="打 印"
style="Width: 85px; " id="BtnPrint0"/>

</td>
</tr>
</table>
</div>
```

```
        <div id="div_print" >
            <asp:GridView ID="GridView1" runat="server" AutoGenerateColumns="False" >
                <Columns>
                    <asp:BoundField DataField="CYear" HeaderText="学年" SortExpression=
"CYear" />
                    <asp:BoundField DataField="Semester" HeaderText="学期"
                        SortExpression="Semester" />
                    <asp:BoundField DataField="Cno" HeaderText="课程代码"
SortExpression="Cno" />
                    <asp:BoundField DataField="Cname" HeaderText="课程名称"
SortExpression= "Cname" />
                    <asp:BoundField DataField="Ckind" HeaderText="课程性质"
SortExpression= "Ckind" />
                    <asp:BoundField DataField="Credit" HeaderText="学分"
SortExpression= "Credit" />
                    <asp:BoundField DataField="Score" HeaderText="成绩"
SortExpression= "Score" />
                </Columns>
                <PagerStyle BackColor="Azure" ForeColor="Black" Font-Size="12px"
HorizontalAlign="Center" />
                <SelectedRowStyle BackColor="#D1DDF1" Font-Bold="True" ForeColor="#333333" />
                <HeaderStyle BackColor="#84c5ff" Font-Size="14px" Font-Bold="False"
Height="30px"
                    HorizontalAlign="Center" VerticalAlign="Middle" ForeColor="Red"/>
                <EditRowStyle BackColor="#D0CEDD" Font-Bold="True" ForeColor="#99FF99" />
                <AlternatingRowStyle BackColor="#EFF3FB"/>
            </asp:GridView>
        </div>
        <asp:Panel ID="Panel1" runat="server" Width="532px">
        <table border="1">
            <tr>
            <td colspan="3">
                成绩统计  获得学分:<asp:Label ID="LblAll" runat="server" Text="总学
分"></asp:Label>
            </td>
            </tr>
            <tr>
            <th>课程性质</th>
            <th>学分要求</th>
            <th>获得学分</th>
            </tr>
            <tr>
            <td>必修</td>
            <td>
                <asp:Label ID="Label1" runat="server" Text="140"></asp:Label>
            </td>
            <td>
```

```
          <asp:Label ID="LblSumA" runat="server" Text="必修学分"></asp:Label>
      </td>
      </tr>
      <tr>
      <td>限选</td>
      <td>
          <asp:Label ID="label2" runat="server" Text="17"></asp:Label>
      </td>
      <td>
          <asp:Label ID="LblSumB" runat="server" Text="限选学分"></asp:Label>
      </td>
      </tr>
      <tr>
      <td>任选</td>
      <td>
          <asp:Label ID="Label5" runat="server" Text="8"></asp:Label>
      </td>
      <td>
          <asp:Label ID="LblSumC" runat="server" Text="任选学分"></asp:Label>
      </td>
      </tr>
    </table>
    </asp:Panel>
    <div>
    </div>
</asp:Content>
```

后台 C#实现代码如下：

```
protected void Page_Load(object sender, EventArgs e)
    {
        if (!IsPostBack)              //初次加载该页
          Panel1.Visible = false;
    }
    protected void Button1_Click(object sender, EventArgs e)  //学期成绩
    {
      GridView1.Visible = true;
      Panel1.Visible = false;
      string strCkind = ListCKind.SelectedItem.Text;
      string sqlStr = "";
      if (strCkind == "")
          sqlStr = "select CYear, Semester, Cno, Cname, Ckind, Credit, Score,
Sno FROM T_Scores WHERE Sno = '" + Session["UserID"] + "' and CYear='" + ListYear.
SelectedValue.ToString() + "' and Semester='" + ListSemester.SelectedItem.Text + "'";
          else
          sqlStr = " select CYear, Semester, Cno, Cname, Ckind, Credit,
Score,Sno FROM T_Scores WHERE Sno = '" + Session["UserID"] + "' and CYear='" +
```

```
ListYear.SelectedValue.ToString() + "' and Semester='" + ListSemester.SelectedItem.
Text + "' and CKind='" + strCkind + "'";
        DataView mydv = sqlCommon.dataView(sqlStr);
        GridView1.DataSource = mydv;
        GridView1.DataKeyNames = new string[] { "Sno" };
        GridView1.DataBind();
    }
    protected void Button2_Click(object sender, EventArgs e)  //学年成绩
    {
        GridView1.Visible = true;
        Panel1.Visible = false;
        string strCkind = ListCKind.SelectedItem.Text;
        string sqlStr = "";
        if (strCkind == "")
            sqlStr = "select CYear, Semester, Cno, Cname, Ckind, Credit,
Score,Sno FROM T_Scores WHERE Sno = '" + Session["UserID"] + "' and CYear='" +
ListYear.SelectedValue.ToString() + "'";
        else
            sqlStr = "select CYear, Semester, Cno, Cname, Ckind, Credit,
Score,Sno FROM T_Scores WHERE Sno = '" + Session["UserID"] + "' and CYear='" +
ListYear.SelectedValue.ToString() + "' and CKind='" + ListCKind.SelectedItem.
Text + "'";
        DataView mydv = sqlCommon.dataView(sqlStr);
        GridView1.DataSource = mydv;
        GridView1.DataKeyNames = new string[] { "Sno" };
        GridView1.DataBind();
    }
    protected void Button3_Click(object sender, EventArgs e)  //历年成绩
    {
        Panel1.Visible = false;
        GridView1.Visible = true;
        String sqlStr = "select CYear, Semester, Cno, Cname, Ckind, Credit,
Score ,Sno FROM T_Scores WHERE Sno = '" + Session["UserID"] + "' ";
        DataView mydv = sqlCommon.dataView(sqlStr);
        GridView1.DataSource = mydv;
        GridView1.DataKeyNames = new string[] { "Sno" };
        GridView1.DataBind();
    }
    protected void Button4_Click(object sender, EventArgs e)  //成绩统计
    {
        Panel1.Visible = true;
        GridView1.Visible = false;
        string Sno = Session["UserID"].ToString();
        float A = 0.0f;
        float B = 0.0f;
        float C = 0.0f;
        float D = 0.0f;
        GetCreditSum(Sno, ref A, ref B, ref C, ref D);
```

```
        LblAll.Text = D.ToString("F2");
        LblSumA.Text = A.ToString("F2");
        LblSumB.Text = B.ToString("F2");
        LblSumC.Text = C.ToString("F2");
    }
    protected void Button5_Click(object sender, EventArgs e) //打印
    {
        GridView1.Visible = true;
        Panel1.Visible = false;
    }
    protected void GetCreditSum(string Sno, ref float A, ref float B, ref float C,
ref float D)
    {
        string str = System.Configuration.ConfigurationManager.ConnectionStrings
["JWGLConnectionString"].ConnectionString.ToString();
        //查找用户是否存在
        using (SqlConnection cn = new SqlConnection(str))
        {
            try
            {
                cn.Open();//打开连接
                SqlCommand cm = new SqlCommand("CreditSum", cn);  //新建命令
                cm.CommandType = CommandType.StoredProcedure;        //存储过程
                //学号参数
                SqlParameter parameterSno = new SqlParameter("@Sno", SqlDbType.Char, 12);
                parameterSno.Value = Session["UserID"].ToString();
                cm.Parameters.Add(parameterSno);
                SqlParameter parameterSumA = new SqlParameter("@SumA", SqlDbType.Real);
                parameterSumA.Direction = ParameterDirection.Output;
                cm.Parameters.Add(parameterSumA);
                SqlParameter parameterSumB = new SqlParameter("@SumB", SqlDbType.Real);
                parameterSumB.Direction = ParameterDirection.Output;
                cm.Parameters.Add(parameterSumB);
                SqlParameter parameterSumC = new SqlParameter("@SumC", SqlDbType.Real);
                parameterSumC.Direction = ParameterDirection.Output;
                cm.Parameters.Add(parameterSumC);
                SqlParameter parameterSumAll = new SqlParameter("@SumAll", SqlDbType.
Real);
                parameterSumAll.Direction = ParameterDirection.Output;
                cm.Parameters.Add(parameterSumAll);
                cm.ExecuteNonQuery();
                A = (float)parameterSumA.Value;
                B = (float)parameterSumB.Value;
                C = (float)parameterSumC.Value;
                D = (float)parameterSumAll.Value;
            } //try
            finally
            {
                cn.Close();//关闭连接
            }
        } //using
    }
```

10.5.4　学生信息管理模块

学生信息管理由管理员来完成。管理员登录系统后，进入系统管理页面，选择学生信息管理菜单，进入学生信息管理页面，可以进行增、改、删、查询等操作。该模块的界面如图 10.12 所示。

图 10.12　学生信息管理界面

前台 HTML 代码如下：

```
Page Title="" Language="C#" MasterPageFile="~/Admin/Admin.master" AutoEventWireup=
"true"   CodeFile="StudentManage.aspx.cs"   Theme="theme1"   Inherits="Admin_
StudentManage" %>


<asp:Content ID="Content1" ContentPlaceHolderID="ContentPlaceHolder1" Runat="Server">


<div style="Height:30px;background:#f0f0f0;">
      班 级: <asp:DropDownList ID="DropDownList1" runat="server">
    </asp:DropDownList>
       姓   名 : <asp:TextBox  ID="TxtName"  runat="server"
Font-Size="12px"
        BorderStyle="Inset" Height="14px" style="margin-top:4px" Width="100px"
></asp:TextBox>
       专   业 <asp:TextBox  ID="TxtSpecial"  runat="server"
Font-Size="12px"
        BorderStyle="Inset" Height="14px" style="margin-top:4px" Width="110px">
</asp:TextBox>
           <asp:Button ID="BtnSearch" runat="server" Text="查找"
Width="70px"
        onclick="BtnSearch_Click" />
          
```

```
        <asp:Button ID="BtnAdd" runat="server" Text="新增"
                Width="70px" onclick="BtnAdd_Click" />
    </div>
    <div>
      <asp:GridView ID="GridView1" runat="server" AllowPaging="True" SkinID="lightblue"
          AutoGenerateColumns="False" DataKeyNames="Sno" OnRowCommand="GridView1_
RowCommand"
          OnPageIndexChanging="GridView1_PageIndexChanging"
          Font-Size="14px"  PageSize="8">
        <Columns>
          <asp:TemplateField  HeaderText="选择" >
            <ItemTemplate>
                <asp:CheckBox ID="CheckBox1" runat="server"  />
            </ItemTemplate>
          </asp:TemplateField>
          <asp:BoundField DataField="Sno" HeaderText="学号" SortExpression=
"Sno">
            <ItemStyle Width="120px" HorizontalAlign="Center" />
          </asp:BoundField>
          <asp:BoundField DataField="Sname" HeaderText="姓名" SortExpression=
"Sname">
            <ItemStyle Width="80px" />
          </asp:BoundField>
          <asp:BoundField DataField="Ssex" HeaderText="性别" >
            <ItemStyle Width="60px"  HorizontalAlign="Center" />
          </asp:BoundField>
          <asp:BoundField DataField="SbirthDate" HeaderText="出生日期"
            DataFormatString="{0:yyyy-mm-dd}" >
            <ItemStyle Width="90px" />
          </asp:BoundField>
          <asp:BoundField DataField="Specialty" HeaderText="专业" >
            <ItemStyle Width="130px"  HorizontalAlign="Center" />
          </asp:BoundField>
          <asp:BoundField DataField="Sclass" HeaderText="班级" >
            <ItemStyle Width="90px" HorizontalAlign="Center" />
          </asp:BoundField>
          <asp:TemplateField HeaderText="操作">
            <ItemTemplate>
            <asp:LinkButton ID="LinkBtnDel" runat="server" CausesValidation=
"false" Text="删除" CommandName="DataDelete"
                    CommandArgument="<%#((GridViewRow)Container).RowIndex
%>"  onclientclick="return confirm('你确信要删除吗?')">
            </asp:LinkButton>
                <asp:LinkButton ID="LinkBtnEdit" runat="server" CausesValidation=
"false" CommandName="DataEdit"
                    CommandArgument="<%#((GridViewRow)Container).RowIndex
```

```
%>" Text="编辑">
                          </asp:LinkButton>
                </ItemTemplate>
                <ItemStyle Width="110px" HorizontalAlign="Center" />
            </asp:TemplateField>
        </Columns>
        <PagerSettings Mode="NumericFirstLast" />
    </asp:GridView>
    </div>

    <div>
    <asp:CheckBox ID="CheckBox2" runat="server" AutoPostBack="True" Font-Size="10pt"
OnCheckedChanged="CheckBox2_CheckedChanged" Text="全选" />  
        <asp:Button ID="BtnCancel" runat="server" Font-Size="10pt" Text="取消选择"
            OnClick="BtnCancel_Click" Width="66px" Height="21px" />   
        <asp:Button ID="BtnDel" runat="server" Font-Size="10pt" Text="删除多条
记录" onclientclick="return confirm('你确信要删除这些吗?')"
            OnClick="BtnDel_Click" Width="87px" Height="22px" />
    </div>
    <div>
        <asp:Panel ID="Panel1" runat="server" BackColor="#99CCFF" Width="400px" >
            <br />
            <table style="width: 293px; height: 240px;" align="center">
            <tr>
            <td> <asp:Label ID="Label1" runat="server" Text="学号"></asp:Label> </td>
            <td > <asp:TextBox ID="TxtSno" runat="server"></asp:TextBox> </td>
            </tr>
            <tr>
            <td> <asp:Label ID="Label2" runat="server" Text="姓名"></asp:Label> </td>
            <td> <asp:TextBox ID="TxtSname" runat="server"></asp:TextBox> </td>
            </tr>
            <tr>
            <td ><asp:Label ID="Label3" runat="server" Text="性别"></asp:Label> </td>
            <td >
                <asp:RadioButtonList ID="SexList" runat="server"
                    RepeatDirection="Horizontal" Width="132px">
                    <asp:ListItem>男</asp:ListItem>
                    <asp:ListItem>女</asp:ListItem>
                </asp:RadioButtonList>
            </td>
            </tr>
            <tr>
        <td ><asp:Label ID="Label4" runat="server" Text="出生日期"></asp:Label> </td>
            <td ><asp:TextBox ID="TxtBirthdate" runat="server"></asp:TextBox></td>
            </tr>
            <tr>
            <td > <asp:Label ID="Label5" runat="server" Text="专业"></asp:Label> </td>
```

```
        <td><asp:TextBox ID="TxtSpecialty" runat="server"></asp:TextBox></td>
    </tr>
    <tr>
    <td><asp:Label ID="Label6" runat="server" Text="班级"></asp:Label></td>
    <td><asp:TextBox ID="TxtSclass" runat="server"></asp:TextBox></td>
    </tr>
    <tr>
    <td>
        <asp:Button ID="BtnSave" runat="server" Text="保存" Width="70px"
            onclick="BtnSave_Click" BackColor="#FF6600" Height="28px" />
    </td>
    <td>
         
        <asp:Button ID="BtnUpdate" runat="server" Text="更新" Width="70px"
            onclick="BtnUpdate_Click" BackColor="Blue" ForeColor="#CCFFFF"
            Height="28px" />
         <asp:Button ID="BtnCancel2" runat="server" Text="取消"
Height="28px" Width="70px" onclick="BtnCancel2_Click" />
    </td>
    </tr>
    </table>
        </asp:Panel>
    </div>
    </asp:Content>
```

后台代码如下：

```
protected void Page_Load(object sender, EventArgs e)
    {
        if (!IsPostBack)               //初次加载该页
        {
            string sqlstr = "select * from T_Students ";
            //显示表 T_Students 的全部信息
            this.ViewState["sqlstr"] = sqlstr;   //将查询字符串存放到视图状态集合中
            bindData();               //绑定数据，显示在控件中
            InitDropDownList();       //初始化下拉列表框
            Panel1.Visible = false;
        }
    }
    public void bindData()
    {
        string sqlstr = (string)this.ViewState["sqlstr"];
        DataSet myds = sqlCommon.dataSet(sqlstr);
        GridView1.DataSource = myds;
        GridView1.DataKeyNames = new string[] { "Sno" };
        GridView1.DataBind();
    }
```

```
    protected void InitDropDownList()
    {
        ListItem li = new ListItem("--请选择", "0");
        DropDownList1.Items.Add(li);
        string SQL_Select = "select DISTINCT  Sclass from T_Students ";
        DataView dv = sqlCommon.dataView(SQL_Select);
        foreach (DataRowView drv in dv)
        {
            this.DropDownList1.Items.Add(new ListItem(drv["Sclass"].ToString(),
drv["Sclass"].ToString()));
        }
    }
    protected void BtnSearch_Click(object sender, EventArgs e) // 查找
    {
        string sqlstr="";
        if(TxtName.Text==""&& TxtSpecial.Text=="")
            sqlstr = "select * from T_Students where Sclass='" + this.
DropDownList1.SelectedValue.ToString() + "'";
            else if(TxtName.Text==""&& TxtSpecial.Text!="")
            sqlstr = "select * from T_Students where Sclass='"+this.DropDownList1.
SelectedValue.ToString()+"' and Specialty='"+TxtSpecial.Text+"'";
            else if(TxtName.Text!=""&&TxtSpecial.Text=="")
            sqlstr = "select * from T_Students where Sclass='"+this.DropDownList1.
SelectedValue.ToString() + "' and Sname='" + TxtName.Text+"'";
            else
            sqlstr = "select * from T_Students where Sclass='"+this.DropDownList1.
SelectedValue.ToString() + "' and Sname='" + TxtName.Text + "' and Specialty='" +
TxtSpecial.Text + "'";
        this.ViewState["sqlstr"] = sqlstr;
        //将查询字符串保存到键名为 sqlstr 的状态信息
        DataSet myds = sqlCommon.dataSet(sqlstr);
        GridView1.DataSource = myds;
        GridView1.DataKeyNames = new string[] { "Sno" };
        GridView1.DataBind();
    }
    protected void GridView1_PageIndexChanging(object sender, GridViewPageEventArgs e)
    {   //换页，并显示
        this.GridView1.PageIndex = e.NewPageIndex;
        bindData();
    }
    protected void BtnAdd_Click(object sender, EventArgs e)   //增加
    {
        Panel1.Visible = true;
        TxtSno.ReadOnly = false;
        TxtSno.Text = "";
        TxtSname.Text = "";
        TxtBirthdate.Text = "";
```

```
            TxtSpecialty.Text = "";
            TxtSclass.Text = "";
            SexList.SelectedIndex = 0;
    }
    protected void GridView1_RowCommand(object sender, GridViewCommandEventArgs e)
    {
        if (e.CommandName == "DataDelete")
        {
            int index = Convert.ToInt32(e.CommandArgument);
            string id = GridView1.DataKeys[index].Value.ToString();
        }
        if (e.CommandName == "DataEdit")
        {
            Panel1.Visible = true;
            int index = Convert.ToInt32(e.CommandArgument);
            TxtSno.Text = GridView1.Rows[index].Cells[1].Text;
            TxtSno.ReadOnly = true;
            TxtSname.Text = GridView1.Rows[index].Cells[2].Text;
            TxtBirthdate.Text = GridView1.Rows[index].Cells[4].Text;
            TxtSpecialty.Text = GridView1.Rows[index].Cells[5].Text;
            TxtSclass.Text = GridView1.Rows[index].Cells[6].Text;
            string strSex = GridView1.Rows[index].Cells[3].Text;
            if (strSex == "男")
                SexList.SelectedIndex = 0;
            else
                SexList.SelectedIndex = 1;
        }
        if (e.CommandName == "go")  //单击 GridView 中的 Command 按钮 Go,跳转到新页
        {
            TextBox PageNumbers = (TextBox)GridView1.TopPagerRow.FindControl
("TextPageNumbers");
            int pageIndexNumber = Convert.ToInt32(PageNumbers.Text.Trim());
            GridView1.PageIndex = pageIndexNumber - 1;
            bindData();
        }
    }
    protected void BtnSave_Click(object sender, EventArgs e)  //保存
    {
        string strSex = SexList.SelectedValue;
        string sqlstr = "insert into T_Students values('" + TxtSno.Text + "','" +
TxtSname.Text + "','" + strSex + "','" + TxtBirthdate.Text + "','" + TxtSpecialty.
Text + "','" + TxtSclass.Text + "')";
        sqlCommon.ExecuteSql(sqlstr);
        bindData();
        Panel1.Visible = false;
    }
```

```
        protected void BtnUpdate_Click(object sender, EventArgs e) //更新
        {
            string strSex = SexList.SelectedValue;
            string sqlstr = "update T_Students set Sname='" + TxtSname.Text +
"' ,Ssex='" + strSex + "',Specialty='" + TxtSpecialty.Text + "',Sclass='" +
TxtSclass.Text + "'  where Sno='" + TxtSno.Text + "'";
            sqlCommon.ExecuteSql(sqlstr);
            bindData();
            Panel1.Visible = false;
        }
        protected void BtnCancel2_Click(object sender, EventArgs e)//编辑取消
        {
            Panel1.Visible = true;
            TxtSno.Text = "";
            TxtSname.Text = "";
            TxtBirthdate.Text = "";
            TxtSpecialty.Text = "";
            TxtSclass.Text = "";
            SexList.SelectedIndex = 0;
        }
        protected void BtnCancel_Click(object sender, EventArgs e) //取消选择
        {
            CheckBox2.Checked = false;
            for (int i = 0; i <= GridView1.Rows.Count - 1; i++)
            {
                CheckBox cbox = (CheckBox)GridView1.Rows[i].FindControl("CheckBox1");
                cbox.Checked = false;
            }
        }
        protected void BtnDel_Click(object sender, EventArgs e) //删除多条记录
        {
            for (int i = 0; i <= GridView1.Rows.Count - 1; i++)
            {
            CheckBox cbox = (CheckBox)GridView1.Rows[i].FindControl("CheckBox1");
                if (cbox.Checked == true)
                {
                    string sqlstr = "delete from T_Students where Sno='" + GridView1.
DataKeys[i].Value + "'";
                    sqlCommon.ExecuteSql(sqlstr);
                }
            }
            bindData();
            CheckBox2.Checked = false;
        }
        protected void CheckBox2_CheckedChanged(object sender, EventArgs e)
        {
            for (int i = 0; i <= GridView1.Rows.Count - 1; i++)
```

```
        {
            CheckBox cbox = (CheckBox)GridView1.Rows[i].FindControl("CheckBox1");
            if (CheckBox2.Checked == true)
            { cbox.Checked = true; }
            else
            { cbox.Checked = false; }
        }
    }
```

由于篇幅所限，本系统的其他模块的实现不再详细介绍，已实现的各模块有待完善，留给读者自己去完成。

习　题　10

操作题

1. 根据本章设计的系统功能总体结构，完成其他功能模块的设计与实现，并完善本章各模块的详细设计与实现。

2. 利用所学的网络知识，发布本系统。

3. 请完善数据库操作类 sqlcommon，添加一个函数，实现存储过程的执行命令。

参 考 文 献

[1] 常倬林. 从零开始学 ASP.NET. 北京：电子工业出版社，2011.

[2] 张登辉，沙嘉祥. ASP.NET 网络应用案例教程(C#.NET 版). 北京：北京大学出版社，2009.

[3] 郑阿奇，梁敬东. C# 程序设计教程. 北京：机械工业出版社，2007.

[4] [美]Karli Watson，等. C#入门经典. 齐立波，等译. 北京：清华大学出版社，2010.

[5] 房爱莲. 网页设计与制作案例教程. 北京：北京大学出版社，2011.

[6] W3school 中文网站：http://www.w3school.com.cn/.

[7] 我爱 CSS 网站：http://www.52css.com.

[8] 潘晓南. 动态网页设计基础. 2 版. 北京：中国铁道出版社，2008.

[9] 姚琳，高秀全，等. 高秀网页设计与制作三合一(CS3). 北京：中国铁道出版社，2008.

[10] [美]Matthew MacDonald，等. ASP.NET 3.5 从入门到精通(C# 2008 版). 施宏斌，等译. 北京：清华大学出版社，2010.

[11] 陈伟，卫琳. ASP.NET 3.5 网站开发实例教程. 北京：清华大学出版社，2011.

[12] 岳学军，李晓黎. Web 应用程序开发教程——ASP.NET+SQL Server. 北京：人民邮电出版社，2011.

[13] 何玉洁，刘福刚，等. 数据库原理及应用. 北京：人民邮电出版社，2012.

[14] Microsoft 技术库：http://msdn.microsoft.com/zh-cn/library/.

[15] 郑阿奇. ASP.NET 程序设计教程. 北京：机械工业出版社，2006.

北京大学出版社本科计算机系列实用规划教材

序号	标准书号	书名	主编	定价	序号	标准书号	书名	主编	定价
1	7-301-10511-5	离散数学	段禅伦	28	38	7-301-13684-3	单片机原理及应用	王新颖	25
2	7-301-10457-X	线性代数	陈付贵	20	39	7-301-14505-0	Visual C++程序设计案例教程	张荣梅	30
3	7-301-10510-X	概率论与数理统计	陈荣江	26	40	7-301-14259-2	多媒体技术应用案例教程	李建	30
4	7-301-10503-0	Visual Basic 程序设计	闵联营	22	41	7-301-14503-6	ASP .NET 动态网页设计案例教程(Visual Basic .NET 版)	江红	35
5	7-301-21752-8	多媒体技术及其应用(第2版)	张明	39	42	7-301-14504-3	C++面向对象与Visual C++程序设计案例教程	黄贤英	35
6	7-301-10466-8	C++程序设计	刘天印	33	43	7-301-14506-7	Photoshop CS3 案例教程	李建芳	34
7	7-301-10467-5	C++程序设计实验指导与习题解答	李兰	20	44	7-301-14510-4	C++程序设计基础案例教程	于永彦	33
8	7-301-10505-4	Visual C++程序设计教程与上机指导	高志伟	25	45	7-301-14942-3	ASP .NET 网络应用案例教程(C# .NET 版)	张登辉	33
9	7-301-10462-0	XML 实用教程	丁跃潮	26	46	7-301-12377-5	计算机硬件技术基础	石磊	26
10	7-301-10463-7	计算机网络系统集成	斯桃枝	22	47	7-301-15208-9	计算机组成原理	娄国焕	24
11	7-301-22437-3	单片机原理及应用教程(第2版)	范立南	43	48	7-301-15463-2	网页设计与制作案例教程	房爱莲	36
12	7-5038-4421-3	ASP .NET 网络编程实用教程(C#版)	崔良海	31	49	7-301-04852-8	线性代数	姚喜妍	22
13	7-5038-4427-2	C 语言程序设计	赵建锋	25	50	7-301-15461-8	计算机网络技术	陈代武	33
14	7-5038-4420-5	Delphi 程序设计基础教程	张世明	37	51	7-301-15697-1	计算机辅助设计二次开发案例教程	谢安俊	26
15	7-5038-4417-5	SQL Server 数据库设计与管理	姜力	31	52	7-301-15740-4	Visual C# 程序开发案例教程	韩朝阳	30
16	7-5038-4424-9	大学计算机基础	贾丽娟	34	53	7-301-16597-3	Visual C++程序设计实用案例教程	于永彦	32
17	7-5038-4430-0	计算机科学与技术导论	王昆仑	30	54	7-301-16850-9	Java 程序设计案例教程	胡巧多	32
18	7-5038-4418-3	计算机网络应用实例教程	魏峥	25	55	7-301-16842-4	数据库原理与应用(SQL Server 版)	毛一梅	36
19	7-5038-4415-9	面向对象程序设计	冷英男	28	56	7-301-16910-0	计算机网络技术基础与应用	马秀峰	33
20	7-5038-4429-4	软件工程	赵春刚	22	57	7-301-15063-4	计算机网络基础与应用	刘远生	32
21	7-5038-4431-0	数据结构(C++版)	秦锋	28	58	7-301-15250-8	汇编语言程序设计	张光长	28
22	7-5038-4423-2	微机应用基础	吕晓燕	33	59	7-301-15064-1	网络安全技术	骆耀祖	30
23	7-5038-4426-4	微型计算机原理与接口技术	刘彦文	26	60	7-301-15584-4	数据结构与算法	佟伟光	32
24	7-5038-4425-6	办公自动化教程	钱俊	30	61	7-301-17087-8	操作系统实用教程	范立南	36
25	7-5038-4419-1	Java 语言程序设计实用教程	董迎红	33	62	7-301-16631-4	Visual Basic 2008 程序设计教程	隋晓红	34
26	7-5038-4428-0	计算机图形技术	龚声蓉	28	63	7-301-17537-8	C 语言基础案例教程	汪新民	31
27	7-301-11501-5	计算机软件技术基础	高巍	25	64	7-301-17397-8	C++程序设计基础教程	郗亚辉	30
28	7-301-11500-8	计算机组装与维护实用教程	崔明远	33	65	7-301-17578-1	图论算法理论、实现及应用	王桂平	54
29	7-301-12174-0	Visual FoxPro 实用教程	马秀峰	29	66	7-301-17964-2	PHP 动态网页设计与制作案例教程	房爱莲	42
30	7-301-11500-8	管理信息系统实用教程	杨月江	27	67	7-301-18514-8	多媒体开发与编程	于永彦	35
31	7-301-11445-2	Photoshop CS 实用教程	张瑾	28	68	7-301-18538-4	实用计算方法	徐亚平	24
32	7-301-12378-2	ASP .NET 课程设计指导	潘志红	35	69	7-301-18539-1	Visual FoxPro 数据库设计案例教程	谭红杨	35
33	7-301-12394-2	C# .NET 课程设计指导	龚自霞	32	70	7-301-19313-6	Java 程序设计案例教程与实训	董迎红	45
34	7-301-13259-3	VisualBasic .NET 课程设计指导	潘志红	30	71	7-301-19389-1	Visual FoxPro 实用教程与上机指导（第2版）	马秀峰	40
35	7-301-12371-3	网络工程实用教程	汪新民	34	72	7-301-19435-5	计算方法	尹景本	28
36	7-301-14132-8	J2EE 课程设计指导	王立丰	32	73	7-301-19388-4	Java 程序设计教程	张剑飞	35
37	7-301-21088-8	计算机专业英语(第2版)	张勇	42	74	7-301-19386-0	计算机图形技术(第2版)	许承东	44

序号	标准书号	书　名	主　编	定价	序号	标准书号	书　名	主　编	定价
75	7-301-15689-6	Photoshop CS5 案例教程(第2版)	李建芳	39	85	7-301-20328-6	ASP. NET 动态网页案例教程(C#.NET 版)	江　红	45
76	7-301-18395-3	概率论与数理统计	姚喜妍	29	86	7-301-16528-7	C#程序设计	胡艳菊	40
77	7-301-19980-0	3ds Max 2011 案例教程	李建芳	44	87	7-301-21271-4	C#面向对象程序设计及实践教程	唐　燕	45
78	7-301-20052-0	数据结构与算法应用实践教程	李文书	36	88	7-301-21295-0	计算机专业英语	吴丽君	34
79	7-301-12375-1	汇编语言程序设计	张宝剑	36	89	7-301-21341-4	计算机组成与结构教程	姚玉霞	42
80	7-301-20523-5	Visual C++程序设计教程与上机指导(第2版)	牛江川	40	90	7-301-21367-4	计算机组成与结构实验实训教程	姚玉霞	22
81	7-301-20630-0	C#程序开发案例教程	李挥剑	39	91	7-301-22119-8	UML 实用基础教程	赵春刚	36
82	7-301-20898-4	SQL Server 2008 数据库应用案例教程	钱哨	38	92	7-301-22965-1	数据结构(C 语言版)	陈超祥	32
83	7-301-21052-9	ASP.NET 程序设计与开发	张绍兵	39	93	7-301-23122-7	算法分析与设计教程	秦　明	29
84	7-301-16824-0	软件测试案例教程	丁宋涛	28	94	7-301-23566-9	ASP.NET 程序设计实用教程(C#版)	张荣梅	44

北京大学出版社电气信息类教材书目(已出版)
欢迎选订

序号	标准书号	书 名	主编	定价	序号	标准书号	书 名	主编	定价
1	7-301-10759-1	DSP 技术及应用	吴冬梅	26	38	7-5038-4400-3	工厂供配电	王玉华	34
2	7-301-10760-7	单片机原理与应用技术	魏立峰	25	39	7-5038-4410-2	控制系统仿真	郑恩让	26
3	7-301-10765-2	电工学	蒋中	29	40	7-5038-4398-3	数字电子技术	李元	27
4	7-301-19183-5	电工与电子技术(上册)(第2版)	吴舒辞	30	41	7-5038-4412-6	现代控制理论	刘永信	22
5	7-301-19229-0	电工与电子技术(下册)(第2版)	徐卓农	32	42	7-5038-4401-0	自动化仪表	齐志才	27
6	7-301-10699-0	电子工艺实习	周春阳	19	43	7-5038-4408-9	自动化专业英语	李国厚	32
7	7-301-10744-7	电子工艺学教程	张立毅	32	44	7-301-23081-7	集散控制系统(第2版)	刘翠玲	36
8	7-301-10915-6	电子线路 CAD	吕建平	34	45	7-301-19174-3	传感器基础(第2版)	赵玉刚	32
9	7-301-10764-1	数据通信技术教程	吴延海	29	46	7-5038-4396-9	自动控制原理	潘丰	32
10	7-301-18784-5	数字信号处理(第2版)	阎毅	32	47	7-301-10512-2	现代控制理论基础(国家级十一五规划教材)	侯媛彬	20
11	7-301-18889-7	现代交换技术(第2版)	姚军	36	48	7-301-11151-2	电路基础学习指导与典型题解	公茂法	32
12	7-301-10761-4	信号与系统	华容	33	49	7-301-12326-3	过程控制与自动化仪表	张井岗	36
13	7-301-19318-1	信息与通信工程专业英语(第2版)	韩定定	32	50	7-301-23271-2	计算机控制系统(第2版)	徐文尚	48
14	7-301-10757-7	自动控制原理	袁德成	29	51	7-5038-4414-0	微机原理及接口技术	赵志诚	38
15	7-301-16520-1	高频电子线路(第2版)	宋树祥	35	52	7-301-10465-1	单片机原理及应用教程	范立南	30
16	7-301-11507-7	微机原理与接口技术	陈光军	34	53	7-5038-4426-4	微型计算机原理与接口技术	刘彦文	26
17	7-301-11442-1	MATLAB 基础及其应用教程	周开利	24	54	7-301-12562-5	嵌入式基础实践教程	杨刚	30
18	7-301-11508-4	计算机网络	郭银景	31	55	7-301-12530-4	嵌入式 ARM 系统原理与实例开发	杨宗德	25
19	7-301-12178-8	通信原理	隋晓红	32	56	7-301-13676-8	单片机原理与应用及 C51 程序设计	唐颖	30
20	7-301-12175-7	电子系统综合设计	郭勇	25	57	7-301-13577-8	电力电子技术及应用	张润和	38
21	7-301-11503-9	EDA 技术基础	赵明富	22	58	7-301-20508-2	电磁场与电磁波(第2版)	邬春明	30
22	7-301-12176-4	数字图像处理	曹茂永	23	59	7-301-12179-5	电路分析	王艳红	38
23	7-301-12177-1	现代通信系统	李白萍	27	60	7-301-12380-5	电子测量与传感技术	杨雷	35
24	7-301-12340-9	模拟电子技术	陆秀令	28	61	7-301-14461-9	高电压技术	马永翔	28
25	7-301-13121-3	模拟电子技术实验教程	谭海曙	24	62	7-301-14472-5	生物医学数据分析及其MATLAB 实现	尚志刚	25
26	7-301-11502-2	移动通信	郭俊强	22	63	7-301-14460-2	电力系统分析	曹娜	35
27	7-301-11504-6	数字电子技术	梅开乡	30	64	7-301-14459-6	DSP 技术与应用基础	俞一彪	34
28	7-301-18860-6	运筹学(第2版)	吴亚丽	28	65	7-301-14994-2	综合布线系统基础教程	吴达金	24
29	7-5038-4407-2	传感器与检测技术	祝诗平	30	66	7-301-15168-6	信号处理MATLAB 实验教程	李杰	20
30	7-5038-4413-3	单片机原理及应用	刘刚	24	67	7-301-15440-3	电工电子实验教程	魏伟	26
31	7-5038-4409-6	电机与拖动	杨天明	27	68	7-301-15445-8	检测与控制实验教程	魏伟	24
32	7-5038-4411-9	电力电子技术	樊立萍	25	69	7-301-04595-4	电路与模拟电子技术	张绪光	35
33	7-5038-4399-0	电力市场原理与实践	邹斌	24	70	7-301-15458-8	信号、系统与控制理论(上、下册)	邱德润	70
34	7-5038-4405-8	电力系统继电保护	马永翔	27	71	7-301-15786-2	通信网的信令系统	张云麟	24
35	7-5038-4397-6	电力系统自动化	孟祥忠	25	72	7-301-23674-1	发电厂变电所电气部分(第2版)	马永翔	48
36	7-5038-4404-1	电气控制技术	韩顺杰	22	73	7-301-16076-3	数字信号处理	王震宇	32
37	7-5038-4403-4	电器与 PLC 控制技术	陈志新	38	74	7-301-16931-5	微机原理与接口技术	肖洪兵	32

序号	标准书号	书名	主编	定价	序号	标准书号	书名	主编	定价
75	7-301-16932-2	数字电子技术	刘金华	30	115	7-301-16367-2	供配电技术	王玉华	49
76	7-301-16933-9	自动控制原理	丁 红	32	116	7-301-20351-4	电路与模拟电子技术实验指导书	唐 颖	26
77	7-301-17540-8	单片机原理及应用教程	周广兴	40	117	7-301-21247-9	MATLAB 基础与应用教程	王月明	32
78	7-301-17614-6	微机原理及接口技术实验指导书	李干林	22	118	7-301-21235-6	集成电路版图设计	陆学斌	36
79	7-301-12379-9	光纤通信	卢志茂	28	119	7-301-21304-9	数字电子技术	秦长海	49
80	7-301-17382-4	离散信息论基础	范九伦	25	120	7-301-21366-7	电力系统继电保护(第 2 版)	马永翔	42
81	7-301-17677-1	新能源与分布式发电技术	朱永强	32	121	7-301-21450-3	模拟电子与数字逻辑	邬春明	39
82	7-301-17683-2	光纤通信	李丽君	26	122	7-301-21439-8	物联网概论	王金甫	42
83	7-301-17700-6	模拟电子技术	张绪光	36	123	7-301-21849-5	微波技术基础及其应用	李泽民	49
84	7-301-17318-3	ARM 嵌入式系统基础与开发教程	丁文龙	36	124	7-301-21688-0	电子信息与通信工程专业英语	孙桂芝	36
85	7-301-17797-6	PLC 原理及应用	缪志农	26	125	7-301-22110-5	传感器技术及应用电路项目化教程	钱裕禄	30
86	7-301-17986-4	数字信号处理	王玉德	32	126	7-301-21672-9	单片机系统设计与实例开发(MSP430)	顾 涛	44
87	7-301-18131-7	集散控制系统	周荣富	36	127	7-301-22112-9	自动控制原理	许丽佳	30
88	7-301-18285-5	电子线路 CAD	周荣富	41	128	7-301-22109-9	DSP 技术及应用	董 胜	39
89	7-301-16739-7	MATLAB 基础及应用	李国朝	39	129	7-301-21607-1	数字图像处理算法及应用	李文书	48
90	7-301-18352-6	信息论与编码	隋晓红	24	130	7-301-22111-2	平板显示技术基础	王丽娟	52
91	7-301-18260-4	控制电机与特种电机及其控制系统	孙冠群	42	131	7-301-22448-9	自动控制原理	谭功全	44
92	7-301-18493-6	电工技术	张 莉	26	132	7-301-22474-8	电子电路基础实验与课程设计	武 林	36
93	7-301-18496-7	现代电子系统设计教程	宋晓梅	36	133	7-301-22484-7	电文化——电气信息学科概论	高 心	30
94	7-301-18672-5	太阳能电池原理与应用	靳瑞敏	25	134	7-301-22436-6	物联网技术案例教程	崔逊学	40
95	7-301-18314-4	通信电子线路及仿真设计	王鲜芳	29	135	7-301-22598-1	实用数字电子技术	钱裕禄	30
96	7-301-19175-0	单片机原理与接口技术	李 升	46	136	7-301-22529-5	PLC 技术与应用(西门子版)	丁金婷	32
97	7-301-19320-4	移动通信	刘维超	39	137	7-301-22386-4	自动控制原理	佟 威	30
98	7-301-19447-8	电气信息类专业英语	缪志农	40	138	7-301-22528-8	通信原理实验与课程设计	邬春明	34
99	7-301-19451-5	嵌入式系统设计及应用	邢吉生	44	139	7-301-22582-0	信号与系统	许丽佳	38
100	7-301-19452-2	电子信息类专业 MATLAB 实验教程	李明明	42	140	7-301-22447-2	嵌入式系统基础实践教程	韩 磊	35
101	7-301-16914-8	物理光学理论与应用	宋贵才	32	141	7-301-22776-3	信号与线性系统	朱明早	33
102	7-301-16598-0	综合布线系统管理教程	吴达金	39	142	7-301-22872-2	电机、拖动与控制	万芳瑛	34
103	7-301-20394-1	物联网基础与应用	李蔚田	44	143	7-301-22882-1	MCS-51 单片机原理及应用	黄翠翠	34
104	7-301-20339-2	数字图像处理	李云红	36	144	7-301-22936-1	自动控制原理	邢春芳	39
105	7-301-20340-8	信号与系统	李云红	29	145	7-301-22920-0	电气信息工程专业英语	余兴波	26
106	7-301-20505-1	电路分析基础	吴舒辞	38	146	7-301-22919-4	信号分析与处理	李会容	39
107	7-301-22447-2	嵌入式系统基础实践教程	韩 磊	35	147	7-301-22385-7	家居物联网技术开发与实践	付 蔚	39
108	7-301-20506-8	编码调制技术	黄 平	26	148	7-301-23124-1	模拟电子技术学习指导及习题精选	姚娅川	30
109	7-301-20763-5	网络工程与管理	谢 慧	39	149	7-301-23022-0	MATLAB 基础及实验教程	杨成慧	36
110	7-301-20845-8	单片机原理与接口技术实验与课程设计	徐懂理	26	150	7-301-23221-7	电工电子基础实验及综合设计指导	盛桂珍	32
111	301-20725-3	模拟电子线路	宋树祥	38	151	7-301-23473-0	物联网概论	王 平	38
112	7-301-21058-1	单片机原理与应用及其实验指导书	邵发森	44	152	7-301-23639-0	现代光学	宋贵才	36
113	7-301-20918-9	Mathcad 在信号与系统中的应用	郭仁春	30	153	7-301-23705-2	无线通信原理	许晓丽	42
114	7-301-20327-9	电工学实验教程	王士军	34					

相关教学资源如电子课件、电子教材、习题答案等可以登录 www.pup6.com 下载或在线阅读。

扑六知识网(www.pup6.com)有海量的相关教学资源和电子教材供阅读及下载(包括北京大学出版社第六事业部的相关资源)，同时欢迎您将教学课件、视频、教案、素材、习题、试卷、辅导材料、课改成果、设计作品、论文等教学资源上传到 pup6.com，与全国高校师生分享您的教学成就与经验，并可自由设定价格，知识也能创造财富。具体情况请登录网站查询。

如您需要免费纸质样书用于教学，欢迎登陆第六事业部门户网(www.pup6.com)填表申请，并欢迎在线登记选题以到北京大学出版社来出版您的大作，也可下载相关表格填写后发到我们的邮箱，我们将及时与您取得联系并做好全方位的服务。

扑六知识网将打造成全国最大的教育资源共享平台，欢迎您的加入——让知识有价值，让教学无界限，让学习更轻松。

联系方式：010-62750667，pup6_czq@163.com，szheng_pup6@163.com，linzhangbo@126.com，欢迎来电来信咨询。